高等数学（财经类）

上册

主　编　张丽娟　霍振香
副主编　李林锐　王艳秋

清华大学出版社
北京交通大学出版社
·北京·

内 容 简 介

本书以传统高等数学教学内容为主线，实现数学知识与经济学有关知识的密切结合，加强对学生应用数学方法解决经济问题的应用能力的培养。内容包括预备知识、函数、极限与连续、导数与微分、微分中值定理及导数的应用、不定积分、定积分及其应用。

本书可作为经管类相关专业学生的教材，也可供对该领域感兴趣的读者参考。

图书在版编目（CIP）数据

高等数学：财经类. 上 / 张丽娟，霍振香主编. —北京：北京交通大学出版社：清华大学出版社，2024.4

ISBN 978-7-5121-5092-8

Ⅰ. ① 高…　Ⅱ. ① 张…　② 霍…　Ⅲ. ① 高等数学－高等学校－教材　Ⅳ. ① O13

中国国家版本馆 CIP 数据核字（2023）第 202310 号

高等数学（财经类）·上册
GAODENG SHUXUE (CAIJINGLEI)·SHANGCE

责任编辑：韩素华
出版发行：清 华 大 学 出 版 社　　邮编：100084　　电话：010-62776969
　　　　　北京交通大学出版社　　邮编：100044　　电话：010-51686414
印 刷 者：三河市华骏印务包装有限公司
经　　销：全国新华书店
开　　本：185 mm×260 mm　　印张：12.25　　字数：314 千字
版 印 次：2024 年 4 月第 1 版　　2024 年 4 月第 1 次印刷
印　　数：1～1 000 册　　定价：39.00 元

本书如有质量问题，请向北京交通大学出版社质监组反映。对您的意见和批评，我们表示欢迎和感谢。

投诉电话：010-51686043，51686008；传真：010-62225406；E-mail：press@bjtu.edu.cn。

前　　言

　　本书是普通高等教育本科经管类相关专业高等数学教材。本书遵循"德育为先、知识为本、能力为重、全面发展、学以致用"的育人理念，主动适应国家、地方与行业的社会经济发展需要，结合经管类专业学生学情，实现数学知识与经济学有关知识的密切结合，以学以致用为基本特色。

　　本书编写原则是以传统高等数学教学内容为主线，内容的深广度与经济类、管理类各专业微积分课程的基本要求相当，符合经济类、管理类各专业对数学知识的基本要求，同时适当渗透现代数学思想，加强对学生应用数学方法解决经济问题的应用能力的培养，以适应新时代对经济、管理等应用型人才的培养要求。本书助力提高高等数学的教学质量，使之成为大学生"普遍具有"的素质、知识和能力基础，逐步培养学生的创新精神和应用数学理论知识解决实际问题的能力，以适应社会发展的需要。全书分上下两册。本书由防灾科技学院张丽娟、霍振香、李林锐、王艳秋共同完成。其中，第一、三章及全书中的经济类例子由张丽娟编写，第二章由李林锐编写，第四章由王艳秋编写，第五、六章由霍振香编写，同时，多位同事在本书的编写过程中给予了支持。

　　在编写过程中得到了编者所在学校及北京交通大学出版社给予的支持和帮助，在此表示衷心感谢。由于编者水平有限，加之时间比较仓促，书中难免存在不妥之处，敬请专家、同行、广大读者提出宝贵意见和建议。

编　者

2024 年 3 月

目　录

预备知识 ………………………………………………………………… 1

第一章　函数 ……………………………………………………………… 8

第一节　集合、函数及基本性质 ……………………………………… 8

第二节　常用经济学概念及函数关系建立 …………………………… 14

本章习题 ………………………………………………………………… 23

第二章　极限与连续 ……………………………………………………… 25

第一节　数列的极限 …………………………………………………… 25

第二节　函数的极限 …………………………………………………… 29

第三节　无穷小与无穷大 ……………………………………………… 34

第四节　极限运算法则 ………………………………………………… 36

第五节　极限存在准则及两个重要极限 ……………………………… 41

第六节　无穷小的比较 ………………………………………………… 45

第七节　函数的连续性与间断点 ……………………………………… 47

第八节　连续函数的运算与初等函数的连续性 ……………………… 50

第九节　闭区间上连续函数的性质 …………………………………… 54

本章习题 ………………………………………………………………… 55

第三章　导数与微分 ……………………………………………………… 59

第一节　导数的定义 …………………………………………………… 59

第二节　函数的求导法则 ……………………………………………… 67

第三节　高阶导数 ……………………………………………………… 75

第四节　隐函数与参数方程的导数 …………………………………… 79

第五节　函数的微分 …………………………………………………… 84

第六节　导数经济应用——边际、弹性 ……………………………… 92

本章习题 ………………………………………………………………… 97

第四章　微分中值定理及导数的应用 …………………………………… 100

第一节　微分中值定理 ………………………………………………… 100

第二节　洛必达法则 …………………………………………………… 105

第三节　导数的应用 …………………………………………………… 109

第四节　函数的最大值和最小值及其在经济学上的应用 …………… 119

第五节　泰勒公式 ………………………………………………………… 122

本章习题 …………………………………………………………………… 127

第五章　不定积分 …………………………………………………………… 129

第一节　不定积分的概念与性质 ………………………………………… 129

第二节　换元积分法 ……………………………………………………… 133

第三节　分部积分法 ……………………………………………………… 145

第四节　有理函数的积分 ………………………………………………… 149

本章习题 …………………………………………………………………… 152

第六章　定积分及其应用 …………………………………………………… 155

第一节　定积分的概念与性质 …………………………………………… 155

第二节　微积分基本公式 ………………………………………………… 163

第三节　定积分的换元积分法和分部积分法 …………………………… 167

第四节　反常积分 ………………………………………………………… 173

第五节　定积分的几何应用 ……………………………………………… 178

第六节　定积分的经济应用 ……………………………………………… 186

本章习题 …………………………………………………………………… 188

预 备 知 识

微积分的学习要以初等数学为基础,学习微积分必须熟练掌握下列初等数学的基本知识,本节主要介绍学习微积分时必要的初等数学知识,方便读者在学习过程中查阅.

一、基本初等函数

常用的有 5 种基本初等函数,分别是:指数函数、对数函数、幂函数、三角函数及反三角函数.

函数	函数的表达式	函数的图形	函数的基本性质
指数函数	$y=a^x(a>0,a\neq1)$		定义域 $\mathbf{R}$,值域 $(0,+\infty)$. 当 $a>1$ 时,单调递增,$\lim\limits_{x\to-\infty}a^x=0$; 当 $0<a<1$ 时,单调递减,$\lim\limits_{x\to+\infty}a^x=0$. 当 $a^0=1$ 时,$a^ma^n=a^{m+n}$,$\dfrac{a^m}{a^n}=a^{m-n}$, $(a^m)^n=a^{mn}$,$a^{\frac{m}{n}}=\sqrt[n]{a^m}$
对数函数	$y=\log_a x(a>0,a\neq1)$		定义域 $(0,+\infty)$,值域 $\mathbf{R}$. 当 $a>1$ 时,单调递增; 当 $0<a<1$ 时,单调递减.$\log_a1=0$, $\log_a(MN)=\log_aM+\log_aN(M,N>0)$; $\log_a\left(\dfrac{M}{N}\right)=\log_aM-\log_aN(M,N>0)$; $\log_a(b^n)=n\log_ab(b>0)$;$\log_aa=1$; $\log_ab=\dfrac{\log_cb}{\log_ca}$
幂函数	$y=x^a$（a 为任意实数）	 $a>1$ 幂函数在第一象限的图像特征	定义域 $(0,+\infty)$,值域 $\mathbf{R}$. $\lim\limits_{x\to0^+}x^a=0\,(a>0)$;$\lim\limits_{x\to0^+}x^a=\infty\,(a<0)$

1

函数	函数的表达式	函数的图形	函数的基本性质
三角函数	正弦函数 $y = \sin x$		定义域 $\mathbf{R}$，值域 $[-1,1]$，周期为 2π 的有界奇函数
	余弦函数 $y = \cos x$		定义域 $\mathbf{R}$，值域 $[-1,1]$，周期为 2π 的有界偶函数
	正切函数 $y = \tan x$		定义域 $\{x \mid x \neq k\pi + \dfrac{\pi}{2}, k \in \mathbf{Z}\}$，值域 $\mathbf{R}$. 周期为 π 的奇函数，$\tan x = \dfrac{\sin x}{\cos x}$
	余切函数 $y = \cot x$		定义域 $\{x \mid x \neq k\pi, k \in \mathbf{Z}\}$，值域 $\mathbf{R}$. 周期为 π 的奇函数，$\cot x = \dfrac{1}{\tan x} = \dfrac{\cos x}{\sin x}$
	正割函数 $y = \sec x$		定义域 $\{x \mid x \neq k\pi + \dfrac{\pi}{2}, k \in \mathbf{Z}\}$，值域 $\{y \mid y \in \mathbf{R}, y \neq \pm 1\}$. 周期为 2π 的偶函数. $\sec x = \dfrac{1}{\cos x}, 1 + \tan^2 x = \sec^2 x$
	余割函数 $y = \csc x$		定义域 $\{x \mid x \neq k\pi, k \in \mathbf{Z}\}$，值域 $\{y \mid y \in \mathbf{R}, y \neq \pm 1\}$. 周期为 2π 的奇函数，$\csc x = \dfrac{1}{\sin x}$，$1 + \cot^2 x = \csc^2 x$
反三角函数	反正弦函数 $y = \arcsin x$		定义域 $[-1,1]$，值域 $\left[-\dfrac{\pi}{2}, \dfrac{\pi}{2}\right]$，单调递增奇函数

函数	函数的表达式	函数的图形	函数的基本性质
反三角函数	反余弦函数 $y=\arccos x$		定义域 $[-1,1]$，值域 $[0,\pi]$. 单调递减函数. $\arcsin x + \arccos x = \dfrac{\pi}{2}$
	反正切函数 $y=\arctan x$		定义域 $\mathbf{R}$，值域 $\left(-\dfrac{\pi}{2},\dfrac{\pi}{2}\right)$. 单调递增的有界奇函数. $\lim\limits_{x\to-\infty}\arctan x=-\dfrac{\pi}{2}$, $\lim\limits_{x\to+\infty}\arctan x=\dfrac{\pi}{2}$
	反余切函数 $y=\operatorname{arccot}x$		定义域 $\mathbf{R}$，值域 $(0,\pi)$. 单调递减有界函数. $\lim\limits_{x\to-\infty}\operatorname{arccot}x=\pi$, $\lim\limits_{x\to+\infty}\operatorname{arccot}x=0$. $\arctan x+\operatorname{arccot}x=\dfrac{\pi}{2}$
	双曲正弦 $\operatorname{sh}x=\dfrac{e^x-e^{-x}}{2}$； 双曲余弦 $\operatorname{ch}x=\dfrac{e^x+e^{-x}}{2}$； 双曲正切 $\operatorname{th}x=\dfrac{\operatorname{sh}x}{\operatorname{ch}x}=\dfrac{e^x-e^{-x}}{e^x+e^{-x}}$		定义域 $\mathbf{R}$，$\operatorname{sh}x=\dfrac{e^x-e^{-x}}{2}$ 值域为 $\mathbf{R}$， $\operatorname{ch}x=\dfrac{e^x+e^{-x}}{2}$ 值域为 $(0,+\infty)$

二、基本运算公式

（1）常见数列求和

$$1+2+3+\cdots+n=\frac{1}{2}n(n+1)，$$

$$1^2+2^2+3^2+\cdots+n^2=\frac{1}{6}n(n+1)(2n+1)，$$

$$1^3+2^3+3^3+\cdots+n^3=\frac{1}{4}n^2(n+1)^2。$$

（2）等差数列、等比数列前 n 项和公式（d 为公差，q 为公比）

$$S_n = \frac{(a_1 + a_n)n}{2} = na_1 + \frac{n(n-1)}{2}d ,$$

$$S_n = \frac{a_1(1 - q^n)}{1 - q} = \frac{a_1 - a_n q}{1 - q} .$$

（3）阶乘

$$n! = 1 \cdot 2 \cdot 3 \cdot \cdots \cdot (n-1) \cdot n \,(n\text{为正整数}), \quad \text{规定}\, 0! = 1.$$

（4）因式分解（代数等式）

$$(x + a)(x + b) = x^2 + (a + b)x + ab, (a \pm b)^2 = a^2 \pm 2ab + b^2 ,$$

$$(a \pm b)^3 = a^3 \pm 3a^2 b + 3ab^2 \pm b^3, \quad a^2 - b^2 = (a - b)(a + b) ,$$

$$a^3 \pm b^3 = (a \pm b)(a^2 \mp ab + b^2) ,$$

$$a^n - b^n = (a - b)(a^{n-1} + a^{n-2}b + a^{n-1}b^2 + \cdots + ab^{n-2} + b^{n-1})\,(n\text{为正整数}).$$

三、三角函数公式

（1）任意角的三角函数

在角 α 的终边上任取一点 $P(x, y)$，记 $r = \sqrt{x^2 + y^2}$，则

正弦函数：$\sin \alpha = \dfrac{y}{r}$，余弦函数：$\cos \alpha = \dfrac{x}{r}$，正切函数：$\tan \alpha = \dfrac{y}{x}$，

余切函数：$\cot \alpha = \dfrac{x}{y}$，正割函数：$\sec \alpha = \dfrac{r}{x}$，余割函数：$\csc \alpha = \dfrac{r}{y}$.

（2）同角三角函数的基本关系式

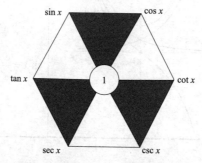

六边形记忆法：图形结构"上弦中切下割，左正右余中间 1；对角线上两个函数的积为 1；阴影三角形两个上顶点的三角函数值的平方和等于下顶点的三角函数值的平方；任意一顶点的三角函数值等于相邻两个顶点的三角函数值的乘积".

倒数关系：$\sin x \cdot \csc x = 1$，$\cos x \cdot \sec x = 1$，$\tan x \cdot \cot x = 1$.

商数关系：$\tan x = \dfrac{\sin x}{\cos x}$，$\cot x = \dfrac{\cos x}{\sin x}$.

平方关系：$\sin^2 x + \cos^2 x = 1$，$1 + \tan^2 x = \sec^2 x$，$1 + \cot^2 x = \csc^2 x$.

积的关系：$\sin x = \tan x \cdot \cos x$，$\cos x = \sin x \cdot \cot x$，$\tan x = \sin x \cdot \sec x$.

$$\cot x = \cos x \cdot \csc x, \quad \sec x = \tan x \cdot \csc x, \quad \csc x = \sec x \cdot \cot x.$$

（3）诱导公式

公式一：设 α 为任意角，终边相同的角的同一三角函数的值相等：

$$\sin(2k\pi + \alpha) = \sin \alpha, \qquad \cos(2k\pi + \alpha) = \cos \alpha,$$

$$\tan(2k\pi + \alpha) = \tan \alpha, \qquad \cot(2k\pi + \alpha) = \cot \alpha \ (\text{其中 } k \in \mathbf{Z}).$$

公式二：设 α 为任意角，$\pi + \alpha$ 的三角函数的值与 α 的三角函数值之间的关系：

$$\sin(\pi + \alpha) = -\sin \alpha, \qquad \cos(\pi + \alpha) = -\cos \alpha,$$

$$\tan(\pi + \alpha) = \tan \alpha, \qquad \cot(\pi + \alpha) = \cot \alpha.$$

公式三：任意角 α 与 $-\alpha$ 的三角函数值之间的关系：

$$\sin(-\alpha) = -\sin \alpha, \qquad \cos(-\alpha) = \cos \alpha,$$

$$\tan(-\alpha) = -\tan \alpha, \qquad \cot(-\alpha) = -\cot \alpha.$$

公式四：利用公式二和公式三可以得到 $\pi - \alpha$ 与 α 的三角函数值之间的关系：

$$\sin(\pi - \alpha) = \sin \alpha, \qquad \cos(\pi - \alpha) = -\cos \alpha,$$

$$\tan(\pi - \alpha) = -\tan \alpha, \qquad \cot(\pi - \alpha) = -\cot \alpha.$$

公式五：$\dfrac{\pi}{2} - \alpha$ 与 α 的三角函数值之间的关系：

$$\sin\left(\frac{\pi}{2} - \alpha\right) = \cos \alpha, \qquad \cos\left(\frac{\pi}{2} - \alpha\right) = \sin \alpha,$$

$$\tan\left(\frac{\pi}{2} - \alpha\right) = \cot \alpha, \qquad \cot\left(\frac{\pi}{2} - \alpha\right) = \tan \alpha.$$

公式六：$\dfrac{\pi}{2} + \alpha$ 与 α 的三角函数值之间的关系：

$$\sin\left(\frac{\pi}{2} + \alpha\right) = \cos \alpha, \qquad \cos\left(\frac{\pi}{2} + \alpha\right) = -\sin \alpha,$$

$$\tan\left(\frac{\pi}{2} + \alpha\right) = -\cot \alpha, \qquad \cot\left(\frac{\pi}{2} + \alpha\right) = -\tan \alpha.$$

公式七：$\dfrac{3\pi}{2} - \alpha$ 与 α 的三角函数值之间的关系：

$$\sin\left(\frac{3\pi}{2} - \alpha\right) = -\cos \alpha, \qquad \cos\left(\frac{3\pi}{2} - \alpha\right) = -\sin \alpha,$$

$$\tan\left(\frac{3\pi}{2} - \alpha\right) = \cot \alpha, \qquad \cot\left(\frac{3\pi}{2} - \alpha\right) = \tan \alpha.$$

公式八：$\dfrac{3\pi}{2} + \alpha$ 与 α 的三角函数值之间的关系：

$$\sin\left(\frac{3\pi}{2} + \alpha\right) = -\cos \alpha, \qquad \cos\left(\frac{3\pi}{2} + \alpha\right) = \sin \alpha,$$

$$\tan\left(\frac{3\pi}{2} + \alpha\right) = -\cot \alpha, \qquad \cot\left(\frac{3\pi}{2} + \alpha\right) = -\tan \alpha.$$

公式九：利用公式一和公式三可以得到 $2\pi - \alpha$ 与 α 的三角函数值之间的关系：

$$\sin(2\pi-\alpha)=-\sin\alpha, \qquad \cos(2\pi-\alpha)=\cos\alpha,$$
$$\tan(2\pi-\alpha)=-\tan\alpha, \qquad \cot(2\pi-\alpha)=-\cot\alpha.$$

注 ① $\alpha+2k\pi\,(k\in\mathbf{Z})$、$-\alpha$、$\pi+\alpha$、$\pi-\alpha$、$2\pi-\alpha$ 的三角函数值，等于 α 的同名函数值，前面加上一个把 α 看成锐角时原函数值的符号（口诀：函数名不变，符号看象限）.

② $\dfrac{\pi}{2}+\alpha$、$\dfrac{\pi}{2}-\alpha$、$\dfrac{3\pi}{2}+\alpha$、$\dfrac{3\pi}{2}-\alpha$ 的三角函数值，等于 α 的异名函数值，前面加上一个把 α 看成锐角时原函数值的符号（口诀：函数名改变，符号看象限）.

（4）和角公式和差角公式

$$\sin(\alpha+\beta)=\sin\alpha\cdot\cos\beta+\cos\alpha\cdot\sin\beta,\quad \sin(\alpha-\beta)=\sin\alpha\cdot\cos\beta-\cos\alpha\cdot\sin\beta,$$
$$\cos(\alpha+\beta)=\cos\alpha\cdot\cos\beta-\sin\alpha\cdot\sin\beta,\quad \cos(\alpha-\beta)=\cos\alpha\cdot\cos\beta+\sin\alpha\cdot\sin\beta,$$
$$\tan(\alpha+\beta)=\frac{\tan\alpha+\tan\beta}{1-\tan\alpha\cdot\tan\beta},\quad \tan(\alpha-\beta)=\frac{\tan\alpha-\tan\beta}{1+\tan\alpha\cdot\tan\beta}.$$

（5）二倍角公式

$$\sin2\alpha=2\sin\alpha\cos\alpha,\quad \cos2\alpha=\cos^2\alpha-\sin^2\alpha=2\cos^2\alpha-1=1-2\sin^2\alpha,$$
$$\tan2\alpha=\frac{2\tan\alpha}{1-\tan^2\alpha}.$$

二倍角的余弦公式有以下常用变形（规律：降幂扩角，升幂缩角）：

$$1+\cos2\alpha=2\cos^2\alpha, \qquad 1-\cos2\alpha=2\sin^2\alpha,$$
$$1+\sin2\alpha=(\sin\alpha+\cos\alpha)^2, \qquad 1-\sin2\alpha=(\sin\alpha-\cos\alpha)^2.$$

（6）万能公式（可以理解为二倍角公式的另一种形式）

$$\sin2\alpha=\frac{2\tan\alpha}{1+\tan^2\alpha},\quad \cos2\alpha=\frac{1-\tan^2\alpha}{1+\tan^2\alpha},\quad \tan2\alpha=\frac{2\tan\alpha}{1-\tan^2\alpha}.$$

（7）和差化积公式

$$\sin\alpha+\sin\beta=2\sin\frac{\alpha+\beta}{2}\cos\frac{\alpha-\beta}{2}, \qquad \sin\alpha-\sin\beta=2\cos\frac{\alpha+\beta}{2}\sin\frac{\alpha-\beta}{2},$$
$$\cos\alpha+\cos\beta=2\cos\frac{\alpha+\beta}{2}\cos\frac{\alpha-\beta}{2}, \qquad \cos\alpha-\cos\beta=-2\sin\frac{\alpha+\beta}{2}\sin\frac{\alpha-\beta}{2}.$$

（8）积化和差公式

$$\sin\alpha\cdot\cos\beta=\frac{1}{2}[\sin(\alpha+\beta)+\sin(\alpha-\beta)],\quad \cos\alpha\cdot\sin\beta=\frac{1}{2}[\sin(\alpha+\beta)-\sin(\alpha-\beta)],$$
$$\cos\alpha\cdot\cos\beta=\frac{1}{2}[\cos(\alpha+\beta)+\cos(\alpha-\beta)],\quad \sin\alpha\cdot\sin\beta=-\frac{1}{2}[\cos(\alpha+\beta)-\cos(\alpha-\beta)].$$

（9）辅助角公式

$$a\sin x+b\cos x=\sqrt{a^2+b^2}\sin(x+\varphi),$$ 其中：角 φ 的终边所在的象限与点 (a,b) 所在的象限相同. $\sin\varphi=\dfrac{b}{\sqrt{a^2+b^2}}$，$\cos\varphi=\dfrac{a}{\sqrt{a^2+b^2}}$，$\tan\varphi=\dfrac{b}{a}$.

（10）正弦定理

$$\frac{a}{\sin A}=\frac{b}{\sin B}=\frac{c}{\sin C}=2R$$ （R 为 $\triangle ABC$ 外接圆半径）.

（11）余弦定理

$a^2 = b^2 + c^2 - 2bc \cdot \cos A$，$b^2 = a^2 + c^2 - 2ac \cdot \cos B$，$c^2 = a^2 + b^2 - 2ab \cdot \cos C$．

（12）三角形的面积公式

$S_{\triangle ABC} = \dfrac{1}{2} \times 底 \times 高$，$S_{\triangle ABC} = \dfrac{1}{2}ab \sin C = \dfrac{1}{2}bc \sin A = \dfrac{1}{2}ca \sin B$（两边一夹角），

$S_{\triangle ABC} = \dfrac{abc}{4R}$（$R$ 为 $\triangle ABC$ 外接圆半径），

$S_{\triangle ABC} = \dfrac{a+b+c}{2} \cdot r$（$r$ 为 $\triangle ABC$ 内切圆半径），

$S_{\triangle ABC} = \sqrt{p(p-a)(p-b)(p-c)}$（海伦公式，其中 $p = \dfrac{a+b+c}{2}$）．

第一章 函 数

函数是数学中最重要的概念之一，所谓函数关系，就是变量之间的依赖关系，也是经济数学中的主要研究工具. 本章将介绍映射、函数的一般概念及经济学中的常用函数.

第一节 集合、函数及基本性质

一、集合的概念

集合（简称集）：集合是指具有某种特定性质的事物的总体，一般用大写字母 A、B、M 等表示.

元素：组成集合的事物称为集合的元素. a 是集合 M 的元素，表示为 $a \in M$.

集合的表示方法如下.

列举法：把集合的全体元素一一列举出来. 例如，$A=\{a,b,c,d,e,f,g\}$. 描述法：若集合 M 是由具有某种性质 P 的所有元素 x 构成，则 M 可表示为 $M=\{a_1,a_2,\cdots,a_n\}$，或者 $M=\{x|x$具有性质$P\}$，如 $M=\{(x,y)|x,y$为实数，$x^2+y^2=1\}$.

几个数集：$\mathbf{N}$ 表示所有自然数构成的集合，称为自然数集，$\mathbf{N}=\{0, 1, 2, \cdots, n, \cdots\}$，$\mathbf{N}_+=\{1, 2, \cdots, n, \cdots\}$；$\mathbf{R}$ 表示所有实数构成的集合，称为实数集；$\mathbf{Z}$ 表示所有整数构成的集合，称为整数集，$\mathbf{Z}=\{\cdots, -n, \cdots, -2, -1, 0, 1, 2, \cdots, n, \cdots\}$；$\mathbf{Q}$ 表示所有有理数构成的集合，称为有理数集，$\mathbf{Q} = \{\frac{p}{q} | p \in \mathbf{Z}, q \in \mathbf{N}_+$且$p$与$q$互质$\}$.

子集：若 $x \in A$，必有 $x \in B$，则称 A 是 B 的子集，记为 $A \subset B$（读作 A 包含于 B）或 $B \supset A$. 如果集合 A 与集合 B 互为子集，即 $A \subset B$ 且 $B \subset A$，则称集合 A 与集合 B 相等，记作 $A=B$. 若 $A \subset B$ 且 $A \neq B$，则称 A 是 B 的真子集，记作 $A \subsetneqq B$. 例如，$\mathbf{N} \subsetneqq \mathbf{Z} \subsetneqq \mathbf{Q} \subsetneqq \mathbf{R}$. 不含任何元素的集合称为空集，记作 $\varnothing$. 规定空集是任何集合的子集.

区间和邻域：

① 有限区间：开区间(a,b)，闭区间$[a,b]$，半开半闭区间$(a,b]$，$[a,b)$.

② 无限区间：$(-\infty,a)$，$(-\infty,a]$，$[a,+\infty)$，$(a,+\infty)$，$(-\infty,+\infty)$.

③ 邻域：$U(a,\delta) = \{x|a-\delta < x < a+\delta\}$. a 记为邻域的中心，δ 记为邻域的半径；去心邻域记为 $\mathring{U}(a,\delta)$.

二、函数

1. 定义

设 D 是一个非空的实数集，如果存在一个对应法则 f，使得对每一个 $x \in D$，通过对应法则 f，都有唯一的一个实数 y 与之对应，则称 f 为定义在 D 上的一个函数，记为 $y = f(x)$，

称 x 为函数的自变量，y 为因变量或函数值，D 为定义域，并把实数集 $Z=\left\{y\,\middle|\,y=f(x),x\in D\right\}$ 称为函数的值域.

注　① 函数的二要素：定义域、对应法则；值域为派生要素. ② 相同函数：只要定义域、对应法则相同，两函数就是相同函数. ③ 函数符号：函数 $y=f(x)$ 中表示对应法则的记号 f 也可改用其他字母，如"F""φ"等，此时函数就记作 $y=\varphi(x),y=F(x)$. 自变量的记号"x"也可以改用其他符号，只要对应法则不变，函数就不变，即函数与其符号无关，如 $y=f(x),x\in D$ 与 $y=f(t),t\in D$ 是同一函数. ④ 函数与函数值：记号 f 和 $f(x)$ 的含义一般是有区别的，前者表示自变量 x 和因变量 y 之间的对应法则，而后者表示与自变量 x 值对应的函数值. 但为了叙述方便，习惯上常用记号"$f(x),x\in D$"或"$y=f(x),x\in D$"来表示定义在 D 上的函数 f. ⑤ 定义域的约定：定义域即自变量的取值范围，当函数是用解析式表示时，定义域默认为使运算有意义的自变量的取值全体；当函数是应用问题的数学模型时，根据实际问题确定定义域. ⑥ 单值函数：当对应法则为多对一或一对一时为单值函数；当对应法则为一对多时为多值函数.

例 1-1　求函数 $y=\sqrt{x^2-x-6}+\arcsin\dfrac{2x-1}{7}$ 的定义域.

解　要使函数有定义，即有：

$$\begin{cases}x^2-x-6\geqslant 0\\ \left|\dfrac{2x-1}{7}\right|\leqslant 1\end{cases}\Rightarrow\begin{cases}x\geqslant 3\text{或}x\leqslant -2\\ -3\leqslant x\leqslant 4\end{cases}\Rightarrow -3\leqslant x\leqslant -2\text{或}3\leqslant x\leqslant 4,$$

于是，所求函数的定义域是：$[-3,-2]\cup[3,4]$.

注　① 分式函数 $\dfrac{1}{u(x)}$ 满足 $u(x)\neq 0$；② 开偶次方函数 $\sqrt[2n]{u(x)}$ 满足 $u(x)\geqslant 0$；③ 对数函数 $\log_a u(x)$ 满足 $u(x)>0,a>0$ 且 $a\neq 1$；④ 三角函数 $\tan u(x)$ 满足 $u(x)\neq k\pi+\dfrac{\pi}{2},k\in\mathbf{Z}$. 而 $\cot u(x)$ 满足 $u(x)\neq k\pi,k\in\mathbf{Z}$. ⑤ 反三角函数 $\arcsin u(x),\arccos u(x)$ 满足 $-1\leqslant u(x)\leqslant 1$.

例 1-2　设 $f(x)$ 的定义域为 $[-a,a]$（$a>0$），求 $f(x^2-1)$ 的定义域.

解　要求 $-a\leqslant x^2-1\leqslant a$，则 $1-a\leqslant x^2\leqslant 1+a$. 当 $a\geqslant 1$ 时，因为 $1-a\leqslant 0$，所以 $x^2\leqslant 1+a$，则 $|x|\leqslant\sqrt{1+a}$；当 $0<a<1$ 时，因为 $1-a>0$，所以 $\sqrt{1-a}\leqslant|x|\leqslant\sqrt{1+a}$，得 $\sqrt{1-a}\leqslant x\leqslant\sqrt{1+a}$ 或 $-\sqrt{1+a}\leqslant x\leqslant -\sqrt{1-a}$.

2. 函数的表示法

解析法：用数学解析式表示自变量和因变量之间的对应法则的方法. 根据解析式形式不同，函数又可分为显函数和隐函数. 如果因变量可以由自变量的解析式直接表示出来，那么就称函数为显函数. 例如，$y=x^2-2x$. 如果自变量与因变量的对应关系由一个方程 $F(x,y)=0$ 来表示，那么这样的函数称为隐函数. 例如，由方程 $\sqrt[3]{x-y}+\sin 2x-1=0$ 确定的函数就是隐函数.

用解析式表示函数时，一般一个函数仅用一个表达式表示，但有些函数在定义域的不同部分，对应法则需要用不同的式子表示，这种函数称为分段函数. 例如

$$y=\begin{cases}x^2 & -1\leqslant x\leqslant 1\\ 3-x & x>1\end{cases},$$

就是定义在 $[-1,+\infty)$ 上的一个分段函数.

表格法：将一系列的自变量值与对应的函数值列成表来表示函数关系的方法.

图示法：用坐标平面上曲线来表示函数的方法. 一般用横坐标表示自变量，纵坐标表示因变量.

例 1-3　设 $f(x+1)=2x^2+3x-1$，求 $f(x)$.

解　（换元法）设 $x+1=t$ 得 $x=t-1$，则 $f(t)=2(t-1)^2+3(t-1)-1=2t^2-t-2$，有

$$f(x)=2x^2-x-2.$$

（配方法） $f(x+1)=2(x+1-1)^2+3(x+1-1)-1=2(x+1)^2-(x+1)-2$，有

$$f(x)=2x^2-x-2.$$

3. 函数的运算

设函数 $f(x)$，$g(x)$ 的定义域依次为 $D_1,D_2,D=D_1\bigcap D_2\neq\varnothing$，定义两个函数的下列运算：

和(差) $f\pm g$：$(f\pm g)(x)=f(x)\pm g(x),x\in D$；

积 $f\times g$：$(f\times g)(x)=f(x)\times g(x),x\in D$；

商 $\dfrac{f}{g}$：$\left(\dfrac{f}{g}\right)(x)=\dfrac{f(x)}{g(x)},x\in D\setminus\{x\mid g(x)=0\}$.

例 1-4　函数 $y=2$，其定义域为 $D=(-\infty,+\infty)$，值域为 $R=\{2\}$，图形为一条平行于 x 轴的直线.

例 1-5　函数 $y=|x|\begin{cases}x & x\geqslant 0\\ -x & x<0\end{cases}$，称为绝对值函数. 其定义域为 $D=(-\infty,+\infty)$，值域为 $R=[0,+\infty)$（见图 1-1）.

例 1-6　函数 $y=\operatorname{sgn} x=\begin{cases}1 & x>0\\ 0 & x=0\\ -1 & x<0\end{cases}$，称为符号函数. 其定义域为 $D=(-\infty,+\infty)$，值域为 $R=\{-1,0,1\}$（见图 1-2）.

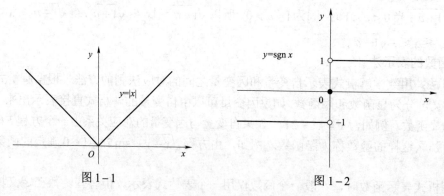

图 1-1　　　　　　　　　　　图 1-2

例 1-7　设 x 为任意实数，不超过 x 的最大整数称为 x 的整数部分，记作 $[x]$（见图 1-3）. 函数 $y=[x]$ 称为取整函数. 其定义域为 $D=(-\infty,+\infty)$，值域为 $R=\mathbf{Z}$.

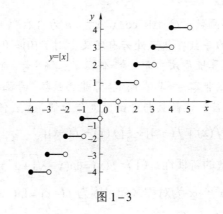

图 1-3

例如，$\left[\dfrac{5}{7}\right]=0$，$[\sqrt{2}]=1$，$[\pi]=3$，$[-1]=-1$，$[-3.5]=-4$.

例 1-8 生产某种产品的固定成本为 48 000 元，每生产一件产品成本增加 2 400 元，则该种产品的总成本 y 与产量 x 的函数关系可表示为

$$y = 2\,400x + 48\,000.$$

例 1-9 函数 $y = \begin{cases} 2\sqrt{x} & 0 \leqslant x \leqslant 1 \\ 1+x & x > 1 \end{cases}$，其定义域为 $D = [0,1] \bigcup (1,+\infty) = [0,+\infty)$.

当 $0 \leqslant x \leqslant 1$ 时，$y = 2\sqrt{x}$；当 $x > 1$ 时，$y = 1 + x$.

例如，$f\left(\dfrac{1}{2}\right) = 2\sqrt{\dfrac{1}{2}} = \sqrt{2}$；$f(1) = 2\sqrt{1} = 2$；$f(3) = 1 + 3 = 4$.

三、函数的几种特性

要研究函数，首先函数必须要有意义，即定义域要清楚，以下假设 $f(x)$ 在区间 D 上有定义.

1. 函数的单调性

设函数 $f(x)$ 的定义域为 D，区间 $I \subset D$. 如果对区间 I 上的任意两点 x_1 和 x_2，当 $x_1 < x_2$ 时总有不等式 $f(x_1) \leqslant f(x_2)$ 成立，则称函数 $f(x)$ 在区间 I 上是单调增加的；当 $x_1 < x_2$ 时总有不等式 $f(x_1) \geqslant f(x_2)$ 成立，则称函数 $f(x)$ 在区间 I 上是单调减少的. 单调增加和单调减少的函数统称为单调函数.

注 ① 图像特征：一般地，增函数随着 x 的增大图像是上升的，减函数随着 x 的增大图像是下降的. ② 单调性与区间有关，如 $y = \sin x$ 在区间 $\left(0, \dfrac{\pi}{2}\right)$ 单调递增，但在 $(0, \pi)$ 没有单调性.

2. 函数的奇偶性

设函数 $f(x)$ 的定义域 D 关于原点对称，且对于任何 $x \in D$，恒有 $f(-x) = f(x)$ 成立，则称函数 $f(x)$ 为偶函数；如果恒有 $f(-x) = -f(x)$ 成立，则称函数 $f(x)$ 为奇函数.

注 ① 奇偶性讨论的前提是定义区间必须为对称区间. ② 图像特征：奇函数的几何图形关于原点对称，而偶函数的几何图形关于 y 轴对称. ③ 常见的奇函数：$\sin x$，$\tan x$，x^{2n+1}，

$\arcsin x$，$\arctan x$，常见的偶函数：$C, |x|, \cos x, x^{2n}$（n 为自然数）. ④ 奇函数在原点处若有定义，则 $f(0)=0$；偶函数的导数在原点处若有定义，则 $f'(0)=0$. ⑤ 奇偶性判定：对称区间利用定义法. 奇偶函数的运算性质法：奇×奇=偶函数；偶×奇=奇函数；偶×偶=偶函数；偶+偶=偶函数，奇+奇=奇函数，非零奇+非零偶=非奇非偶函数；奇函数与奇函数复合为奇函数；偶函数与偶函数复合为偶函数；偶函数与奇函数复合为偶函数. 任一函数都可以表示成偶函数与奇函数的和：$f(x)=\dfrac{1}{2}[f(x)+f(-x)]+\dfrac{1}{2}[f(x)-f(-x)]$.

例 1-10　判断下列函数的奇偶性：（1）$f(x)=\ln(x+\sqrt{1+x^2})$；（2）$f(x)=xe^{\cos x}\sin x$.

解　（1）定义域 $-\infty<x<+\infty$ 为对称区间，因为 $f(-x)=\ln(-x+\sqrt{1+(-x)^2})$

$=\ln(\sqrt{1+x^2}-x)=\ln\dfrac{[\sqrt{1+x^2}-x][\sqrt{1+x^2}+x]}{\sqrt{1+x^2}+x}=\ln\dfrac{1}{\sqrt{1+x^2}+x}=-\ln(\sqrt{1+x^2}+x)=-f(x)$，所以 $f(x)$ 为奇函数.

（2）由于 $y=x$，$y=\sin x$ 为奇函数，所以 $x\sin x$ 为偶函数，又 $e^{\cos x}$ 为偶函数，所以 $f(x)$ 为偶函数.

3. 周期性

设 $f(x)$ 在 D 上有定义，如果存在常数 $T\neq 0$，使得任意 $x\in D$，$x+T\in D$，都有 $f(x+T)=f(x)$，则称 $f(x)$ 是周期函数，称 T 为 $f(x)$ 的周期. 由此可见，周期函数有无穷多个周期，一般把其中最小正周期简称为周期. 例如，函数 $y=\sin x$，$y=\cos x$ 的周期均为 2π，$y=\tan x$ 的周期为 π. 而 $y=C$（C 是一个常数）是以任何正数为周期的周期函数，但它不存在最小正周期.

注　① 周期函数的定义域中必有无数个点，但不一定总是全体实数，如 $y=\tan x$ 的定义域 $\{x\,|\,x\neq k\pi+\dfrac{\pi}{2},k\in\mathbf{Z}\}$. ② 常见周期函数：$C,\sin x,\cos x,\tan x,\cot x,|\sin x|,|\cos x|$. ③ 周期函数的运算：设 $f(x)$ 以 T 为周期，则 $f(\omega x)(\omega\neq 0)$ 的周期为 $\dfrac{T}{|\omega|}$；设 $f(x)$ 以 T_1 为周期，$g(x)$ 以 T_2 为周期，则 $f(x)+g(x)$ 以 T_1 和 T_2 的最小公倍数为周期.

四、反函数与复合函数

1. 反函数

对于函数 $y=f(x)$，若当变量 y 在函数的值域内任取一值 y_0 时，变量 x 在函数的定义域内有唯一值 x_0 与之对应，即 $f(x_0)=y_0$，则变量 x 是变量 y 的函数，把这个函数用 $x=\varphi(y)$ 表示，称为函数 $y=f(x)$ 的反函数. 一般地，函数 $y=f(x)$，$x\in D$ 的反函数记成 $y=f^{-1}(x)$，$x\in f(D)$.

2. 复合函数

函数 $y=f(u)$ 的定义域为 D_1，函数 $u=g(x)$ 的定义域为 D，而 $W=\{u\,|\,u=g(x),x\in D\}$，且 $W\subset D_1$，则有复合函数 $y=f(g(x))$，$x\in D$.

例 1-11　函数 $y=f(x)=\arcsin x$ 和 $g=g(x)=2+x^2$ 能否复合成复合函数 $f(g(x))$？按相反的顺序来复合 g 和 f，能否复合成复合函数 $g(f(x))$？

解 $f(g(x))$ 由于 $g(x)$ 的值域与外层函数 $f(x)$ 的定义域没有交集，故不存在，$g(f(x)) = 2 + (\arcsin x)^2$，$x \in [-1,1]$.

例 1-12 设 $f(x) = \begin{cases} 2-x & x<0 \\ x+2 & x \geqslant 0 \end{cases}$，$g(x) = \begin{cases} x^2 & x \leqslant 0 \\ -x & x>0 \end{cases}$，求 $f(g(x))$.

解 $f(g(x)) = \begin{cases} 2-g(x) & g(x)<0 \\ g(x)+2 & g(x) \geqslant 0 \end{cases} = \begin{cases} 2+x & x>0 \\ x^2+2 & x \leqslant 0 \end{cases}$.

五、初等函数

1. 基本初等函数
幂函数、指数函数、对数函数、三角函数、反三角函数称为基本初等函数.

2. 初等函数
由常数和基本初等函数经过有限次的四则运算和有限次的函数复合运算所构成的函数，称为初等函数.

习 题 1-1

1. 下列各组函数是否相同？为什么？

（1）$f(x)=x$ 与 $g(x) = \tan(\arctan x)$；

（2）$f(x) = \begin{cases} x^2 & x \geqslant 0 \\ x^3 & x<0 \end{cases}$ 与 $g(x) = \begin{cases} x^3 & x>0 \\ x^2 & x \leqslant 0 \end{cases}$；

（3）$f(x) = \dfrac{x}{x}$ 与 $g(x) = 1$.

2. 求下列函数的定义域.

（1）$y = \sqrt{x^2-1}$；

（2）$y = \dfrac{\lg(3-x)}{\sqrt{x-1}}$；

（3）$y = \dfrac{1}{1-x^2} + \sqrt{1+x}$；

（4）$y = \begin{cases} \sqrt{-x} & x<0 \\ x & 0 \leqslant x \leqslant 2 \\ \sqrt{x-2} & 2<x \end{cases}$；

（5）$y = \arcsin(2x+1)$；

（6）$y = \ln(1+3x)$.

（7）若 $f(x)$ 的定义域是 $[-4,4]$，求 $f(x^2)$ 的定义域.

（8）若 $f(x)$ 的定义域是 $[0, 3a]$ $(a>0)$，求 $f(x+a)+f(x-a)$ 的定义域.

（9）若 $f(x)$ 的定义域是 $[0,1]$，求 $f(\lg x)$ 的定义域.

（10）若 $f(1-x)$ 的定义域是 $[-1,1]$，求 $f(x)$ 的定义域.

3. 求下列函数的值.

（1）$f(x) = \begin{cases} x+1 & x \leqslant 1 \\ 2x+3 & x>1 \end{cases}$，求 $f(0), f(1+a), f(-1.5)$.

（2） $f(x) = \sin x$ ，求 $f\left(-\arcsin \dfrac{1}{2}\right)$.

4. 设 $f(x)$ 在 $(-\infty, +\infty)$ 上有定义，证明 $F(x) = f(x) + f(-x)$ 是偶函数，$G(x) = f(x) - f(-x)$ 是奇函数.

5. 设 $f(x)$ 以 T 为周期，证明复合函数 $h(x) = f(x+a)$ 以 T 为周期；$g(x) = f(ax)\ (a \neq 0)$ 以 $\dfrac{T}{a}$ 为周期.

6. 设 $f(x) = \begin{cases} x+1 & -1 \leqslant x \leqslant 0 \\ \mathrm{e}^x - 1 & 0 < x \leqslant 2 \end{cases}$ ，求 $f(0)$, $f(1)$ 及 $f(x)$ 的定义域.

7. 将下列函数分解成基本初等函数的复合：（1） $y = \sqrt{\ln \sin^2 x}$ ；（2） $y = \mathrm{e}^{\arctan x^2}$.

8. 求函数 $y = \sqrt{\mathrm{e}^x + 1}$ 的反函数.

9. 指出下列函数的奇偶性：

（1） $y = x^3 + 3x$ ；

（2） $y = \lg \dfrac{1-x}{1+x}\,(-1 < x < 1)$ ；

（3） $y = \dfrac{a^x - a^{-x}}{x}$ ；

（4） $y = \begin{cases} 1-x & x \leqslant 0 \\ 1+x & x > 0 \end{cases}$ ；

（5） $y = x\sin\dfrac{1}{x}, x \neq 0$ ；

（6） $y = x\cos x + \sin x$.

10. 下列函数是否为周期函数，如果是周期函数，求其周期.

（1） $f(x) = |\sin x|$ ；

（2） $f(x) = x\cos x$.

11. 证明函数 $f(x) = x^2 + x + 1$ 在 $(0, +\infty)$ 上是单调增函数.

12*. 证明 $y = x\cos\sqrt{x}$ 不是周期函数.

13. 设 $f(x) = \arcsin x$ ，求 $f(0)$, $f(-1)$, $f\left(\dfrac{\sqrt{3}}{2}\right)$, $f\left(-\dfrac{\sqrt{2}}{2}\right)$, $f(1)$ 的值.

第二节　常用经济学概念及函数关系建立

一、常用经济学概念

1. 单利与复利

利息是指借款者向贷款者支付的报酬，它是根据本金的数额按一定比例计算出来的. 利息又有存款利息、贷款利息、债券利息、贴现利息等几种主要形式.

（1）单利计算公式

设初始本金为 p ，银行年利率为 r . 则

第一年末本利和为　$s_1 = p + rp = p(1+r)$ ，

第二年末本利和为　$s_2 = p(1+r) + rp = p(1+2r)$ ，

$$\vdots$$

第 n 年末的本利和为　$s_n = p(1 + nr)$.

（2）复利计算公式

设初始本金为 p，银行年利率为 r. 则

第一年末本利和为　$s_1 = p + rp = p(1 + r)$,

第二年末本利和为　$s_2 = p(1 + r) + rp(1 + r) = p(1 + r)^2$,

$$\vdots$$

第 n 年末的本利和为　$s_n = p(1 + r)^n$.

2. 多次付息

（1）单利付息情形

因每次的利息都不计入本金，故若一年分 n 次付息，则年末的本利和为

$$s = p\left(1 + n\frac{r}{n}\right) = p(1 + r).$$

即年末的本利和与支付利息的次数无关.

（2）复利付息情形

因每次支付的利息都计入本金，故年末的本利和与支付利息的次数是有关系的.

设初始本金为 p，年利率为 r，若一年分 m 次付息，则一年末的本利和为

$$s = p\left(1 + \frac{r}{m}\right)^m.$$

易见，本利和是随付息次数 m 的增大而增加的. 而第 n 年末的本利和为

$$s_n = p\left(1 + \frac{r}{m}\right)^{mn}.$$

3. 贴现

票据的持有人为了在票据到期以前获得资金，从票面金额中扣除未到期期间的利息后，得到所余金额的现金称为**贴现**.

钱存在银行里可以获得利息，如果不考虑贬值因素，那么若干年后的本利和就高于本金. 如果考虑贬值因素，则在若干年后使用的**未来值**（相当于本利和）就有一个较低的**现值**. 考虑更一般的问题：确定第 n 年后价值为 R 的现值. 假设在这 n 年之间复利年利率 r 不变.

利用复利计算公式有

$$R = p(1 + r)^n,$$

得到第 n 年后价值为 R 的现值为

$$p = \frac{R}{(1 + r)^n},$$

式中：R——第 n 年后到期的**票据金额**；

　　　r——**贴现率**；

　　　p——现在进行票据转让时银行付给的**贴现金额**.

若票据持有者手中持有若干张不同期限及不同面额的票据，且每张票据的贴现率都是相

同的，则一次性向银行转让票据得到的现金为

$$p = R_0 + \frac{R_1}{(1+r)} + \frac{R_2}{(1+r)^2} + \cdots + \frac{R_n}{(1+r)^n},$$

式中：R_0——已到期的票据金额；

R_n——n 年后到期的票据金额；

$\dfrac{1}{(1+r)^n}$——**贴现因子**，它表示在贴现率 r 下 n 年后到期的 1 元钱的**贴现值**. 由它可给出

不同年限及不同贴现率下的贴现因子表.

4. 需求函数

需求函数是指在某一特定时期内，市场上某种商品的各种可能的购买量和决定这些购买量的诸因素之间的数量关系.

假定其他因素（如消费者的货币收入、偏好和相关商品的价格等）不变，则决定某种商品需求量的因素就是这种商品的**价格**. 此时，需求函数表示的就是商品需求量和价格这两个经济量之间的数量关系

$$q = f(p)$$

式中：q——需求量；

p ——价格.

需求函数的反函数 $p = f^{-1}(q)$ 称为**价格函数**，习惯上将价格函数也统称为需求函数.

5. 供给函数

供给函数是指在某一特定时期内，市场上某种商品的各种可能的供给量和决定这些供给量的诸因素之间的数量关系.

6. 市场均衡

对一种商品而言，如果需求量等于供给量，则这种商品就达到了**市场均衡**. 以线性需求函数和线性供给函数为例，令

$$q_d = q_s,$$
$$ap + b = cp + d,$$
$$p = \frac{d-b}{a-c} \equiv p_0.$$

这个价格 p_0 称为该商品的**市场均衡价格**. 各量之间的关系如图 1-4 所示.

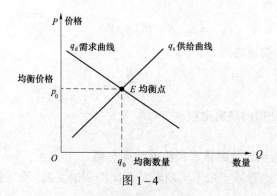

图 1-4

市场均衡价格就是需求函数和供给函数两条直线的交点的横坐标. 当市场价格高于均衡价格时, 将出现**供过于求**的现象, 而当市场价格低于均衡价格时, 将出现**供不应求**的现象. 当市场均衡时有

$$q_d = q_s = q_0,$$

称 q_0 为**市场均衡数量**.

根据市场的不同情况, 需求函数与供给函数还有二次函数、多项式函数与指数函数等. 但其基本规律是相同的, 都可找到相应的**市场均衡点** (p_0, q_0).

7. 成本函数

产品成本是以货币形式表现的企业生产和销售产品的全部费用支出, **成本函数**表示费用总额与产量（或销售量）之间的依赖关系, 产品成本可分为**固定成本**和**变动成本**两部分. 所谓固定成本, 是指在一定时期内不随产量变化的那部分成本; 所谓变动成本, 是指随产量变化而变化的那部分成本. 一般地, 以货币计值的（总）成本 C 是产量 x 的函数, 即

$$C = C(x) \qquad (x \geqslant 0)$$

称其为**成本函数**. 当产量 $x = 0$ 时, 对应的成本函数值 $C(0)$ 就是产品的固定成本值.

设 $C(x)$ 为成本函数, 称 $\overline{C} = \dfrac{C(x)}{x} \, (x > 0)$ 为**单位成本函数**或**平均成本函数.** 成本函数是单调增加函数, 其图像称为**成本曲线**.

8. 收入函数与利润函数

销售某种产品的收入 R, 等于产品的单位价格 P 乘销售量 x, 即 $R = P \cdot x$, 称其为**收入函数**. 而销售利润 L 等于收入 R 减去成本 C, 即 $L = R - C$, 称其为**利润函数.**

当 $L = R - C > 0$ 时, 生产者盈利;

当 $L = R - C < 0$ 时, 生产者亏损;

当 $L = R - C = 0$ 时, 生产者盈亏平衡, 使 $L(x) = 0$ 的点 x_0 称为**盈亏平衡点**（又称为**保本点**）.

例 1-13　设某商品的价格函数是 $P = 50 - \dfrac{1}{5}q$, 试求该商品的收入函数, 并求出销售 10 件商品时的总收入和平均收入.

解　收入函数为 $R = Pq = 50q - \dfrac{1}{5}q^2$;

平均收入为 $\overline{R} = \dfrac{R}{q} = P = 50 - \dfrac{1}{5}q$;

当销售 10 件该商品时的总收入和平均收入分别为

$$R(10) = 50 \times 10 - \frac{1}{5} \times 10^2 = 480,$$

$$\overline{R}(10) = 50 - \frac{1}{5} \times 10 = 48.$$

总利润指生产一定数量的产品的总收入与总成本之差, 记作 L, 即 $L = L(q) = R(q) - C(q)$, 其中 q 是产品数量.

平均利润记作 $\overline{L} = \overline{L}(q) = \dfrac{L(q)}{q}$.

例 1 – 14　已知生产某种商品 q 件时的总成本（单位：万元）为 $C(q)=10+6q+0.1q^2$，如果该商品的销售单价为 9 万元，试求：

（1）该商品的利润函数；

（2）生产 10 件该商品时的总利润和平均利润；

（3）生产 30 件该商品时的总利润.

解　（1）该商品的收入函数为 $R(q)=9q$，得到利润函数为

$$L(q)=R(q)-C(q)=3q-10-0.1q^2.$$

（2）生产 10 件该商品时的总利润为 $L(10)=3\times10-10-0.1\times10^2=10$（万元），

此时的平均利润为　$\overline{L}=\dfrac{L(10)}{10}=\dfrac{10}{10}=1$（万元/件）.

（3）生产 30 件该商品时的总利润为　$L(30)=3\times30-10-0.1\times30^2=-10$（万元）.

注　一般地，收入随着销售量的增加而增加，但利润并不总是随销售量的增加而增加. 它可出现 3 种情况，具体如下.

① 如果 $L(q)=R(q)-C(q)>0$，则生产处于盈利状态；

② 如果 $L(q)=R(q)-C(q)<0$，则生产处于亏损状态；

③ 如果 $L(q)=R(q)-C(q)=0$，则生产处于保本状态. 此时的产量 q_0 称为无盈亏点.

例 1 – 15　已知某商品的成本函数为 $C=12+3q+q^2$，若销售单价定为 11 元/件，试求：

（1）该商品经营活动的无盈亏点；

（2）若每天销售 10 件该商品，为了不亏本，销售单价应定为多少才合适？

解　（1）利润函数 $L(q)=R(q)-C(q)=11q-(12+3q+q^2)=8q-12-q^2$.

由 $L(q)=0$，即 $8q-12-q^2=0$，解得两个无盈亏点 $q_1=2$ 和 $q_2=6$.

由 $L(q)=(q-2)(6-q)$ 可看出，当 $q<2$ 或 $q>6$ 时，都有 $L(q)<0$，生产经营是亏损的；当 $2<q<6$ 时，$L(q)>0$，生产经营是盈利的，因此，$q=2$ 件和 $q=6$ 件分别是盈利的最低产量和最高产量.

（2）设定价为 p（元/件），则利润函数 $L(q)=pq-(12+3q+q^2)$，为使生产经营不亏本，须有 $L(10)\geqslant0$，即 $10p-142\geqslant0$，得 $p\geqslant14.2$. 所以，为了不亏本，销售单价应不低于 14.2 元/件.

思考与练习　某产品的成本函数为 $C(q)=18-7q+q^2$，收入函数为 $R(q)=4q$，求

（1）该产品的盈亏平衡点；

（2）该产品销量为 5 时的利润；

（3）该产品销量为 10 时能否盈利？

参考答案　[（1）2，9；（2）12；（3）$L(10)=-8$，不能盈利.]

二、函数关系建立

为了解决实际问题，要根据实际问题建立数学模型. 下面通过几个实例介绍如何建立函数关系，为以后运用微积分方法解决实际问题打下基础.

例 1-16 现有初始本金 100 元，若银行年储蓄利率为 7%，问：

（1）按单利计算，3 年末的本利和为多少？

（2）按复利计算，3 年末的本利和为多少？

（3）按复利计算，需多少年能使本利和超过初始本金的两倍？

解 （1）已知 $p=100, r=0.07$，由单利计算公式得

$$s_3 = p(1+3r) = 100 \times (1+3 \times 0.07) = 121（元）$$

即 3 年末的本利和为 121 元.

（2）由复利计算公式得

$$s_3 = p(1+r)^3 = 100 \times (1+0.07)^3 \approx 122.5（元）.$$

（3）若 n 年后的本利和超过初始本金的两倍，即要

$$s_n = p(1+r)^n > 2p \xrightarrow{r=0.07} (1.07)^n > 2 \longrightarrow n\ln 1.07 > \ln 2 \longrightarrow n > \ln 2 / \ln 1.07 \approx 10.2,$$

即需 11 年本利和可超过初始本金的两倍.

例 1-17 某人手中有 3 张票据，其中一年后到期的票据金额是 500 元，两年后到期的票据金额是 800 元，五年后到期的票据金额是 2 000 元，已知银行的贴现率为 6%，现在将 3 张票据向银行做一次性转让，银行的贴现金额是多少？

解 由贴现计算公式，贴现金额为

$$p = \frac{R_1}{(1+r)} + \frac{R_2}{(1+r)^2} + \frac{R_5}{(1+r)^5},$$

其中 $R_1 = 500, R_2 = 800, R_5 = 2\,000, r = 0.06$. 故

$$p = \frac{500}{(1+0.06)} + \frac{800}{(1+0.06)^2} + \frac{2\,000}{(1+0.06)^5} \approx 2\,678.21（元）.$$

例 1-18 某种商品的供给函数和需求函数分别为

$$Q_s = 25P - 10, \quad Q_d = 200 - 5P,$$

求该商品的市场均衡价格和市场均衡数量.

解 由均衡条件 $Q_d = Q_s$ 得 $200 - 5P = 25P - 10$，即 $30P = 210$. 因此，均衡价格 $P_0 = 7$，$Q_0 = 25P_0 - 10 = 165$.

例 1-19 某批发商每次以 160 元/台的价格将 500 台电扇批发给零售商，在这个基础上零售商每次多进 100 台电扇，则每台电扇批发价相应降低 2 元，批发商最大批发量为每次 1 000 台，试将电扇批发价格表示为批发量的函数，并求零售商每次 800 台电扇时的批发价格.

解 由题意看出所求函数的定义域为 [500,1 000]. 已知每次多进 100 台，每台价格减少 2 元，设每次进电扇 x 台，则每次批发价减少 $\frac{2}{100}(x-500)$ 元/台，即所求函数为

$$P = 160 - \frac{2}{100}(x-500) = 160 - \frac{2x-1\,000}{100} = 170 - \frac{x}{50}, \quad 500 \leqslant x \leqslant 1\,000.$$

当 $x = 800$ 时，$P = 170 - \frac{800}{50} = 154$（元/台），即每次进 800 台电扇时的批发价格为 154 元/台.

例 1-20 某工厂生产某产品，每日最多生产 200 单位. 它的日固定成本为 150 元，生产一个单位产品的可变成本为 16 元. 求该厂日总成本函数及平均成本函数.

解 据 $C(x) = C_{固} + C_{变}$，可得总成本 $C(x) = 150 + 16x, x \in [0, 200]$，

平均成本 $\overline{C}(x) = \dfrac{C(x)}{x} = 16 + \dfrac{150}{x}$.

例 1-21 某工厂生产的某产品年产量为 x 台，每台售价为 500 元，当年产量超过 800 台时，超过部分只能按 9 折出售. 这样可多售出 200 台，如果再多生产，该年就销售不出去了. 试写出该年的收益（入）函数.

解 因为当产量超过 800 台时售价要按 9 折出售，当超过 1 000 台（800 台+200 台）时，多余部分销售不出去，从而超出部分无收益. 因此，要把产量分三阶段来考虑. 依题意有

$$R(x) = \begin{cases} 500x & 0 \leqslant x \leqslant 800 \\ 500 \times 800 + 0.9 \times 500(x-800) & 800 < x \leqslant 1\,000 \\ 500 \times 800 + 0.9 \times 500 \times 200 & x > 1\,000 \end{cases}$$

$$= \begin{cases} 500x & 0 \leqslant x \leqslant 800 \\ 400\,000 + 450(x-800) & 800 < x \leqslant 1\,000. \\ 490\,000 & x > 1\,000 \end{cases}$$

例 1-22 已知某工厂生产单位产品时，可变成本为 15 元，每天的固定成本为 2 000 元，如这种产品出厂价为 20 元，求

（1）利润函数；

（2）若不亏本，该厂每天至少生产多少单位这种产品？

解 （1）因为 $L(x) = R(x) - C(x), C(x) = 2\,000 + 15x, R(x) = 20x$，所以

$$L(x) = 20x - (2\,000 + 15x) = 5x - 2\,000.$$

（2）当 $L(x) = 0$ 时，不亏本，于是有 $5x - 2\,000 = 0$，得 $x = 400$（单位）.

例 1-23 某电器厂生产一种新产品，在定价时不单是根据生产成本而定，还要请各销售单位来出价，即它们愿意以什么价格来购买. 根据调查得出需求函数为 $x = -900P + 45\,000$. 该厂生产该产品的固定成本是 270 000 元，而单位产品的变动成本为 10 元. 为获得最大利润，该产品出厂价格应为多少？

解 收入函数为 $R(P) = P \cdot (-900P + 45\,000) = -900P^2 + 45\,000P$.

利润函数为

$$L(P) = R(P) - C(P) = -900(P^2 - 60P + 800) = -900(P-30)^2 + 90\,000.$$

由于利润是一个二次函数，容易求得，当价格 $P = 30$ 元时，利润 $L = 90\,000$ 元为最大利润. 在此价格下，可望销售量为

$$x = -900 \times 30 + 45\,000 = 18\,000（单位）.$$

例 1-24 已知某商品的成本函数与收入函数分别是

$$C(x) = 12 + 3x + x^2,$$
$$R(x) = 11x,$$

试求该商品的盈亏平衡点，并说明盈亏情况.

解　由 $L=0$ 和已知条件得

$$11x=12+3x+x^2, \text{ 变换后得 } x^2-8x+12=0$$

从而得到两个盈亏平衡点分别为 $x_1=2$, $x_2=6$. 由利润函数

$$L(x)=R(x)-C(x)=11x-(12+3x+x^2)=8x-12-x^2=(x-2)(6-x)$$

易见，当 $x<2$ 时亏损，当 $2<x<6$ 时盈利，而当 $x>6$ 时又转为亏损.

例 1-25　设诺贝尔奖发放方式为每年一次，把奖金总金额平均分成 6 份，奖励在 6 个领域（物理、化学、文学、经济学、生理学和医学、和平）为人类做出最大贡献的人. 每年发放奖金的总金额是基金在该年度所获利息的一半，另一半利息用于增加基金总额，以便保证奖金数逐年递增. 资料显示：1998 年，诺贝尔奖发奖后基金总额已达 19 516 万美元，假设基金平均年利率为 $r=6.24\%$.（1）请计算：1999 年，诺贝尔奖发奖后基金总额为多少万美元？当年每项奖金发放多少万美元（结果精确到 1 万美元）？（2）用 $f(x)$ 表示第 $x(x\in \mathbf{N}_+)$ 年诺贝尔奖发奖后的基金总额（1998 年记为 $f(1)$），试求函数 $f(x)$ 的表达式，并据此判断某网一则新闻"2008 年度诺贝尔奖各项奖金高达 168 万美元"是否与计算结果相符，并说明理由.

解　（1）由题意知：1999 年，诺贝尔奖发奖后基金总额为：

$$19\,516\times(1+6.24\%)-\frac{1}{2}\times 19\,516\times 6.24\%=20\,124.899\,2\approx 20\,125 \text{（万美元）},$$

每项奖金发放额为 $\frac{1}{6}\times\left(\frac{1}{2}\times 19\,516\times 6.24\%\right)=101.483\,2\approx 101$（万美元）.

（2）由题意知：$f(1)=19\,516$，

$$f(2)=f(1)\times(1+6.24\%)-\frac{1}{2}\times f(1)\times 6.24\%=f(1)\times(1+3.12\%),$$

$$f(3)=f(2)\times(1+6.24\%)-\frac{1}{2}\times f(2)\times 6.24\%=f(2)\times(1+3.12\%)=f(1)\times(1+3.12\%)^2.$$

所以，$f(x)=19\,516\times(1+3.12\%)^{x-1}$（$x\in \mathbf{N}_+$）.

2007 年，诺贝尔奖发奖后基金总额为 $f(10)=19\,516\times(1+3.12\%)^9$，2008 年度诺贝尔奖各项奖金额为 $\frac{1}{6}\times\frac{1}{2}\times f(10)\times 6.24\%\approx 134$（万美元），与 168 万美元相比少了 34 万美元，计算结果与当时新闻不符.

例 1-26　某医药研究所开发一种新药, 据监测：病人服药后每毫升血液中的含药量 $f(x)$ 与时间 x 之间满足如图 1-5 所示曲线. 当 $x\in[0,4]$ 时，所示的曲线是二次函数图像的一部分，满足 $f(x)=-\frac{1}{4}(x-4)^2+4$，当 $x\in(4,19]$ 时，所示的曲线是函数 $y=\log_{\frac{1}{2}}(x-3)+4$ 的图像的一部分. 据测定：每毫升血液中含药量不少于 1 μg 时治疗疾病有效. 请计算服用这种药一次大概能维持多长时间的有效时间（精确到 0.1 h）？

解　由 $\begin{cases} 0\le x\le 4 \\ -\frac{1}{4}(x-4)^2+4\ge 1 \end{cases}$，解得 $4-2\sqrt{3}\le x\le 4$.

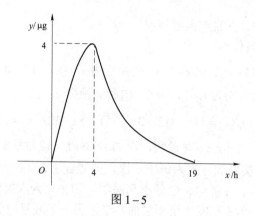

图 1-5

由 $\begin{cases} 4 < x \leqslant 19 \\ \log_{\frac{1}{2}}(x-3)+4 \geqslant 1 \end{cases}$，解得 $4 < x \leqslant 11$.

由以上两式知：$4-2\sqrt{3} \leqslant x \leqslant 11$，因为 $11-(4-2\sqrt{3}) \approx 10.5$，故服用这种药一次大概能维持的有效时间为 $10.5\,\mathrm{h}$.

习 题 1-2

1. 按照银行规定，某种外币一年期存款的年利率为 4.2%，半年期存款的年利率为 4.0%，每笔存款到期后，银行自动将其转存为同样期限的存款，设将总数为 A 的该种外币存入银行，两年后取出，问存何种期限的存款能有较多的收益？会多出多少？

2. 某工厂生产某种产品，年产量为 x 台，每台售价为 250 元，当年产量在 600 台以内时，可以全部售出，当年产量超过 600 台时，经广告宣传又可再多售出 200 台，每台广告费平均为 20 元，生产再多，该年就售不出去了，建立该年的销售总收入 R 与年产量 x 的函数关系.

3. 某厂生产的手掌游戏机每台可卖 110 元，固定成本为每台 7 500 元，可变成本为每台 60 元.

（1）要卖多少台手掌游戏机，厂家才可保本（收回投资）；

（2）若卖掉 100 台的话，厂家盈利或亏损了多少？

（3）要获得 1 250 元利润，需要卖掉多少台？

4. 有两家健身俱乐部，第一家每月会费 300 元，每次健身收费 1 元，第二家每月会费 200 元，每次健身收费 2 元，若只考虑经济因素，你会选择哪一家俱乐部（根据你每月健身次数决定）？

5. 设某商品的需求函数与供给函数分别为 $D(p)=\dfrac{5\,600}{P}$ 和 $S(p)=P-10$.

（1）找出均衡价格，并求此时的供给量与需求量；

（2）何时供给曲线过 P 点，这一点的经济意义是什么？

6. 某化肥厂生产某产品 1 000 吨，每吨定价为 130 元，当销售量在 700 吨以内时，按原价出售，当销售量超过 700 吨时超过的部分需打 9 折出售，请将销售总收益与总销售量的函数关系用数字表达式表示出来.

7. 每台收音机售价为 90 元，成本为 60 元，厂方为鼓励销售商大量采购，决定凡是订购量超过 100 台以上的，每多订购 100 台，每台售价就降低 1 元，但最低价为每台 75 元：

（1）将每台收音机的实际售价 P 表示为订购量 x 的函数；

（2）将厂方所获的利润 L 表示成订购量 x 的函数；

（3）某一商行订购了 1 000 台收音机，厂方可获利润是多少？

8. 某款汽车出厂价为 45 000 元，使用后它的价值按年降价率 $\dfrac{1}{3}$ 的标准贬值，试求此车的价值 y（元）与使用时间 t（年）的函数关系.

9. 某大楼有 50 间办公室出租，若每间办公室每月租金为 120 元，则可全部租出，租出的办公室每月需由房主负担维修费 10 元，若每间办公室每月租金每提高 5 元，将空出一间办公室，试求房主所获得的利润与闲置办公室的间数的函数关系，并确定每间办公室月租金为多少时才能获得最大利润？这时利润是多少？

本 章 习 题

一、选择题

1. 函数 $f(x)=\sqrt{\sin x}+\sqrt{16-x^2}$ 的定义域为_____.

A. $[0,\pi]$　　　　B. $[-4,-\pi]\cup[0,\pi]$　　C. $[-4,4]$　　　　D. $[-\pi,\pi]$

2. 设函数 $f(x)$ 在 $(-\infty,+\infty)$ 上有定义，则下列函数中为奇函数的是_____.

A. $f(|x|)$　　　　B. $|f(x)|$　　　　C. $f(x)+f(-x)$　　D. $f(x)-f(-x)$

3. 下列哪对函数是相等同的_____.

A. $f(x)=\dfrac{x-1}{x^2-1}$,　$g(x)=\dfrac{1}{x+1}$　　　　B. $f(x)=\sqrt{x^2}$,　$g(x)=x$

C. $f(x)=x$,　$g(x)=\ln e^x$　　　　D. $f(c)=\arctan(\tan x)$,　$g(x)=x$

4. 设 $f(x)$ 是定义在 $(-\infty,+\infty)$ 的偶函数，$g(x)$ 是定义在 $(-\infty,+\infty)$ 的奇函数，则下列函数中_____是奇函数.

A. $f(g(x))$　　　B. $g(f(x))$　　　C. $f(f(x))$　　　D. $g(g(x))$.

5. 设 $f(x)=\dfrac{1}{1+x}$,　$g(x)=\sqrt{e^x-1}$，则 $f(g^{-1}(x))=$_____.

A. $1+\ln(x^2+1)$　　B. $1+\sqrt{e^x-1}$　　C. $\dfrac{1}{1+\ln(x^2+1)}$　　D. $\dfrac{1}{1+\ln(x^2-1)}$.

二、求下列函数的定义域

1. $y=\sqrt{x^2-1}$;　　　　　　　　　　**2.** $y=\dfrac{\lg(3-x)}{\sqrt{x-1}}$.

三、指出下列函数的奇偶性

1. $y=x^3+3x$;　　　　　　　　　　**2.** $y=\lg\dfrac{1-x}{1+x}(-1<x<1)$;

3. $y = \dfrac{a^x - a^{-x}}{x}$;

4. $y = \begin{cases} 1 - x & x \leqslant 0 \\ 1 + x & x > 0 \end{cases}$;

5. $y = x \sin \dfrac{1}{x}, x \neq 0$;

6. $y = x \cos x + \sin x$.

四、计算机

1. 设 $f(x) = \begin{cases} x + 1 & x < 1 \\ 2x + 1 & x \geqslant 1 \end{cases}$ ，求 $f(x+1)$.

2.（最优批量问题）某工厂生产某种产品，年产量为 a 吨，分若干批进行生产，每批生产准备费为 b 元，设产品均投放市场，且上一批卖完后立即生产下一批，即平均库存量为批量的一半. 设每年每吨库存费为 c 元，显然，生产批量大则库存费高；生产批量少则批数多，准备费增加.为了选择最优批量，试求出一年中库存费与生产准备费的和与批量的函数关系.

3. 设函数 $f(x)$ 的定义域为 $(-\infty, 0) \cup (0, +\infty)$ 且满足

$$af(x) + bf\left(\dfrac{1}{x}\right) = \dfrac{c}{x},$$

其中 a, b, c 均为常数，$|a| \neq |b|$. 证明 $f(x)$ 为奇函数.

4. 已知奇函数 $y = f(x)$ 在定义域 $[-1,1]$ 上是减函数且 $f(1-a) + f(1-a^2) > 0$，求实数 a 的范围.

5. 已知函数 $y = f(x)$ 的图形（见图 1-6），作出下列各函数的图形：

（1）$y = -f(x)$ ；　　　（2）$y = f(-x)$ ；　　　（3）$y = -f(-x)$.

6. 已知 $2f(x) + f\left(\dfrac{1}{x}\right) = x^2$，求 $f(x)$.

7. 设函数 $f(x)$ 的图形如图 1-7 所示，试写出其表达式，并作出函数 $y = -f(x)$ 的图形.

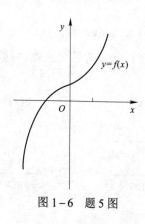

图 1-6　题 5 图

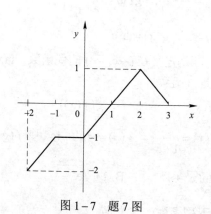

图 1-7　题 7 图

第二章　极限与连续

在微积分中，极限是一个重要的基本概念，微积分中其他的一些重要概念如导数、微分、积分、级数等都是建立在极限概念的基础上的. 因此，有关极限的概念、理论和方法自然称为微积分学的理论基石. 本章将讨论数列极限与函数极限的定义、性质及基本计算方法，并在此基础上讨论函数的连续性.

第一节　数列的极限

一、引例

如何用渐近的方法求圆的面积？

设有一圆，首先作内接正四边形，它的面积记为 A_1；再作内接正八边形，它的面积记为 A_2；再作内接正十六边形，它的面积记为 A_3；如此下去，每次边数加倍，一般把内接正 $4 \times 2^{n-1}$ 边形的面积记为 A_n. 这样就得到一系列内接正多边形的面积：

$$A_1, A_2, A_3, \cdots, A_n, \cdots$$

设想 n 无限增大（记为 $n \to \infty$，读作 n 趋于无穷大），即内接正多边形的边数无限增加，在这个过程中，内接正多边形无限接近于圆，同时 A_n 也无限接近于某一确定的数值，这个确定的数值就理解为圆的面积. 这个确定的数值在数学上称为上面这列有次序的数（数列）$A_1, A_2, A_3, \cdots, A_n, \cdots$ 当 $n \to \infty$ 时的极限.

数列的概念：如果按照某一法则，使得对任何一个正整数 n 都有一个确定的数 x_n，则得到一列有次序的数

$$x_1, x_2, x_3, \cdots, x_n, \cdots$$

这一列有次序的数就叫作数列，记为 $\{x_n\}$，其中第 n 项 x_n 叫作数列的一般项.

数列的例子：

$$\left\{ \frac{n}{n+1} \right\}: \quad \frac{1}{2}, \frac{2}{3}, \frac{3}{4}, \cdots, \frac{n}{n+1}, \cdots,$$

$$\{2^n\}: \quad 2, 4, 8, \cdots, 2^n, \cdots,$$

$$\left\{ \frac{1}{2^n} \right\}: \quad \frac{1}{2}, \frac{1}{4}, \frac{1}{8}, \cdots, \frac{1}{2^n}, \cdots,$$

$$\{(-1)^{n+1}\}: \quad 1, -1, 1, \cdots, (-1)^{n+1}, \cdots,$$

$$\left\{ \frac{n+(-1)^{n-1}}{n} \right\}: \quad 2, \frac{1}{2}, \frac{4}{3}, \cdots, \frac{n+(-1)^{n-1}}{n}, \cdots.$$

它们的一般项依次为 $\dfrac{n}{n+1}, 2^n, \dfrac{1}{2^n}, (-1)^{n+1}, \dfrac{n+(-1)^{n-1}}{n}$.

数列的几何意义：数列$\{x_n\}$可以看作数轴上的一个动点，它依次取数轴上的点 $x_1, x_2, x_3, \cdots,$ $x_n, \cdots$.

数列与函数：数列$\{x_n\}$可以看作自变量为正整数 n 的函数：

$$x_n = f(n),$$

它的定义域是全体正整数.

二、数列的极限

数列的极限的通俗定义：对于数列$\{x_n\}$，如果当 n 无限增大时，数列的一般项 x_n 无限地接近于某一确定的数值 a，则称常数 a 是数列$\{x_n\}$的极限，或称数列$\{x_n\}$收敛于 a. 记为 $\lim\limits_{n\to\infty} x_n = a$. 如果数列没有极限，就说数列是发散的.

例如，$\lim\limits_{n\to\infty} \dfrac{n}{n+1} = 1$，$\lim\limits_{n\to\infty} \dfrac{1}{2^n} = 0$，$\lim\limits_{n\to\infty} \dfrac{n+(-1)^{n-1}}{n} = 1$，这些相应的数列是收敛的；而$\{2^n\}$，$\{(-1)^{n+1}\}$ 是发散的.

对"无限接近"的定义：x_n 无限接近于 a 等价于 $|x_n - a|$ 无限接近于 0.

极限的精确定义如下.

定义 2-1　如果数列$\{x_n\}$与常数 a 有下列关系：对于任意给定的正数 ε（不论它多么小），总存在正整数 N，使得对于 $n > N$ 时的一切 x_n，不等式

$$|x_n - a| < \varepsilon$$

都成立，则称常数 a 是数列$\{x_n\}$的极限，或者称数列$\{x_n\}$收敛于 a，记为

$$\lim\limits_{n\to\infty} x_n = a \ \text{或}\ x_n \to a\ (n\to\infty).$$

如果数列没有极限，就说数列是发散的.

$$\lim\limits_{n\to\infty} x_n = a \Leftrightarrow \forall \varepsilon > 0, \exists N \in \mathbf{N}_+, \text{当}\ n > N\ \text{时，有}\ |x_n - a| < \varepsilon.$$

例 2-1　证明 $\lim\limits_{n\to\infty} \dfrac{n+(-1)^{n-1}}{n} = 1$.

分析　$|x_n - 1| = \left| \dfrac{n+(-1)^{n-1}}{n} - 1 \right| = \dfrac{1}{n}$.

$\forall \varepsilon > 0$，要使 $|x_n - 1| < \varepsilon$，只要 $\dfrac{1}{n} < \varepsilon$，即 $n > \dfrac{1}{\varepsilon}$.

证　因为 $\forall \varepsilon > 0, \exists N = \left[\dfrac{1}{\varepsilon}\right] \in \mathbf{N}_+$，当 $n > N$ 时，有

$$|x_n - 1| = \left| \dfrac{n+(-1)^{n-1}}{n} - 1 \right| = \dfrac{1}{n} < \varepsilon,$$

所以 $\lim\limits_{n\to\infty} \dfrac{n+(-1)^{n-1}}{n} = 1$.

例 2-2　证明 $\lim\limits_{n\to\infty} \dfrac{(-1)^n}{(n+1)^2} = 0$.

分析　$|x_n - 0| = \left| \dfrac{(-1)^n}{(n+1)^2} - 0 \right| = \dfrac{1}{(n+1)^2} < \dfrac{1}{n+1}$.

$\forall \varepsilon > 0$, 要使 $|x_n - 0| < \varepsilon$, 只要 $\dfrac{1}{n+1} < \varepsilon$, 即 $n > \dfrac{1}{\varepsilon} - 1$.

证 因为 $\forall \varepsilon > 0$, $\exists N = \left[\dfrac{1}{\varepsilon} - 1\right] \in \mathbf{N}_+$, 当 $n > N$ 时, 有

$$|x_n - 0| = \left| \dfrac{(-1)^n}{(n+1)^2} - 0 \right| = \dfrac{1}{(n+1)^2} < \dfrac{1}{n+1} < \varepsilon,$$

所以 $\lim\limits_{n \to \infty} \dfrac{(-1)^n}{(n+1)^2} = 0$.

例 2-3 设 $|q| < 1$, 证明等比数列

$$1, q, q^2, \cdots, q^{n-1}, \cdots$$

的极限是 0.

分析 对于任意给定的 $\varepsilon > 0$, 要使

$$|x_n - 0| = \left| q^{n-1} - 0 \right| = |q|^{n-1} < \varepsilon,$$

只要 $n > 1 + \log_{|q|} \varepsilon$ 就可以了, 故可取 $N = [1 + \log_{|q|} \varepsilon]$.

证 因为对于任意给定的 $\varepsilon > 0$, 存在 $N = [1 + \log_{|q|} \varepsilon]$, 当 $n > N$ 时, 有

$$\left| q^{n-1} - 0 \right| = |q|^{n-1} < \varepsilon,$$

所以 $\lim\limits_{n \to \infty} q^{n-1} = 0$.

三、收敛数列的性质

定理 2-1（极限的唯一性） 收敛数列的极限必唯一.

证 用反证法. 假设同时有 $\lim\limits_{n \to \infty} x_n = a$ 及 $\lim\limits_{n \to \infty} x_n = b$, 且 $a < b$.

按照极限的定义, 对于 $\varepsilon = \dfrac{b-a}{2} > 0$, 存在充分大的正整数 N, 使当 $n > N$ 时, 同时有

$$|x_n - a| < \varepsilon = \dfrac{b-a}{2} \text{ 及 } |x_n - b| < \varepsilon = \dfrac{b-a}{2},$$

因此, 同时有

$$x_n < \dfrac{b+a}{2} \text{ 及 } x_n > \dfrac{b+a}{2},$$

这是不可能的. 所以只能有 $a = b$.

数列的有界性: 对于数列 $\{x_n\}$, 如果存在正数 M, 使得对一切 x_n 都满足不等式

$$|x_n| \leqslant M,$$

则称数列 $\{x_n\}$ 是有界的; 如果这样的正数 M 不存在, 就说数列 $\{x_n\}$ 是无界的.

定理 2-2（收敛数列的有界性） 如果数列 $\{x_n\}$ 收敛, 那么数列 $\{x_n\}$ 一定有界.

证 设数列 $\{x_n\}$ 收敛, 且收敛于 a, 根据数列极限的定义, 对于 $\varepsilon = 1$, 存在正整数 N, 使得对于 $n > N$ 时的一切 x_n, 不等式

$$|x_n - a| < \varepsilon = 1$$

都成立. 于是当 $n>N$ 时，有

$$|x_n|=|(x_n-a)+a|\leqslant|x_n-a|+|a|<1+|a|.$$

取 $M=\max\{|x_1|,|x_2|,\cdots,|x_N|,1+|a|\}$，那么数列 $\{x_n\}$ 中的一切 x_n 都满足不等式

$$|x_n|\leqslant M.$$

这就证明了数列 $\{x_n\}$ 是有界的.

定理 2-3（收敛数列的保号性）如果数列 $\{x_n\}$ 收敛于 a，且 $a>0$(或 $a<0$)，那么存在正整数 N，当 $n>N$ 时，有 $x_n>0$(或 $x_n<0$).

证 就 $a>0$ 的情形证明. 由数列极限的定义，对于 $\varepsilon=\dfrac{a}{2}>0$，$\exists N\in\mathbf{N}_+$，当 $n>N$ 时，有

$$|x_n-a|<\frac{a}{2},$$

从而

$$x_n>a-\frac{a}{2}=\frac{a}{2}>0.$$

推论 如果数列 $\{x_n\}$ 从某项起有 $x_n\geqslant 0$(或 $x_n\leqslant 0$)，且数列 $\{x_n\}$ 收敛于 a，那么 $a\geqslant 0$(或 $a\leqslant 0$).

证 就 $x_n\geqslant 0$ 情形证明. 设数列 $\{x_n\}$ 从 N_1 项起，即当 $n>N_1$ 时有 $x_n\geqslant 0$. 现在用反证法证明. 如果 $a<0$，则由定理 2-3 知，$\exists N_2\in\mathbf{N}_+$，当 $n>N_2$ 时，有 $x_n<0$. 取 $N=\max\{N_1,N_2\}$，当 $n>N$ 时，按假定有 $x_n\geqslant 0$，按定理 2-3 有 $x_n<0$，这引起矛盾. 所以必有 $a\geqslant 0$.

子数列：在数列 $\{x_n\}$ 中任意抽取无限多项并保持这些项在原数列中的先后次序，这样得到的一个数列称为原数列 $\{x_n\}$ 的子数列.

例如，数列 $\{x_n\}$：$1,-1,1,-1,\cdots,(-1)^{n+1},\cdots$，的一子数列为 $\{x_{2n}\}$：

$$-1,-1,-1,\cdots,(-1)^{2n+1},\cdots.$$

定理 2-4（收敛数列与其子数列间的关系）如果数列 $\{x_n\}$ 收敛于 a，那么它的任一子数列也收敛，且极限也是 a.

证 设数列 $\{x_{n_k}\}$ 是数列 $\{x_n\}$ 的任一子数列.

因为数列 $\{x_n\}$ 收敛于 a，所以 $\forall\varepsilon>0$，$\exists N\in\mathbf{N}_+$，当 $n>N$ 时，有 $|x_n-a|<\varepsilon$.

取 $K=N$，则当 $k>K$ 时，$n_k\geqslant k>K=N$. 于是 $|x_{n_k}-a|<\varepsilon$.

这就证明了 $\lim\limits_{k\to\infty}x_{n_k}=a$.

讨论

（1）对于某一正数 ε_0，如果存在正整数 N，使得当 $n>N$ 时，有 $|x_n-a|<\varepsilon_0$. 是否有 $x_n\to a$ $(n\to\infty)$？

（2）如果数列 $\{x_n\}$ 收敛，那么数列 $\{x_n\}$ 一定有界. 发散的数列是否一定无界？有界的数列是否收敛？

（3）数列的子数列如果发散，原数列是否发散？数列的两个子数列收敛，但其极限不同，则原数列的收敛性如何？发散的数列的子数列都发散吗？

（4）如何判断数列 $1,-1,1,-1,\cdots,(-1)^{n+1},\cdots$ 是发散的？

习 题 2-1

1. 观察下列数列 $\{x_n\}$（$n=1,2,\cdots$），当 $n\to\infty$ 时，极限是否存在，如存在，请写出其极限值.

（1）$\{x_n\}=\left\{1+\dfrac{(-1)^n}{n}\right\}$；　　　　　　（2）$\{x_n\}=\left\{\sin\dfrac{1}{n}\right\}$；

（3）$\{x_n\}=\left\{\dfrac{1+(-1)^n}{2}\right\}$；　　　　　　（4）$\{x_n\}=\left\{\dfrac{n-1}{n+1}\right\}$；

（5）$\{x_n\}=\left\{(-1)^n n\right\}$；　　　　　　（6）$\{x_n\}=\left\{\dfrac{n^2-1}{n}\right\}$.

2. 对于数列 $\{x_n\}=\left\{\dfrac{n}{n+1}\right\}$（$n=1,2,\cdots$），当给定（1）$\varepsilon=0.1$，（2）$\varepsilon=0.01$，（3）$\varepsilon=0.001$ 时，分别取怎样的 N，才能使当 $n>N$ 时，不等式 $|x_n-1|<\varepsilon$ 成立？并利用极限的定义证明此数列的极限为 1.

3. 用数列极限的定义证明下列极限：

（1）$\lim\limits_{n\to\infty}\dfrac{1+(-1)^n}{n+1}=0$；　　　　　　（2）$\lim\limits_{n\to\infty}\dfrac{n}{3n+1}=\dfrac{1}{3}$.

4. 利用数列极限的定义证明：$\lim\limits_{n\to\infty}(\sqrt{n+1}-\sqrt{n})=0$.

5. 若数列 $\{x_n\}$ 有界，且 $\lim\limits_{n\to\infty}y_n=0$，证明 $\lim\limits_{n\to\infty}x_n y_n=0$.

第二节 函数的极限

一、函数极限的定义

函数的自变量有几种不同的变化趋势：

x 无限接近 x_0：$x\to x_0$；

x 从 x_0 的左侧（小于 x_0）无限接近 x_0：$x\to x_0^-$；

x 从 x_0 的右侧（大于 x_0）无限接近 x_0：$x\to x_0^+$；

x 的绝对值 $|x|$ 无限增大：$x\to\infty$；

x 小于零且绝对值 $|x|$ 无限增大：$x\to-\infty$；

x 大于零且绝对值 $|x|$ 无限增大：$x\to+\infty$.

1. 自变量趋于有限值时函数的极限

通俗定义：如果当 x 无限接近于 x_0 时，函数 $f(x)$ 的值无限接近于常数 A，则称当 x 趋于 x_0 时，$f(x)$ 以 A 为极限. 记作

$$\lim\limits_{x\to x_0}f(x)=A \text{ 或 } f(x)\to A(\text{当 } x\to x_0).$$

分析   在 $x \to x_0$ 的过程中，$f(x)$ 无限接近于 A 就是 $|f(x)-A|$ 能任意小，或者说，在 x 与 x_0 接近到一定程度（如 $|x-x_0|<\delta$，δ 为某一正数）时，$|f(x)-A|$ 可以小于任意给定的（不论它多么小）正数 ε，即 $|f(x)-A|<\varepsilon$。反之，对于任意给定的正数 ε，如果 x 与 x_0 接近到一定程度（如 $|x-x_0|<\delta$，δ 为某一正数）就有 $|f(x)-A|<\varepsilon$，则能保证当 $x \to x_0$ 时，$f(x)$ 无限接近于 A。

定义 2-2   设函数 $f(x)$ 在点 x_0 的某一去心邻域内有定义。如果存在常数 A，对于任意给定的正数 ε（不论它多么小），总存在正数 δ，使得当 x 满足不等式 $0<|x-x_0|<\delta$ 时，对应的函数值 $f(x)$ 都满足不等式

$$|f(x)-A|<\varepsilon,$$

那么常数 A 就叫作函数 $f(x)$ 当 $x \to x_0$ 时的极限，记为

$$\lim_{x \to x_0} f(x) = A \text{ 或 } f(x) \to A(\text{当 } x \to x_0).$$

定义的简单表述如下：

$$\lim_{x \to x_0} f(x) = A \Leftrightarrow \forall \varepsilon > 0, \exists \delta > 0, \text{ 当 } 0<|x-x_0|<\delta \text{ 时}, |f(x)-A|<\varepsilon.$$

例 2-4   证明 $\lim\limits_{x \to x_0} c = c$，此处 c 为一常数。

证   这里 $|f(x)-A|=|c-c|=0$。因为 $\forall \varepsilon > 0$，可任取 $\delta > 0$，当 $0<|x-x_0|<\delta$ 时，有

$$|f(x)-A|=|c-c|=0<\varepsilon,$$

所以 $\lim\limits_{x \to x_0} c = c$。

例 2-5   证明 $\lim\limits_{x \to x_0} x = x_0$。

分析 $|f(x)-A|=|x-x_0|$。因此 $\forall \varepsilon > 0$，要使 $|f(x)-A|<\varepsilon$，只要 $|x-x_0|<\varepsilon$。

证   因为 $\forall \varepsilon > 0, \exists \delta = \varepsilon$，当 $0<|x-x_0|<\delta$ 时，有 $|f(x)-A|=|x-x_0|<\varepsilon$，所以 $\lim\limits_{x \to x_0} x = x_0$。

例 2-6   证明 $\lim\limits_{x \to 1}(2x-1)=1$。

分析 $|f(x)-A|=|(2x-1)-1|=2|x-1|$。

$\forall \varepsilon > 0$，要使 $|f(x)-A|<\varepsilon$，只要 $|x-1|<\dfrac{\varepsilon}{2}$。

证   因为 $\forall \varepsilon > 0, \exists \delta = \dfrac{\varepsilon}{2}$，当 $0<|x-1|<\delta$ 时，有 $|f(x)-A|=|(2x-1)-1|=2|x-1|<\varepsilon$，所以 $\lim\limits_{x \to 1}(2x-1)=1$。

例 2-7   证明 $\lim\limits_{x \to 1} \dfrac{x^2-1}{x-1} = 2$。

分析   函数在 $x=1$ 时是没有定义的，但这与函数在该点是否有极限并无关系。

当 $x \neq 1$ 时，$|f(x)-A| = \left|\dfrac{x^2-1}{x-1}-2\right| = |x-1|$。$\forall \varepsilon > 0$，要使 $|f(x)-A|<\varepsilon$，只要 $|x-1|<\varepsilon$。

证   因为 $\forall \varepsilon > 0, \exists \delta = \varepsilon$，当 $0<|x-1|<\delta$ 时，有 $|f(x)-A| = \left|\dfrac{x^2-1}{x-1}-2\right| = |x-1|<\varepsilon$，

所以 $\lim\limits_{x \to 1} \dfrac{x^2 - 1}{x - 1} = 2$.

单侧极限：

若当 $x \to x_{0^-}$ 时，$f(x)$ 无限接近于某常数 A，则常数 A 叫作函数 $f(x)$ 当 $x \to x_0$ 时的左极限，记为 $\lim\limits_{x \to x_{0^-}} f(x) = A$ 或 $f(x_{0^-}) = A$；

若当 $x \to x_{0^+}$ 时，$f(x)$ 无限接近于某常数 A，则常数 A 叫作函数 $f(x)$ 当 $x \to x_0$ 时的右极限，记为 $\lim\limits_{x \to x_{0^+}} f(x) = A$ 或 $f(x_{0^+}) = A$．

讨论 （1）左、右极限的 $\varepsilon - \delta$ 定义如何叙述？

（2）当 $x \to x_0$ 时函数 $f(x)$ 的左右极限与当 $x \to x_0$ 时函数 $f(x)$ 的极限之间的关系怎样？

提示 左极限的 $\varepsilon - \delta$ 定义：

$$\lim_{x \to x_{0^-}} f(x) = A \Leftrightarrow \forall \varepsilon > 0, \exists \delta > 0, \forall x: x_0 - \delta < x < x_0, \text{有} |f(x) - A| < \varepsilon.$$

右极限的 $\varepsilon - \delta$ 定义：

$$\lim_{x \to x_{0^+}} f(x) = A \Leftrightarrow \forall \varepsilon > 0, \exists \delta > 0, \forall x: x_0 < x < x_0 + \delta, \text{有} |f(x) - A| < \varepsilon.$$

左右极限在某点极限的关系：

$$\lim_{x \to x_0} f(x) = A \Leftrightarrow \lim_{x \to x_{0^-}} f(x) = A \text{且} \lim_{x \to x_{0^+}} f(x) = A.$$

例 2-8 设函数 $f(x) = \begin{cases} x - 1 & x < 0 \\ 0 & x = 0 \\ x + 1 & x > 0 \end{cases}$，证明：当 $x \to 0$ 时的极限不存在（见图 2-1）.

证 因为 $\lim\limits_{x \to 0^-} f(x) = \lim\limits_{x \to 0^-}(x - 1) = -1$，

$$\lim_{x \to 0^+} f(x) = \lim_{x \to 0^+}(x + 1) = 1,$$

$$\lim_{x \to 0^-} f(x) \neq \lim_{x \to 0^+} f(x).$$

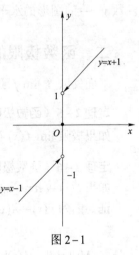

图 2-1

故当 $x \to 0$ 时极限不存在.

2. 自变量趋于无穷大时函数的极限

设 $f(x)$ 当 $|x|$ 大于某一正数时有定义. 如果存在常数 A，对于任意给定的正数 ε，总存在正数 X，使得当 x 满足不等式 $|x| > X$ 时，对应的函数值 $f(x)$ 都满足不等式

$$|f(x) - A| < \varepsilon,$$

则常数 A 叫作函数 $f(x)$ 当 $x \to \infty$ 时的极限，记为

$$\lim_{x \to \infty} f(x) = A \text{ 或 } f(x) \to A(x \to \infty).$$

$\lim\limits_{x \to \infty} f(x) = A \Leftrightarrow \forall \varepsilon > 0, \exists X > 0$，当 $|x| > X$ 时，有 $|f(x) - A| < \varepsilon$.

类似地可定义

$$\lim_{x \to -\infty} f(x) = A \text{ 和 } \lim_{x \to +\infty} f(x) = A.$$

结论 $\lim\limits_{x \to \infty} f(x) = A \Leftrightarrow \lim\limits_{x \to -\infty} f(x) = A \text{且} \lim\limits_{x \to +\infty} f(x) = A.$

极限 $\lim\limits_{x \to \infty} f(x) = A$ 的几何意义为：作直线 $y = A - \varepsilon$ 和 $y = A + \varepsilon$，则总有一个正数 X 存在，使得当 $x < -X$ 或 $x > X$ 时，函数 $y = f(x)$ 的图形位于这两条直线之间（见图 2-2）.

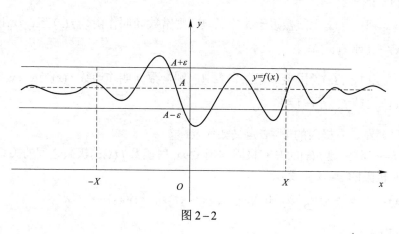

图 2-2

例 2-9　证明 $\lim\limits_{x \to \infty} \dfrac{1}{x} = 0$.

证　因为 $\forall \varepsilon > 0, \exists X = \dfrac{1}{\varepsilon} > 0$，当 $|x| > X$ 时，有 $|f(x) - A| = \left| \dfrac{1}{x} - 0 \right| = \dfrac{1}{|x|} < \varepsilon$，所以 $\lim\limits_{x \to \infty} \dfrac{1}{x} = 0$.

一般地，如果 $\lim\limits_{x \to \infty} f(x) = c$，则直线 $y = c$ 称为函数 $y = f(x)$ 的图形的水平渐近线. 直线 $y = 0$ 是函数 $y = \dfrac{1}{x}$ 的图形的水平渐近线.

二、函数极限的性质

下面仅以"$\lim\limits_{x \to x_0} f(x)$"这种形式为代表给出关于函数极限的性质证明.

定理 2-5（函数极限的唯一性）

如果极限 $\lim\limits_{x \to x_0} f(x)$ 存在，那么这个极限唯一.

定理 2-6（函数极限的局部有界性）

如果 $f(x) \to A (x \to x_0)$，那么存在常数 $M > 0$ 和 $\delta > 0$，使得当 $0 < |x - x_0| < \delta$ 时，有 $|f(x)| \leqslant M$.

证　因为 $f(x) \to A (x \to x_0)$，所以对于 $\varepsilon = 1$，$\exists \delta > 0$，当 $0 < |x - x_0| < \delta$ 时，有

$$|f(x) - A| < \varepsilon = 1,$$

于是取 $M = 1 + |A|$，$|f(x)| = |f(x) - A + A| \leqslant |f(x) - A| + |A| < 1 + |A|$. 这就证明了在 x_0 的去心邻域 $\{x | \ 0 < |x - x_0| < \delta\}$ 内，$f(x)$ 是有界的.

定理 2-7（函数极限的局部保号性）

如果 $f(x) \to A (x \to x_0)$，而且 $A > 0$（或 $A < 0$），那么存在常数 $\delta > 0$，使得当 $0 < |x - x_0| < \delta$ 时，有 $f(x) > 0$（或 $f(x) < 0$）.

证　就 $A > 0$ 的情形证明.

因为 $\lim\limits_{x \to x_0} f(x) = A$，所以对于 $\varepsilon = \dfrac{A}{2}$，$\exists \delta > 0$，当 $0 < |x - x_0| < \delta$ 时，有

$$|f(x) - A| < \varepsilon = \frac{A}{2} \Rightarrow A - \frac{A}{2} < f(x) \Rightarrow f(x) > \frac{A}{2} > 0.$$

定理 2-7′　如果 $f(x) \to A(x \to x_0)(A \neq 0)$，那么存在点 x_0 的某一去心邻域，在该邻域内，有 $|f(x)| > \dfrac{1}{2}|A|$.

推论 2-1　如果在 x_0 的某一去心邻域内 $f(x) \geqslant 0$（或 $f(x) \leqslant 0$），而且 $f(x) \to A(x \to x_0)$，那么 $A \geqslant 0$（或 $A \leqslant 0$）.

证　设 $f(x) \geqslant 0$. 假设上述结论不成立，即 $A < 0$，那么由定理 2-7 知，在 x_0 的某一去心邻域内 $f(x) < 0$，这与 $f(x) \geqslant 0$ 的假定矛盾，所以 $A \geqslant 0$.

定理 2-8（函数极限与数列极限的关系）

如果当 $x \to x_0$ 时 $f(x)$ 的极限存在，$\{x_n\}$ 为 $f(x)$ 的定义域内任一收敛于 x_0 的数列，且满足 $x_n \neq x_0 (n \in \mathbf{N}_+)$，那么相应的函数值数列 $\{f(x_n)\}$ 必收敛，且

$$\lim\limits_{n \to \infty} f(x_n) = \lim\limits_{x \to x_0} f(x).$$

证　设 $f(x) \to A(x \to x_0)$，则 $\forall \varepsilon > 0$，$\exists \delta > 0$，当 $0 < |x - x_0| < \delta$ 时，有 $|f(x) - A| < \varepsilon$. 又因为 $x_n \to x_0 (n \to \infty)$，故对 $\delta > 0$，$\exists N \in \mathbf{N}_+$，当 $n > N$ 时，有 $|x_n - x_0| < \delta$. 由假设，$x_n \neq x_0 (n \in \mathbf{N}_+)$. 故当 $n > N$ 时，$0 < |x_n - x_0| < \delta$，从而 $|f(x_n) - A| < \varepsilon$. 即

$$\lim\limits_{n \to \infty} f(x_n) = \lim\limits_{x \to x_0} f(x).$$

习　题　2-2

1. 用极限定义证明：

（1）$\lim\limits_{x \to 1}(2x - 1) = 1$；

（2）$\lim\limits_{x \to -2} \dfrac{x^2 - 4}{x + 2} = -4$；

（3）$\lim\limits_{x \to \infty} \dfrac{2x + 3}{x} = 2$；

（4）$\lim\limits_{x \to +\infty} \dfrac{\sin x}{\sqrt{x}} = 0$.

2. 当 $x \to \infty$ 时，$f(x) = \dfrac{2x^2 + 1}{x^2 + 3} \to 2$，问 X 等于多少，使当 $|x| > X$ 时，$|f(x) - 2| < 0.01$？

3. 讨论当 $x \to 0$ 时，下列函数的极限是否存在.

（1）$f(x) = \begin{cases} x^2 - 1 & x < 0 \\ 0 & x = 0 \\ x^2 + 1 & x > 0 \end{cases}$；

（2）$f(x) = \begin{cases} \sin x & -\pi < x < 0 \\ x & 0 < x < 1 \end{cases}$.

4. 设函数 $f(x) = \dfrac{3x + |x|}{5x - 3|x|}$，求：

（1）$\lim\limits_{x \to +\infty} f(x)$；

（2）$\lim\limits_{x \to -\infty} f(x)$；

（3）$\lim\limits_{x\to 0^+} f(x)$；

（4）$\lim\limits_{x\to 0^-} f(x)$.

5. 设函数 $f(x)=\begin{cases} x^2+1 & x\geq 2 \\ 2x+a & x<2 \end{cases}$ 问当 a 取何值时，函数 $f(x)$ 在 $x\to 2$ 时的极限存在.

第三节　无穷小与无穷大

一、无穷小

如果函数 $f(x)$ 当 $x\to x_0$（或 $x\to\infty$）时的极限为零，那么称函数 $f(x)$ 为当 $x\to x_0$（或 $x\to\infty$）时的无穷小.

因为 $\lim\limits_{x\to\infty}\dfrac{1}{x}=0$，所以函数 $\dfrac{1}{x}$ 为当 $x\to\infty$ 时的无穷小.

因为 $\lim\limits_{x\to 1}(x-1)=0$，所以函数 $x-1$ 为当 $x\to 1$ 时的无穷小.

特别地，以零为极限的数列 $\{x_n\}$ 称为当 $n\to\infty$ 时的无穷小. 例如，

因为 $\lim\limits_{n\to\infty}\dfrac{1}{n+1}=0$，所以数列 $\{\dfrac{1}{n+1}\}$ 为当 $n\to\infty$ 时的无穷小.

讨论　很小很小的数是否是无穷小？0 是否为无穷小？

提示　无穷小是函数，它在 $x\to x_0$（或 $x\to\infty$）的过程中，极限为零. 很小很小的数只要它不是零，作为常数函数，在自变量的任何变化过程中，其极限就是这个常数本身，不会为零.

无穷小与函数极限的关系如下.

定理 2-9　在自变量的同一变化过程 $[x\to x_0$（或 $x\to\infty$）$]$ 中，函数 $f(x)$ 具有极限 A 的充分必要条件是 $f(x)=A+\alpha$，其中 α 是无穷小.

证　设 $\lim\limits_{x\to x_0} f(x)=A$，则 $\forall\varepsilon>0$，$\exists\delta>0$，使得当 $0<|x-x_0|<\delta$ 时，有

$$|f(x)-A|<\varepsilon.$$

令 $\alpha=f(x)-A$，则 α 是 $x\to x_0$ 时的无穷小，且

$$f(x)=A+\alpha.$$

这就证明了 $f(x)$ 等于它的极限 A 与一个无穷小 α 之和.

反之，设 $f(x)=A+\alpha$，其中 A 是常数，α 是当 $x\to x_0$ 时的无穷小，于是

$$|f(x)-A|=|\alpha|.$$

因为 α 是当 $x\to x_0$ 时的无穷小，则 $\forall\varepsilon>0$，$\exists\delta>0$，使得当 $0<|x-x_0|<\delta$ 时，有

$$|\alpha|<\varepsilon \text{ 或} |f(x)-A|<\varepsilon$$

这就证明了 A 是 $f(x)$ 当 $x\to x_0$ 时的极限.

这就证明了如果 A 是 $f(x)$ 当 $x\to x_0$ 时的极限，则 α 是当 $x\to x_0$ 时的无穷小；如果 α 是当 $x\to x_0$ 时的无穷小，则 A 是 $f(x)$ 当 $x\to x_0$ 时的极限.

类似地可证明 $x\to\infty$ 时的情形.

例如，因为 $\dfrac{1+x^3}{2x^3}=\dfrac{1}{2}+\dfrac{1}{2x^3}$，而 $\lim\limits_{x\to\infty}\dfrac{1}{2x^3}=0$，所以 $\lim\limits_{x\to\infty}\dfrac{1+x^3}{2x^3}=\dfrac{1}{2}$.

二、无穷大

如果当 $x \to x_0$（或 $x \to \infty$）时，对应的函数值的绝对值 $|f(x)|$ 无限增大，就称函数 $f(x)$ 为当 $x \to x_0$（或 $x \to \infty$）时的无穷大. 记为

$$\lim_{x \to x_0} f(x) = \infty （或 \lim_{x \to \infty} f(x) = \infty）.$$

注 当 $x \to x_0$（或 $x \to \infty$）时为无穷大的函数 $f(x)$，按函数极限定义来说，极限是不存在的. 但为了便于叙述函数的这一性态，我们也说"函数的极限是无穷大"，并记作

$$\lim_{x \to x_0} f(x) = \infty （或 \lim_{x \to \infty} f(x) = \infty）.$$

定义 2-3 如果对于任意给定的正数 M，无论其多么大，总存在正数 $\delta > 0$（或 $Z > 0$）使得当 $0 < |x - x_0| < \delta$（或 $|x| > Z$）时，恒有 $|f(x)| > M$，则称函数 $f(x)$ 当 $x \to x_0$（或 $x \to \infty$）时为无穷大，记作

$$\lim_{x \to x_0} f(x) = \infty （或 \lim_{x \to \infty} f(x) = \infty）$$

提示 $\lim_{x \to x_0} f(x) = \infty \Leftrightarrow \forall M > 0, \exists \delta > 0,$ 当 $0 < |x - x_0| < \delta$ 时，有 $|f(x)| > M$.

正无穷大与负无穷大（见图 2-3）：

$$\lim_{\substack{x \to x_0 \\ (x \to \infty)}} f(x) = +\infty, \quad \lim_{\substack{x \to x_0 \\ (x \to \infty)}} f(x) = -\infty.$$

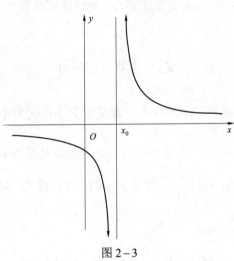

图 2-3

例 2-10 证明 $\lim_{x \to 1} \dfrac{1}{x-1} = \infty$.

证 因为 $\forall M > 0$，$\exists \delta = \dfrac{1}{M}$，当 $0 < |x - 1| < \delta$ 时，有

$$\left| \frac{1}{x-1} \right| > M,$$

所以 $\lim_{x \to 1} \dfrac{1}{x-1} = \infty$.

如果 $\lim\limits_{x \to x_0} f(x) = \infty$，则称直线 $x = x_0$ 是函数 $y = f(x)$ 的图形的铅直渐近线. 例如，直线 $x = 1$ 是函数 $y = \dfrac{1}{x-1}$ 的图形的铅直渐近线.

定理 2 – 10（无穷大与无穷小之间的关系）

在自变量的同一变化过程中，如果 $f(x)$ 为无穷大，则 $\dfrac{1}{f(x)}$ 为无穷小；反之，如果 $f(x)$ 为无穷小，且 $f(x) \neq 0$，则 $\dfrac{1}{f(x)}$ 为无穷大.

证 如果 $\lim\limits_{x \to x_0} f(x) = 0$，且 $f(x) \neq 0$，那么对于 $\varepsilon = \dfrac{1}{M}$；$\exists \delta > 0$，当 $0 < |x - x_0| < \delta$ 时，有 $|f(x)| < \varepsilon = \dfrac{1}{M}$，由于当 $0 < |x - x_0| < \delta$ 时，$f(x) \neq 0$，从而

$$\left| \frac{1}{f(x)} \right| > M,$$

所以 $\dfrac{1}{f(x)}$ 为当 $x \to x_0$ 时的无穷大.

如果 $\lim\limits_{x \to x_0} f(x) = \infty$，那么对于 $M = \dfrac{1}{\varepsilon}$，$\exists \delta > 0$，当 $0 < |x - x_0| < \delta$ 时，有 $|f(x)| > M = \dfrac{1}{\varepsilon}$，即 $|\dfrac{1}{f(x)}| < \varepsilon$，所以 $\dfrac{1}{f(x)}$ 为当 $x \to x_0$ 时的无穷小. 类似地可证明当 $x \to \infty$ 时的情形.

习 题 2-3

1. 举例说明，两个非零无穷小的商不一定是无穷小；无穷小与无穷大的积不一定是无穷小.

2. 函数 $y = x \cos x$ 在 $(-\infty, +\infty)$ 内是否有界？这个函数是否为 $x \to +\infty$ 时的无穷大？

3. 根据定义证明：函数 $y = \dfrac{1 + 2x}{x}$ 为当 $x \to 0$ 时的无穷大. 问 x 应满足什么条件，能使 $|y| > 10^4$？

第四节 极限运算法则

本节主要介绍极限的四则运算法则和复合函数的极限运算法则. 为此，先来讨论无穷小的运算定理.

定理 2 – 11 有限个无穷小的和也是无穷小.

例如，当 $x \to 0$ 时，x 与 $\sin x$ 都是无穷小，$x + \sin x$ 也是无穷小.

证 考虑两个无穷小的和.

设 α 及 β 是当 $x \to x_0$ 时的两个无穷小，而 $\gamma = \alpha + \beta$.

任意给定的 $\varepsilon>0$. 因为 α 是当 $x\to x_0$ 时的无穷小, 对于 $\dfrac{\varepsilon}{2}>0$ 存在 $\delta_1>0$，当 $0<|x-x_0|$ $<\delta_1$ 时，不等式

$$|\alpha|<\frac{\varepsilon}{2}$$

成立.

因为 β 是当 $x\to x_0$ 时的无穷小, 对于 $\dfrac{\varepsilon}{2}>0$ 存在 $\delta_2>0$，当 $0<|x-x_0|<\delta_2$ 时，不等式

$$|\beta|<\frac{\varepsilon}{2}$$

成立. 取 $\delta=\min\{\delta_1,\delta_2\}$，则当 $0<|x-x_0|<\delta$ 时,

$$|\alpha|<\frac{\varepsilon}{2} \text{ 及 } |\beta|<\frac{\varepsilon}{2}$$

同时成立，从而 $|\gamma|=|\alpha+\beta|\leqslant|\alpha|+|\beta|<\dfrac{\varepsilon}{2}+\dfrac{\varepsilon}{2}=\varepsilon$. 这就证明了 γ 也是当 $x\to x_0$ 时的无穷小. 用数学归纳法可证有限无穷小的和也是无穷小.

定理 2-12 有界函数与无穷小的乘积是无穷小.

证 设函数 u 在 x_0 的某一去心邻域 $\{x|0<|x-x_0|<\delta_1\}$ 内有界，即 $\exists M>0$，使得当 $0<|x-x_0|<\delta_1$ 时，有 $|u|\leqslant M$. 又设 α 是当 $x\to x_0$ 时的无穷小，即 $\forall\varepsilon>0$，存在 $\delta_2>0$，使得当 $0<|x-x_0|<\delta_2$ 时，有 $|\alpha|<\varepsilon$.

取 $\delta=\min\{\delta_1,\delta_2\}$，则当 $0<|x-x_0|<\delta$ 时，有

$$|u\cdot\alpha|\leqslant M\varepsilon.$$

这说明 $u\cdot\alpha$ 也是无穷小.

例如，当 $x\to\infty$ 时，$\dfrac{1}{x}$ 是无穷小，$\arctan x$ 是有界函数，所以 $\dfrac{1}{x}\arctan x$ 也是无穷小.

推论 2-2 常数与无穷小的乘积是无穷小.

推论 2-3 有限个无穷小的乘积也是无穷小.

用符号 "$\lim$" 表示当 $x\to x_0$ 或 $x\to\infty$ 时的同一极限过程. 下面来证明极限的四则运算法则.

定理 2-13 如果 $\lim f(x)=A$, $\lim g(x)=B$, 那么

（1）$\lim[f(x)\pm g(x)]=\lim f(x)\pm\lim g(x)=A\pm B$;

（2）$\lim[f(x)\cdot g(x)]=\lim f(x)\cdot\lim g(x)=A\cdot B$;

（3）$\lim\dfrac{f(x)}{g(x)}=\dfrac{\lim f(x)}{\lim g(x)}=\dfrac{A}{B}(g(x)\neq 0, B\neq 0)$.

下面仅证（1）式.

证 （1）因为 $\lim f(x)=A$, $\lim g(x)=B$，根据极限与无穷小的关系，有

$$f(x)=A+\alpha, g(x)=B+\beta,$$

其中 α 及 β 均为无穷小. 于是

$$f(x)\pm g(x)=(A+\alpha)\pm(B+\beta)=(A\pm B)+(\alpha\pm\beta),$$

即 $f(x) \pm g(x)$ 可表示为常数 $(A \pm B)$ 与无穷小 $(\alpha \pm \beta)$ 之和. 因此

$$\lim [f(x) \pm g(x)] = \lim f(x) \pm \lim g(x) = A \pm B.$$

推论 2-4　如果 $\lim f(x)$ 存在, 而 c 为常数, 则

$$\lim [cf(x)] = c \lim f(x).$$

推论 2-5　如果 $\lim f(x)$ 存在, 而 n 是正整数, 则

$$\lim [f(x)]^n = [\lim f(x)]^n.$$

（2）（3）的证明是类似的, 其证明请读者自行完成.

定理 2-14　设有数列 $\{x_n\}$ 和 $\{y_n\}$. 如果

$$\lim_{n \to \infty} x_n = A, \quad \lim_{n \to \infty} y_n = B,$$

那么

（1）$\lim\limits_{n \to \infty} (x_n \pm y_n) = A \pm B$；

（2）$\lim\limits_{n \to \infty} (x_n \cdot y_n) = A \cdot B$；

（3）当 $y_n \neq 0$ $(n=1, 2, \cdots)$ 且 $B \neq 0$ 时, $\lim\limits_{n \to \infty} \dfrac{x_n}{y_n} = \dfrac{A}{B}$.

例 2-11　求 $\lim\limits_{x \to 1} (2x-1)$.

解　$\lim\limits_{x \to 1} (2x-1) = \lim\limits_{x \to 1} 2x - \lim\limits_{x \to 1} 1 = 2 \lim\limits_{x \to 1} x - 1 = 2 \times 1 - 1 = 1.$

讨论　若 $P(x) = a_0 x^n + a_1 x^{n-1} + \cdots + a_{n-1} x + a_n$, 则 $\lim\limits_{x \to x_0} P(x) = ?$

提示　$\lim\limits_{x \to x_0} P(x) = \lim\limits_{x \to x_0} (a_0 x^n) + \lim\limits_{x \to x_0} (a_1 x^{n-1}) + \cdots + \lim\limits_{x \to x_0} (a_{n-1} x) + \lim\limits_{x \to x_0} a_n$

$$= a_0 \lim_{x \to x_0} (x^n) + a_1 \lim_{x \to x_0} (x^{n-1}) + \cdots + a_{n-1} \lim_{x \to x_0} x + \lim_{x \to x_0} a_n$$

$$= a_0 x_0^n + a_1 x_0^{n-1} + \cdots + a_{n-1} x_0 + a_n$$

$$= P(x_0).$$

若 $P(x) = a_0 x^n + a_1 x^{n-1} + \cdots + a_n$, 则 $\lim\limits_{x \to x_0} P(x) = P(x_0)$.

例 2-12　求 $\lim\limits_{x \to 2} \dfrac{x^3 - 1}{x^2 - 5x + 3}$.

解　$\lim\limits_{x \to 2} \dfrac{x^3 - 1}{x^2 - 5x + 3} = \dfrac{\lim\limits_{x \to 2} (x^3 - 1)}{\lim\limits_{x \to 2} (x^2 - 5x + 3)}$

$$= \frac{\lim\limits_{x \to 2} x^3 - \lim\limits_{x \to 2} 1}{\lim\limits_{x \to 2} x^2 - 5 \lim\limits_{x \to 2} x + \lim\limits_{x \to 2} 3} = \frac{(\lim\limits_{x \to 2} x)^3 - 1}{(\lim\limits_{x \to 2} x)^2 - 5 \times 2 + 3} = \frac{2^3 - 1}{2^2 - 10 + 3} = -\frac{7}{3}.$$

例 2-13　求 $\lim\limits_{x \to 3} \dfrac{x-3}{x^2 - 9}$.

解　$\lim\limits_{x \to 3} \dfrac{x-3}{x^2 - 9} = \lim\limits_{x \to 3} \dfrac{x-3}{(x-3)(x+3)} = \lim\limits_{x \to 3} \dfrac{1}{x+3} = \dfrac{1}{6}.$

例 2 – 14 求 $\lim\limits_{x \to 1} \dfrac{2x-3}{x^2-5x+4}$.

解 $\lim\limits_{x \to 1} \dfrac{x^2-5x+4}{2x-3} = \dfrac{1^2-5\times1+4}{2\times1-3} = 0$，根据无穷大与无穷小的关系得 $\lim\limits_{x \to 1} \dfrac{2x-3}{x^2-5x+4} = \infty$.

例 2 – 15 求 $\lim\limits_{x \to \infty} \dfrac{3x^3+4x^2+2}{7x^3+5x^2-3}$.

解 先用 x^3 去除分子及分母，然后取极限，得

$$\lim\limits_{x \to \infty} \dfrac{3x^3+4x^2+2}{7x^3+5x^2-3} = \lim\limits_{x \to \infty} \dfrac{3+\dfrac{4}{x}+\dfrac{2}{x^3}}{7+\dfrac{5}{x}-\dfrac{3}{x^3}} = \dfrac{3}{7}.$$

例 2 – 16 求 $\lim\limits_{x \to \infty} \dfrac{3x^2-2x-1}{2x^3-x^2+5}$.

解 先用 x^3 去除分子及分母，然后取极限，得

$$\lim\limits_{x \to \infty} \dfrac{3x^2-2x-1}{2x^3-x^2+5} = \lim\limits_{x \to \infty} \dfrac{\dfrac{3}{x}-\dfrac{2}{x^2}-\dfrac{1}{x^3}}{2-\dfrac{1}{x}+\dfrac{5}{x^3}} = \dfrac{0}{2} = 0.$$

例 2 – 17 求 $\lim\limits_{x \to \infty} \dfrac{2x^3-x^2+5}{3x^2-2x-1}$.

解 因为 $\lim\limits_{x \to \infty} \dfrac{3x^2-2x-1}{2x^3-x^2+5} = 0$，所以

$$\lim\limits_{x \to \infty} \dfrac{2x^3-x^2+5}{3x^2-2x-1} = \infty.$$

讨论 有理函数的极限 $\lim\limits_{x \to \infty} \dfrac{a_0 x^n + a_1 x^{n-1} + \cdots + a_n}{b_0 x^m + b_1 x^{m-1} + \cdots + b_m} = ?$（其中 $a_0 \neq 0$, $b_0 \neq 0$, m, n 为非负整数）

提示 $\lim\limits_{x \to \infty} \dfrac{a_0 x^n + a_1 x^{n-1} + \cdots + a_n}{b_0 x^m + b_1 x^{m-1} + \cdots + b_m} = \begin{cases} 0 & n < m \\[2mm] \dfrac{a_0}{b_0} & n = m \\[2mm] \infty & n > m \end{cases}$.

例 2 – 18 求 $\lim\limits_{x \to \infty} \dfrac{\sin x}{x}$.

解 当 $x \to \infty$ 时，分子及分母的极限都不存在，故关于商的极限的运算法则不能应用.
因为 $\dfrac{\sin x}{x} = \dfrac{1}{x} \cdot \sin x$，是无穷小与有界函数的乘积，所以 $\lim\limits_{x \to \infty} \dfrac{\sin x}{x} = 0$.

定理 2 – 15（复合函数的极限运算法则） 设函数 $y=f(g(x))$ 是由函数 $y=f(u)$ 与函数 $u=g(x)$ 复合而成的，$f(g(x))$ 在点 x_0 的某去心邻域内有定义，若 $\lim\limits_{x \to x_0} g(x) = u_0$，$\lim\limits_{u \to u_0} f(u) = A$，且在 x_0 的某去心邻域内 $g(x) \neq u_0$，则

$$\lim_{x \to x_0} f(g(x)) = \lim_{u \to u_0} f(u) = A .$$

证 假设 $\delta_0 > 0$，设在 $\{x | 0 < |x - x_0| < \delta_0\}$ 内 $g(x) \neq u_0$. 要证 $\forall \varepsilon > 0$, $\exists \delta > 0$，当 $0 < |x - x_0| < \delta$ 时，有 $|f(g(x)) - A| < \varepsilon$.

因为 $f(u) \to A (u \to u_0)$，所以 $\forall \varepsilon > 0$, $\exists \eta > 0$，当 $0 < |u - u_0| < \eta$ 时，有 $|f(u) - A| < \varepsilon$. 又 $g(x) \to u_0 (x \to x_0)$，所以对上述 $\eta > 0$, $\exists \delta_1 > 0$，当 $0 < |x - x_0| < \delta_1$ 时，有 $|g(x) - u_0| < \eta$. 取 $\delta = \min\{\delta_0, \delta_1\}$，则当 $0 < |x - x_0| < \delta$ 时，$0 < |g(x) - u_0| < \eta$，从而

$$|f(g(x)) - A| = |f(u) - A| < \varepsilon .$$

注 把定理中 $\lim_{x \to x_0} g(x) = u_0$ 换成 $\lim_{x \to x_0} g(x) = \infty$ 或 $\lim_{x \to \infty} g(x) = \infty$，而把 $\lim_{u \to u_0} f(u) = A$ 换成 $\lim_{u \to \infty} f(u) = A$ 可得类似结果.

例 2-19 求 $\lim\limits_{x \to 3} \sqrt{\dfrac{x^2 - 9}{x - 3}}$.

解 $y = \sqrt{\dfrac{x^2 - 9}{x - 3}}$ 是由 $y = \sqrt{u}$ 与 $u = \dfrac{x^2 - 9}{x - 3}$ 复合而成的.

因为 $\lim\limits_{x \to 3} \dfrac{x^2 - 9}{x - 3} = 6$，所以 $\lim\limits_{x \to 3} \sqrt{\dfrac{x^2 - 9}{x - 3}} = \lim\limits_{u \to 6} \sqrt{u} = \sqrt{6}$.

习 题 2-4

1. 简要回答下列问题.

（1）若数列 $\{x_n\}$ 收敛，而数列 $\{y_n\}$ 发散，则数列 $\{x_n \pm y_n\}$ 及数列 $\{x_n y_n\}$ 是否收敛？

（2）若数列 $\{x_n\}$，$\{y_n\}$ 均发散，则数列 $\{x_n \pm y_n\}$ 及 $\{x_n y_n\}$ 是否发散？

2. 求下列函数的极限.

（1）$\lim\limits_{x \to 0} \dfrac{4x^3 - 2x^2 + x}{3x^2 + 2x}$；

（2）$\lim\limits_{x \to 1} \dfrac{x^2 - 3x + 2}{x^2 - 4x + 3}$；

（3）$\lim\limits_{x \to 4} \dfrac{\sqrt{2x + 1} - 3}{\sqrt{x - 2} - \sqrt{2}}$；

（4）$\lim\limits_{x \to +\infty} \left(\sqrt{x^2 + x} - x\right)$；

（5）$\lim\limits_{x \to 1} \left(\dfrac{3}{1 - x^3} - \dfrac{1}{1 - x}\right)$；

（6）$\lim\limits_{x \to \infty} \dfrac{(2x - 3)^{20}(3x + 2)^{30}}{(2x + 1)^{50}}$；

（7）$\lim\limits_{x \to \infty} \dfrac{x^3 + 2}{x^3 - x + 1}$；

（8）$\lim\limits_{h \to 0} \dfrac{(x + h)^2 - x^2}{h}$.

3. 求下列极限.

（1）$\lim\limits_{n \to \infty} \dfrac{2^n + 3^n}{2^{n+1} + 3^{n+1}}$；

（2）$\lim\limits_{n \to \infty} \dfrac{\left(\sqrt{n^2 + 1} + n\right)^2}{\sqrt[3]{n^6 + 1}}$；

（3）$\lim\limits_{n\to\infty}(\sqrt{n^2+1}-\sqrt{n^2-1})$；

（4）$\lim\limits_{n\to\infty}\dfrac{1+\dfrac{1}{2}+\dfrac{1}{4}+\cdots+\dfrac{1}{2^n}}{1+\dfrac{1}{3}+\dfrac{1}{9}+\cdots+\dfrac{1}{3^n}}$；

（5）$\lim\limits_{n\to\infty}\left(\dfrac{1}{1\times 3}+\dfrac{1}{3\times 5}+\cdots+\dfrac{1}{(2n-1)(2n+1)}\right)$.

4. 设 $\lim\limits_{x\to 2}\dfrac{x^2+ax+b}{x^2-x-2}=2$，求常数 a，b 的值.

5. 设 $\lim\limits_{x\to\infty}\left(\dfrac{x^2-1}{x-1}-ax+b\right)=-5$，求常数 a，b 的值.

6. 设 $f(x)=\begin{cases}3x+2 & x\leqslant 0 \\ x^2+1 & 0<x\leqslant 1 \\ \dfrac{2}{x} & x>1\end{cases}$，分别讨论 $x\to 0$ 及 $x\to 1$ 的极限是否存在.

7. 设 $\lim\limits_{x\to 1}f(x)$ 存在，且 $f(x)=x^2+2x\lim\limits_{x\to 1}f(x)$，求 $\lim\limits_{x\to 1}f(x)$ 和 $f(x)$.

第五节　极限存在准则及两个重要极限

一、夹逼定理

准则 I （夹逼定理）

如果数列 $\{x_n\}$、$\{y_n\}$ 及 $\{z_n\}$ 满足下列条件：

（1）$y_n\leqslant x_n\leqslant z_n(n=1,2,3,\cdots)$，

（2）$\lim\limits_{n\to\infty}y_n=a$，$\lim\limits_{n\to\infty}z_n=a$，

那么数列 $\{x_n\}$ 的极限存在，且 $\lim\limits_{n\to\infty}x_n=a$.

证　因为 $\lim\limits_{n\to\infty}y_n=a$，$\lim\limits_{n\to\infty}z_n=a$，所以根据数列极限的定义，$\forall\varepsilon>0$，$\exists N_1>0$，当 $n>N_1$ 时，有 $|y_n-a|<\varepsilon$；又 $\exists N_2>0$，当 $n>N_2$ 时，有 $|z_n-a|<\varepsilon$. 现取 $N=\max\{N_1,N_2\}$，则当 $n>N$ 时，有

$$|y_n-a|<\varepsilon,|z_n-a|<\varepsilon$$

同时成立，即

$$a-\varepsilon<y_n<a+\varepsilon,a-\varepsilon<z_n<a+\varepsilon$$

同时成立. 又因 $y_n\leqslant x_n\leqslant z_n$，所以当 $n>N$ 时，有

$$a-\varepsilon<y_n\leqslant x_n\leqslant z_n<a+\varepsilon,$$

即

$$|x_n-a|<\varepsilon.$$

这就证明了 $\lim\limits_{n\to\infty}x_n=a$.

准则 I′

如果函数 $f(x)$、$g(x)$ 及 $h(x)$ 满足下列条件：

（1）$g(x) \leqslant f(x) \leqslant h(x)$,

（2）$\lim g(x) = A$, $\lim h(x) = A$,

那么 $\lim f(x)$ 存在，且 $\lim f(x) = A$.

注 如果上述极限过程是 $x \to x_0$，要求函数在 x_0 的某一去心邻域内有定义，上述极限过程是 $x \to \infty$，要求函数当 $|x| > M$ 时有定义，准则 I 及准则 I′ 称为夹逼准则.

二、第一重要极限

下面根据准则 I′ 证明第一重要极限：$\lim\limits_{x \to 0} \dfrac{\sin x}{x} = 1$.

证 首先注意到，函数 $\dfrac{\sin x}{x}$ 对于一切 $x \neq 0$ 都有定义. 如图 2-4 所示，图中的圆为单位圆，

$BC \perp OA$, $DA \perp OA$. 圆心角 $\angle AOB = x$（$0 < x < \dfrac{\pi}{2}$）. 显然 $\sin x = CB$, $x = \overset{\frown}{AB}$, $\tan x = AD$. 因为

$$S_{\triangle AOB} < S_{\text{扇形}AOB} < S_{\triangle AOD},$$

所以

$$\frac{1}{2}\sin x < \frac{1}{2}x < \frac{1}{2}\tan x,$$

即

$$\sin x < x < \tan x.$$

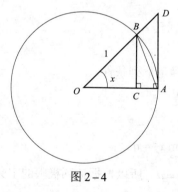

图 2-4

不等号各边都除以 $\sin x$, 就有

$$1 < \frac{x}{\sin x} < \frac{1}{\cos x},$$

或

$$\cos x < \frac{\sin x}{x} < 1.$$

此不等式当 $-\dfrac{\pi}{2} < x < 0$ 时也成立. 而 $\lim\limits_{x \to 0} \cos x = 1$, 根据准则 I′, $\lim\limits_{x \to 0} \dfrac{\sin x}{x} = 1$.

注 在极限 $\lim \dfrac{\sin \alpha(x)}{\alpha(x)}$ 中，只要 $\alpha(x)$ 是非 0 的无穷小，就有 $\lim \dfrac{\sin \alpha(x)}{\alpha(x)} = 1$.

这是因为，令 $u=\alpha(x)$，则 $u\to 0$，于是 $\lim\dfrac{\sin\alpha(x)}{\alpha(x)}=\lim\limits_{u\to 0}\dfrac{\sin u}{u}=1$.

$$\lim_{x\to 0}\frac{\sin x}{x}=1,\quad \lim\frac{\sin\alpha(x)}{\alpha(x)}=1\,(\alpha(x)\to 0).$$

例 2-20　求 $\lim\limits_{x\to 0}\dfrac{\tan x}{x}$.

解　$\lim\limits_{x\to 0}\dfrac{\tan x}{x}=\lim\limits_{x\to 0}\dfrac{\sin x}{x}\cdot\dfrac{1}{\cos x}=\lim\limits_{x\to 0}\dfrac{\sin x}{x}\cdot\lim\limits_{x\to 0}\dfrac{1}{\cos x}=1$.

例 2-21　求 $\lim\limits_{x\to 0}\dfrac{1-\cos x}{x^2}$.

解　$\lim\limits_{x\to 0}\dfrac{1-\cos x}{x^2}=\lim\limits_{x\to 0}\dfrac{2\sin^2\dfrac{x}{2}}{x^2}=\dfrac{1}{2}\lim\limits_{x\to 0}\dfrac{\sin^2\dfrac{x}{2}}{\left(\dfrac{x}{2}\right)^2}=\dfrac{1}{2}\lim\limits_{x\to 0}\left(\dfrac{\sin\dfrac{x}{2}}{\dfrac{x}{2}}\right)^2=\dfrac{1}{2}\times 1^2=\dfrac{1}{2}$.

三、单调有界收敛定理

准则 II　单调有界数列必有极限.

如果数列 $\{x_n\}$ 满足条件

$$x_1\leqslant x_2\leqslant x_3\leqslant\cdots\leqslant x_n\leqslant x_{n+1}\leqslant\cdots,$$

就称数列 $\{x_n\}$ 是单调增加的；如果数列 $\{x_n\}$ 满足条件

$$x_1\geqslant x_2\geqslant x_3\geqslant\cdots\geqslant x_n\geqslant x_{n+1}\geqslant\cdots,$$

就称数列 $\{x_n\}$ 是单调减少的. 单调增加和单调减少数列统称为单调数列.

在本章第三节中曾证明：收敛的数列一定有界. 但那时也曾指出：有界的数列不一定收敛. 现在准则 II 表明：如果数列不仅有界，并且是单调的，那么该数列的极限必定存在，也就是该数列一定收敛.

四、第二重要极限

根据准则 II，可以证明极限 $\lim\limits_{n\to\infty}\left(1+\dfrac{1}{n}\right)^n$ 存在.

设 $x_n=\left(1+\dfrac{1}{n}\right)^n$，现证明数列 $\{x_n\}$ 是单调有界的.

按牛顿二项公式，有

$$x_n=\left(1+\frac{1}{n}\right)^n=1+\frac{n}{1!}\cdot\frac{1}{n}+\frac{n(n-1)}{2!}\cdot\frac{1}{n^2}+\frac{n(n-1)(n-2)}{3!}\cdot\frac{1}{n^3}+\cdots+\frac{n(n-1)\cdots(n-n+1)}{n!}\cdot\frac{1}{n^n}$$

$$=1+1+\frac{1}{2!}\left(1-\frac{1}{n}\right)+\frac{1}{3!}\left(1-\frac{1}{n}\right)\left(1-\frac{2}{n}\right)+\cdots+\frac{1}{n!}\left(1-\frac{1}{n}\right)\left(1-\frac{2}{n}\right)\cdots\left(1-\frac{n-1}{n}\right),$$

$$x_{n+1} = 1 + 1 + \frac{1}{2!}\left(1 - \frac{1}{n+1}\right) + \frac{1}{3!}\left(1 - \frac{1}{n+1}\right)\left(1 - \frac{2}{n+1}\right) + \cdots + \frac{1}{n!}\left(1 - \frac{1}{n+1}\right)\left(1 - \frac{2}{n+1}\right)\cdots\left(1 - \frac{n-1}{n+1}\right) +$$

$$\frac{1}{(n+1)!}\left(1 - \frac{1}{n+1}\right)\left(1 - \frac{2}{n+1}\right)\cdots\left(1 - \frac{n}{n+1}\right).$$

比较 x_n，x_{n+1} 的展开式，可以看出除前两项外，x_n 的每一项都小于 x_{n+1} 的对应项，并且 x_{n+1} 还多了最后一项，其值大于 0，因此

$$x_n < x_{n+1}$$

这就是说，数列 $\{x_n\}$ 是单调的.

这个数列同时还是有界的. 因为 x_n 的展开式中各项括号内的数用较大的数 1 代替，得

$$x_n \leq 1 + 1 + \frac{1}{2!} + \frac{1}{3!} + \cdots \frac{1}{n!} \leq 1 + 1 + \frac{1}{2} + \frac{1}{2^2} + \cdots + \frac{1}{2^{n-1}} = 1 + \frac{1 - \frac{1}{2^n}}{1 - \frac{1}{2}} = 3 - \frac{1}{2^{n-1}} < 3.$$

根据准则 II，数列 $\{x_n\}$ 必有极限. 这个极限用 e 来表示. 即

$$\lim_{n \to \infty}\left(1 + \frac{1}{n}\right)^n = e.$$

还可以证明 $\lim\limits_{x \to \infty}\left(1 + \frac{1}{x}\right)^x = e$. e 是个无理数，它的值是

$$e = 2.718\ 281\ 828\ 459\ 045\cdots.$$

指数函数 $y = e^x$ 及对数函数 $y = \ln x$ 中的底 e 就是这个常数.

在极限 $\lim[1 + \alpha(x)]^{\frac{1}{\alpha(x)}}$ 中，只要 $\alpha(x)$ 是无穷小，就有

$$\lim[1 + \alpha(x)]^{\frac{1}{\alpha(x)}} = e.$$

这是因为，令 $u = \frac{1}{\alpha(x)}$，则 $u \to \infty$，于是 $\lim[1 + \alpha(x)]^{\frac{1}{\alpha(x)}} = \lim\limits_{u \to \infty}\left(1 + \frac{1}{u}\right)^u = e.$

综上，第二重要极限为 $\lim\limits_{x \to \infty}\left(1 + \frac{1}{x}\right)^x = e$，另一形式为 $\lim\limits_{x \to 0}(1 + x)^{\frac{1}{x}} = e.$

例 2-22 求 $\lim\limits_{x \to \infty}\left(1 - \frac{1}{x}\right)^x$.

解 令 $t = -x$，则 $x \to \infty$ 时，$t \to \infty$. 于是

$$\lim_{x \to \infty}\left(1 - \frac{1}{x}\right)^x = \lim_{t \to \infty}\left(1 + \frac{1}{t}\right)^{-t} = \lim_{t \to \infty}\frac{1}{\left(1 + \frac{1}{t}\right)^t} = \frac{1}{e}.$$

或

$$\lim_{x \to \infty}\left(1 - \frac{1}{x}\right)^x = \lim_{x \to \infty}\left(1 + \frac{1}{-x}\right)^{-x(-1)} = \left[\lim_{x \to \infty}\left(1 + \frac{1}{-x}\right)^{-x}\right]^{-1} = e^{-1}.$$

习 题 2-5

1. 求下列极限：

（1）$\lim\limits_{x\to 0}\dfrac{\tan 2x}{\sin 5x}$；

（2）$\lim\limits_{x\to 0^+}\dfrac{x}{\sqrt{1-\cos x}}$；

（3）$\lim\limits_{x\to 0}\dfrac{2\arcsin x}{3x}$；

（4）$\lim\limits_{n\to\infty}2^n\sin\dfrac{x}{2^n}\quad(x\neq 0)$；

（5）$\lim\limits_{x\to 0}\dfrac{x^2}{\sin^2\dfrac{x}{3}}$；

（6）$\lim\limits_{x\to 0}\dfrac{\tan x-\sin x}{x}$.

2. 求下列极限：

（1）$\lim\limits_{n\to\infty}\left(1+\dfrac{1}{n}\right)^{n+5}$；

（2）$\lim\limits_{x\to\infty}\left(\dfrac{x}{1+x}\right)^x$；

（3）$\lim\limits_{x\to\infty}\left(\dfrac{2x-1}{2x+3}\right)^x$；

（4）$\lim\limits_{x\to 0}\left(\dfrac{2-x}{2}\right)^{\frac{2}{x}}$；

（5）$\lim\limits_{x\to 0}(1+2\sin x)^{\frac{1}{x}}$；

（6）$\lim\limits_{x\to\frac{\pi}{2}}(1+\cos x)^{3\sec x}$.

3. 设 $\lim\limits_{x\to\infty}\left(\dfrac{x+1001}{x-5}\right)^{2x}=\mathrm{e}^c$，求 c.

第六节　无穷小的比较

观察两个无穷小比值的极限：

$$\lim_{x\to 0}\frac{x^2}{3x}=0,\ \lim_{x\to 0}\frac{3x}{x^2}=\infty,\ \lim_{x\to 0}\frac{\sin x}{x}=1.$$

两个无穷小比值的极限的各种不同情况，反映了不同的无穷小趋于零的"快慢"程度. 在 $x\to 0$ 的过程中，$x^2\to 0$ 比 $3x\to 0$ "快些"，反过来 $3x\to 0$ 比 $x^2\to 0$ "慢些"，而 $\sin x\to 0$ 与 $x\to 0$ "快慢相仿".

下面就以无穷小之比的极限存在或当其为无穷大时为例，来说明两个无穷小之间的比较.

定义 2-3　设 α 及 β 都是在同一个自变量的变化过程中的无穷小.

如果 $\lim\dfrac{\beta}{\alpha}=0$，就说 β 是比 α 高阶的无穷小，记为 $\beta=o(\alpha)$.

如果 $\lim\dfrac{\beta}{\alpha}=\infty$，就说 β 是比 α 低阶的无穷小.

如果 $\lim\dfrac{\beta}{\alpha}=c\neq 0$，就说 β 与 α 是同阶无穷小.

如果 $\lim \dfrac{\beta}{\alpha^k}=c\neq 0$，$k>0$，就说 β 是关于 α 的 k 阶无穷小.

如果 $\lim \dfrac{\beta}{\alpha}=1$，就说 β 与 α 是等价无穷小，记为 $\alpha\sim\beta$.

下面举一些例子.

因为 $\lim\limits_{x\to 0}\dfrac{3x^2}{x}=0$，所以当 $x\to 0$ 时，$3x^2$ 是比 x 高阶的无穷小，即 $3x^2=o(x)$（$x\to 0$）；因为

$\lim\limits_{n\to\infty}\dfrac{\frac{1}{n}}{\frac{1}{n^2}}=\infty$，所以当 $n\to\infty$ 时，$\dfrac{1}{n}$ 是比 $\dfrac{1}{n^2}$ 低阶的无穷小；因为 $\lim\limits_{x\to 3}\dfrac{x^2-9}{x-3}=6$，所以当 $x\to 3$ 时，

x^2-9 与 $x-3$ 是同阶无穷小；因为 $\lim\limits_{x\to 0}\dfrac{1-\cos x}{x^2}=\dfrac{1}{2}$，所以当 $x\to 0$ 时，$1-\cos x$ 是关于 x 的二阶

无穷小；因为 $\lim\limits_{x\to 0}\dfrac{\sin x}{x}=1$，所以当 $x\to 0$ 时，$\sin x$ 与 x 是等价无穷小，即 $\sin x\sim x$（$x\to 0$）.

关于等价无穷小的有关定理如下.

定理 2－16　β 与 α 是等价无穷小的充分必要条件为

$$\beta=\alpha+o(\alpha).$$

证　必要性. 设 $\alpha\sim\beta$，则 $\lim\dfrac{\beta-\alpha}{\alpha}=\lim\left(\dfrac{\beta}{\alpha}-1\right)=\lim\dfrac{\beta}{\alpha}-1=0$，因此

$$\beta-\alpha=o(\alpha),$$

即

$$\beta=\alpha+o(\alpha).$$

充分性. 设 $\beta=\alpha+o(\alpha)$，则

$$\lim\dfrac{\beta}{\alpha}=\lim\dfrac{\alpha+o(\alpha)}{\alpha}=\lim\left[1+\dfrac{o(\alpha)}{\alpha}\right]=1,\quad\text{因此，}\quad\alpha\sim\beta.$$

例如，因为当 $x\to 0$ 时 $\sin x\sim x$，$\tan x\sim x$，$1-\cos x\sim\dfrac{1}{2}x^2$，所以当 $x\to 0$ 时，有

$$\sin x=x+o(x),\ \tan x=x+o(x),\ 1-\cos x=\dfrac{1}{2}x^2+o(x^2).$$

定理 2－17　设 $\alpha\sim\alpha'$，$\beta\sim\beta'$，且 $\lim\dfrac{\beta'}{\alpha'}$ 存在，则 $\lim\dfrac{\beta}{\alpha}=\lim\dfrac{\beta'}{\alpha'}$.

证　$\lim\dfrac{\beta}{\alpha}=\lim\dfrac{\beta}{\beta'}\cdot\dfrac{\beta'}{\alpha'}\cdot\dfrac{\alpha'}{\alpha}=\lim\dfrac{\beta}{\beta'}\cdot\lim\dfrac{\beta'}{\alpha'}\cdot\lim\dfrac{\alpha'}{\alpha}=\lim\dfrac{\beta'}{\alpha'}.$

定理 2－17 表明，当求两个无穷小之比的极限时，分子及分母都可用等价无穷小来代替. 因此，如果用来代替的无穷小选取的适当，则可使计算简化.

例 2－23　求 $\lim\limits_{x\to 0}\dfrac{\tan 2x}{\sin 5x}$.

解　当 $x\to 0$ 时，$\tan 2x\sim 2x$，$\sin 5x\sim 5x$，所以 $\lim\limits_{x\to 0}\dfrac{\tan 2x}{\sin 5x}=\lim\limits_{x\to 0}\dfrac{2x}{5x}=\dfrac{2}{5}$.

例 2-24 求 $\lim\limits_{x\to 0}\dfrac{\sin x}{x^3+3x}$.

解 当 $x\to 0$ 时 $\sin x \sim x$，无穷小 x^3+3x 与它本身显然是等价的，所以

$$\lim_{x\to 0}\frac{\sin x}{x^3+3x}=\lim_{x\to 0}\frac{x}{x^3+3x}=\lim_{x\to 0}\frac{1}{x^2+3}=\frac{1}{3}.$$

习 题 2-6

1. 证明当 $x\to 0$ 时，有以下结论：

（1） $\arctan x \sim x$；

（2） $\sec x-1\sim\dfrac{1}{2}x^2$；

（3） $\sqrt{1+x\sin x}-1\sim\dfrac{1}{2}x^2$；

（4） $\sqrt{1+x^2}-\sqrt{1-x^2}\sim x^2$.

2. 证明无穷小的等价关系具有下列性质：

（1） $\alpha\sim\alpha$（自反性）；

（2） 若 $\alpha\sim\beta$，则 $\beta\sim\alpha$（对称性）；

（3） 若 $\alpha\sim\beta$，$\beta\sim\gamma$，则 $\alpha\sim\gamma$（传递性）.

3. 当 $x\to 0$ 时，变量 $(1+kx^2)^{\frac{1}{2}}-1$ 与变量 $\cos x-1$ 为等价无穷小，求常数 k 的值.

第七节 函数的连续性与间断点

一、函数的连续性

1. 变量的增量

设变量 u 从它的一个初值 u_1 变到终值 u_2，终值与初值的差 u_2-u_1 就叫作变量 u 的增量，记作 Δu，即 $\Delta u=u_2-u_1$.

设函数 $y=f(x)$ 在点 x_0 的某一个邻域内是有定义的. 当自变量 x 在该邻域内从 x_0 变到 $x_0+\Delta x$ 时，函数 y 相应地从 $f(x_0)$ 变到 $f(x_0+\Delta x)$，因此函数 y 的对应增量为

$$\Delta y=f(x_0+\Delta x)-f(x_0).$$

2. 函数连续的定义

设函数 $y=f(x)$ 在点 x_0 的某一个邻域内有定义，如果当自变量的增量 $\Delta x=x-x_0$ 趋于零时，对应的函数的增量 $\Delta y=f(x_0+\Delta x)-f(x_0)$ 也趋于零，即

$$\lim_{\Delta x\to 0}\Delta y=0 \text{ 或 } \lim_{x\to x_0}f(x)=f(x_0),$$

那么就称函数 $y=f(x)$ 在点 x_0 处连续.

注 ① $\lim\limits_{\Delta x\to 0}\Delta y=\lim\limits_{\Delta x\to 0}[f(x_0+\Delta x)-f(x_0)]=0$.

② 设 $x=x_0+\Delta x$，则当 $\Delta x\to 0$ 时，$x\to x_0$，因此

$$\lim_{\Delta x\to 0}\Delta y=0\Leftrightarrow\lim_{x\to x_0}[f(x)-f(x_0)]=0\Leftrightarrow\lim_{x\to x_0}f(x)=f(x_0).$$

3. 函数连续的等价定义

设函数 $y=f(x)$ 在点 x_0 的某一个邻域内有定义，如果对于任意给定的正数 ε，总存在正数 δ，使得对于适合不等式 $|x-x_0|<\delta$ 的一切 x，对应的函数值 $f(x)$ 都满足不等式

$$|f(x)-f(x_0)|<\varepsilon,$$

那么就称函数 $y=f(x)$ 在点 x_0 处连续.

4. 左右连续性

如果 $\lim\limits_{x\to x_0^-} f(x) = f(x_0)$，则称 $y=f(x)$ 在点 x_0 处左连续.

如果 $\lim\limits_{x\to x_0^+} f(x) = f(x_0)$，则称 $y=f(x)$ 在点 x_0 处右连续.

5. 左右连续与连续的关系

函数 $y=f(x)$ 在点 x_0 处连续 $\Leftrightarrow$ 函数 $y=f(x)$ 在点 x_0 处左连续且右连续.

6. 函数在区间上的连续性

在区间上每一点都连续的函数，叫作在该区间上的连续函数，或者说函数在该区间上连续. 如果区间包括端点，那么函数在右端点连续是指左连续，在左端点连续是指右连续.

连续函数举例：

① 如果 $f(x)$ 是多项式函数 $P(x)$，则函数 $f(x)$ 在区间 $(-\infty, +\infty)$ 内是连续的.

这是因为，$f(x)$ 在 $(-\infty, +\infty)$ 内任意一点 x_0 处有定义，且

$$\lim_{x\to x_0} P(x) = P(x_0).$$

② 函数 $f(x) = \sqrt{x}$ 在区间 $[0, +\infty)$ 内是连续的.

③ 函数 $y=\sin x$ 在区间 $(-\infty, +\infty)$ 内是连续的.

证 设 x 为区间 $(-\infty, +\infty)$ 内任意一点. 则有

$$\Delta y=\sin(x+\Delta x)-\sin x = 2\sin\frac{\Delta x}{2}\cos\left(x+\frac{\Delta x}{2}\right),$$

因为当 $\Delta x\to 0$ 时，Δy 是无穷小与有界函数的乘积，所以 $\lim\limits_{\Delta x\to 0}\Delta y = 0$. 这就证明了函数 $y=\sin x$ 在区间 $(-\infty, +\infty)$ 内任意一点 x 都是连续的.

④ 函数 $y=\cos x$ 在区间 $(-\infty, +\infty)$ 内是连续的.

二、函数的间断点

1. 间断定义

设函数 $f(x)$ 在点 x_0 的某去心邻域内有定义. 在此前提下，如果函数 $f(x)$ 有下列 3 种情形之一：

① 在 x_0 没有定义；

② 虽然在 x_0 有定义，但 $\lim\limits_{x\to x_0} f(x)$ 不存在；

③ 虽然在 x_0 有定义且 $\lim\limits_{x\to x_0} f(x)$ 存在，但 $\lim\limits_{x\to x_0} f(x)\neq f(x_0)$，

则函数 $f(x)$ 在点 x_0 为不连续，而点 x_0 称为函数 $f(x)$ 的不连续点或间断点.

2. 间断点的类型

通常把间断点分成两类：如果 x_0 是函数 $f(x)$ 的间断点，但左极限 $f(x_0^-)$ 及右极限 $f(x_0^+)$ 都存在，那么 x_0 称为函数 $f(x)$ 的第一类间断点. 不是第一类间断点的任何间断点，称为第二类间断点. 在第一类间断点中，左、右极限相等者称为可去间断点，不相等者称为跳跃间断点. 无穷间断点和振荡间断点显然是第二类间断点.

例 2－25　讨论正切函数 $y=\tan x$ 在 $x=\dfrac{\pi}{2}$ 处间断点的类型.

解　因为 $\lim\limits_{x\to\frac{\pi}{2}}\tan x=\infty$，故称 $x=\dfrac{\pi}{2}$ 为函数 $\tan x$ 的无穷间断点.

例 2－26　讨论函数 $y=\sin\dfrac{1}{x}$ 在点 $x=0$ 处间断点的类型.

解　当 $x\to0$ 时，函数值在 -1 与 $+1$ 之间变动无限多次，所以点 $x=0$ 称为函数 $\sin\dfrac{1}{x}$ 的振荡间断点.

例 2－27　讨论函数 $y=\dfrac{x^2-1}{x-1}$ 在 $x=1$ 处间断点的类型.

解　因为 $\lim\limits_{x\to1}\dfrac{x^2-1}{x-1}=\lim\limits_{x\to1}(x+1)=2$，如果补充定义：令 $x=1$ 时 $y=2$，则所给函数在 $x=1$ 处成为连续函数. 所以 $x=1$ 称为该函数的可去间断点.

例 2－28　设函数 $y=f(x)=\begin{cases} x & x\neq1 \\ \dfrac{1}{2} & x=1 \end{cases}$，讨论间断点的类型.

解　因为 $\lim\limits_{x\to1}f(x)=\lim\limits_{x\to1}x=1$，$f(1)=\dfrac{1}{2}$，$\lim\limits_{x\to1}f(x)\neq f(1)$，所以 $x=1$ 是函数 $f(x)$ 的间断点.

如果改变函数 $f(x)$ 在 $x=1$ 处的定义：令 $f(1)=1$，则函数 $f(x)$ 在 $x=1$ 时成为连续函数，所以 $x=1$ 也称为该函数的可去间断点.

例 2－29　设函数 $f(x)=\begin{cases} x-1 & x<0 \\ 0 & x=0 \\ x+1 & x>0 \end{cases}$，讨论间断点的类型.

解　因为 $\lim\limits_{x\to0^-}f(x)=\lim\limits_{x\to0^-}(x-1)=-1$，

$\lim\limits_{x\to0^+}f(x)=\lim\limits_{x\to0^+}(x+1)=1$，

$\lim\limits_{x\to0^-}f(x)\neq\lim\limits_{x\to0^+}f(x)$，

所以极限 $\lim\limits_{x\to0}f(x)$ 不存在，$x=0$ 是函数 $f(x)$ 的间断点. 因函数 $f(x)$ 的图形在 $x=0$ 处产生跳跃现象，则称 $x=0$ 为函数 $f(x)$ 的跳跃间断点.

习 题 2-7

1. 讨论下列函数的连续性.

（1）$f(x) = \begin{cases} \sin x & x \leqslant 0 \\ x^2 & x > 0 \end{cases}$;　　　（2）$f(x) = \begin{cases} -1 & x < -1 \\ x^2 & -1 \leqslant x \leqslant 1 \\ 1 & x > 1 \end{cases}$.

2. 确定常数 a，b，使下列函数连续.

（1）$f(x) = \begin{cases} \mathrm{e}^x & x \leqslant 0 \\ x+a & x > 0 \end{cases}$;　　　（2）$f(x) = \begin{cases} \dfrac{\ln(1-3x)}{bx} & x < 0 \\ 2 & x = 0 \\ \dfrac{\sin ax}{x} & x > 0 \end{cases}$.

3. 考察下列函数在指定点的连续性. 如果是间断点，指出其属于哪一类间断点；如果是可去间断点，则补充或改变函数的定义使其成为函数的连续点.

（1）$y = \dfrac{x^2-1}{x^2-3x+2}, x=1, x=2$;

（2）$y = \dfrac{x}{\sin x}, \ x = k\pi, (k = 0, \pm 1, \pm 2, \cdots)$;

（3）$y = \cos^2 \dfrac{1}{x}, \ x = 0$;

（4）$y = \begin{cases} 2x-1 & x \leqslant 1 \\ 3-x & x > 1 \end{cases}, x = 1$.

4. 求函数 $f(x) = \dfrac{x^3+3x^2-x-3}{x^2+x-6}$ 的连续区间，并求 $\lim\limits_{x\to 0} f(x)$，$\lim\limits_{x\to -3} f(x)$，$\lim\limits_{x\to 2} f(x)$.

5. 设

$$f(x) = \begin{cases} ax^2+b & 0 < x < 1 \\ 2 & x = 1 \\ \ln(bx+1) & 1 < x \leqslant 3 \end{cases},$$

当 a，b 为何值时，$f(x)$ 在 $x=1$ 处连续？

第八节　连续函数的运算与初等函数的连续性

一、连续函数的和、差、积、商的连续性

定理 2-18 设函数 $f(x)$ 和 $g(x)$ 在点 x_0 连续，则函数

$$f(x) \pm g(x), \ f(x) \cdot g(x), \ \frac{f(x)}{g(x)} \quad (\text{当 } g(x_0) \neq 0 \text{ 时})$$

在点 x_0 也连续.

$f(x)\pm g(x)$ 连续性的证明：因为 $f(x)$ 和 $g(x)$ 在点 x_0 连续，所以它们在点 x_0 有定义，从而 $f(x)\pm g(x)$ 在点 x_0 也有定义，再由连续性和极限运算法则，有

$$\lim_{x \to x_0}[f(x) \pm g(x)] = \lim_{x \to x_0} f(x) \pm \lim_{x \to x_0} g(x) = f(x_0) \pm g(x_0).$$

根据连续性的定义，$f(x)\pm g(x)$ 在点 x_0 连续.

例 2-30 $\sin x$ 和 $\cos x$ 都在区间 $(-\infty, +\infty)$ 内连续. 故由定理 2-18 知 $\tan x$ 和 $\cot x$ 在它们的定义域内是连续的.

三角函数 $\sin x$, $\cos x$, $\sec x$, $\csc x$, $\tan x$, $\cot x$ 在其有定义域内都是连续的.

二、反函数与复合函数的连续性

定理 2-19 如果函数 $f(x)$ 在区间 I_x 上单调增加（或单调减少）且连续，那么它的反函数 $x=f^{-1}(y)$ 也在对应的区间 $I_y=\{y|y=f(x),x\in I_x\}$ 上单调增加（或单调减少）且连续.

例 2-31 由于 $y=\sin x$ 在区间 $\left[-\dfrac{\pi}{2}, \dfrac{\pi}{2}\right]$ 上单调增加且连续，所以它的反函数 $y=\arcsin x$ 在区间 $[-1, 1]$ 上也是单调增加且连续的.

同样，$y=\arccos x$ 在区间 $[-1, 1]$ 上单调减少且连续；$y=\arctan x$ 在区间 $(-\infty, +\infty)$ 内单调增加且连续；$y=\text{arccot } x$ 在区间 $(-\infty, +\infty)$ 内单调减少且连续.

总之，反三角函数 $\arcsin x$、$\arccos x$、$\arctan x$、$\text{arccot } x$ 在它们的定义域内都是连续的.

定理 2-20 设函数 $y=f(g(x))$ 由函数 $y=f(u)$ 与函数 $u=g(x)$ 复合而成，$\mathring{U}(x_0) \subset D_{f \circ g}$. 若 $\lim\limits_{x \to x_0} g(x) = u_0$，而函数 $y=f(u)$ 在 u_0 连续，则

$$\lim_{x \to x_0} f(g(x)) = \lim_{u \to u_0} f(u) = f(u_0).$$

证 要证 $\forall \varepsilon > 0$, $\exists \delta > 0$, 当 $0 < |x-x_0| < \delta$ 时, 有 $|f(g(x))-f(u_0)| < \varepsilon$.

因为 $f(u)$ 在 u_0 连续, 所以 $\forall \varepsilon > 0$, $\exists \eta > 0$, 当 $|u-u_0| < \eta$ 时, 有 $|f(u)-f(u_0)| < \varepsilon$.

又 $g(x) \to u_0(x \to x_0)$, 所以对上述 $\eta > 0$, $\exists \delta > 0$, 当 $0 < |x-x_0| < \delta$ 时, 有 $|g(x)-u_0| < \eta$.

从而 $|f(g(x))-f(u_0)| < \varepsilon$.

定理的结论也可写成 $\lim\limits_{x \to x_0} f(g(x)) = f(\lim\limits_{x \to x_0} g(x))$. 当求复合函数 $f(g(x))$ 的极限时，函数符号 f 与极限号可以交换次序.

$\lim\limits_{x \to x_0} f(g(x)) = \lim\limits_{u \to u_0} f(u)$ 表明，在定理 2-20 的条件下，如果作代换 $u=g(x)$，那么求 $\lim\limits_{x \to x_0} f(g(x))$ 就转化为求 $\lim\limits_{u \to u_0} f(u)$，这里 $u_0 = \lim\limits_{x \to x_0} g(x)$.

把定理 2-20 中的 $x \to x_0$ 换成 $x \to \infty$，可得类似的结论.

例 2-32 求 $\lim\limits_{x \to 3} \sqrt{\dfrac{x-3}{x^2-9}}$.

解 $\lim\limits_{x \to 3} \sqrt{\dfrac{x-3}{x^2-9}} = \sqrt{\lim\limits_{x \to 3} \dfrac{x-3}{x^2-9}} = \sqrt{\dfrac{1}{6}}$.

定理 2-21 设函数 $y=f(g(x))$ 由函数 $y=f(u)$ 与函数 $u=g(x)$ 复合而成，$U(x_0) \subset D_{f \circ g}$. 若函数

$u=g(x)$ 在点 x_0 连续，函数 $y=f(u)$ 在点 $u_0=g(x_0)$ 连续，则复合函数 $y=f(g(x))$ 在点 x_0 也连续.

证 因为 $g(x)$ 在点 x_0 连续，所以 $\lim\limits_{x \to x_0} g(x)=g(x_0)=u_0$.

又 $y=f(u)$ 在点 $u=u_0$ 连续，所以

$$\lim_{x \to x_0} f(g(x)) = f(u_0)=f(g(x_0)).$$

这就证明了复合函数 $f(g(x))$ 在点 x_0 连续.

例 2-33 讨论函数 $y=\sin\dfrac{1}{x}$ 的连续性.

解 函数 $y=\sin\dfrac{1}{x}$ 是由 $y=\sin u$ 及 $u=\dfrac{1}{x}$ 复合而成的.

当 $-\infty<u<+\infty$ 时 $\sin u$ 是连续的.

当 $-\infty<x<0$ 和 $0<x<+\infty$ 时 $\dfrac{1}{x}$ 是连续的.

根据定理 2-21，函数 $\sin\dfrac{1}{x}$ 在区间 $(-\infty, 0)$ 和 $(0, +\infty)$ 内是连续的.

三、初等函数的连续性

在基本初等函数中，前面已经证明了三角函数及反三角函数在它们的定义域内是连续的.

应该指出，指数函数 $a^x(a>0, a \neq 1)$ 对于一切实数 x 都有定义，且在区间 $(-\infty, +\infty)$ 内是单调的和连续的，它的值域为 $(0, +\infty)$.

由定理 2-19，对数函数 $\log_a x \ (a>0, a \neq 1)$ 作为指数函数 a^x 的反函数在区间 $(0, +\infty)$ 内单调且连续.

幂函数 $y=x^\mu$ 的定义域随 μ 的值而异，但无论 μ 为何值，在区间 $(0, +\infty)$ 内幂函数总是有定义的. 可以证明，在区间 $(0, +\infty)$ 内幂函数是连续的. 事实上，设 $x>0$，则 $y=x^\mu=a^{\mu \log_a x}$，因此，幂函数 x^μ 可看作是由 $y=a^u, u=\mu\log_a x$ 复合而成的，由此，根据定理 2-21，它在 $(0, +\infty)$ 内是连续的. 如果对于 μ 取各种不同值加以分别讨论，可以证明幂函数在它的定义域内是连续的.

结论：基本初等函数在它们的定义域内都是连续的.

最后，根据初等函数的定义，由基本初等函数的连续性及本节有关定理可得下列重要结论：一切初等函数在其定义区间内都是连续的.

初等函数的连续性在求函数极限中的应用：如果 $f(x)$ 是初等函数，且 x_0 是 $f(x)$ 的定义区间内的点，则 $\lim\limits_{x \to x_0} f(x)=f(x_0)$.

例 2-34 求 $\lim\limits_{x \to 0}\sqrt{1-x^2}$.

解 初等函数 $f(x)=\sqrt{1-x^2}$ 在点 $x_0=0$ 是有定义的，

所以 $\lim\limits_{x \to 0}\sqrt{1-x^2}=\sqrt{1}=1$.

例 2-35 求 $\lim\limits_{x \to \frac{\pi}{2}}\ln\sin x$.

解 初等函数 $f(x)=\ln\sin x$ 在点 $x_0=\dfrac{\pi}{2}$ 是有定义的,

所以 $\lim\limits_{x\to\frac{\pi}{2}}\ln\sin x=\ln\sin\dfrac{\pi}{2}=0$.

例 2-36 求 $\lim\limits_{x\to 0}\dfrac{\sqrt{1+x^2}-1}{x}$.

解 $\lim\limits_{x\to 0}\dfrac{\sqrt{1+x^2}-1}{x}=\lim\limits_{x\to 0}\dfrac{(\sqrt{1+x^2}-1)(\sqrt{1+x^2}+1)}{x(\sqrt{1+x^2}+1)}$

$$=\lim\limits_{x\to 0}\dfrac{x}{\sqrt{1+x^2}+1}=\dfrac{0}{2}=0.$$

例 2-37 求 $\lim\limits_{x\to 0}\dfrac{\log_a(1+x)}{x}$.

解 $\lim\limits_{x\to 0}\dfrac{\log_a(1+x)}{x}=\lim\limits_{x\to 0}\log_a(1+x)^{\frac{1}{x}}=\log_a\mathrm{e}=\dfrac{1}{\ln a}$

例 2-38 求 $\lim\limits_{x\to 0}\dfrac{a^x-1}{x}$.

解 令 $a^x-1=t$, 则 $x=\log_a(1+t)$, $x\to 0$ 时 $t\to 0$, 于是

$$\lim\limits_{x\to 0}\dfrac{a^x-1}{x}=\lim\limits_{t\to 0}\dfrac{t}{\log_a(1+t)}=\ln a.$$

习 题 2-8

1. 判断下列各题是否正确, 并说明原因.

(1) $f(x)$ 在其定义域 (a,b) 内一点 x_0 处连续的充分必要条件是 $f(x)$ 在 x_0 既左连续又右连续;

(2) $f(x)$ 在 x_0 连续, $g(x)$ 在 x_0 不连续, 则 $f(x)+g(x)$ 在 x_0 一定不连续;

(3) $f(x)$ 在 x_0 处连续, $g(x)$ 在 x_0 处不连续, 则 $f(x)\cdot g(x)$ 在 x_0 一定不连续.

2. 讨论 $f(x)=\begin{cases} x^2 & 0\leqslant x\leqslant 1 \\ 2-x & 1\leqslant x\leqslant 2\end{cases}$ 的连续性, 并画出其图形.

3. 求下列极限:

(1) $\lim\limits_{x\to 0}\sqrt{x^2-2x+5}$;

(2) $\lim\limits_{x\to\frac{\pi}{4}}(\sin 2x)^3$;

(3) $\lim\limits_{x\to\frac{\pi}{4}}(\sin 2x)^3$;

(4) $\lim\limits_{x\to 0}(1+\tan^2 x)^{\cot^2 x}$;

(5) $\lim\limits_{x\to 0}\dfrac{\log_a(1+2x)}{x}$;

(6) $\lim\limits_{x\to\frac{1}{2}}\arcsin\sqrt{1-x^2}$.

第九节　闭区间上连续函数的性质

一、最大值与最小值

最大值与最小值：对于在区间 I 上有定义的函数 $f(x)$，如果有 $x_0 \in I$，使得对于任一 $x \in I$ 都有

$$f(x) \leqslant f(x_0) \quad (\text{或} f(x) \geqslant f(x_0)),$$

则称 $f(x_0)$ 是函数 $f(x)$ 在区间 I 上的最大值（最小值）.

例如，函数 $f(x) = 1 + \sin x$ 在区间 $[0, 2\pi]$ 上有最大值 2 和最小值 0. 又如，函数 $f(x) = \text{sgn } x$ 在区间 $(-\infty, +\infty)$ 内有最大值 1 和最小值 -1. 在开区间 $(0, +\infty)$ 内，$\text{sgn } x$ 的最大值和最小值都是 1. 但函数 $f(x) = x$ 在开区间 (a, b) 内既无最大值又无最小值.

定理 2-22（**最大值和最小值定理**）在闭区间上连续的函数在该区间上一定能取得它的最大值和最小值.

定理 2-22 说明，如果函数 $f(x)$ 在闭区间 $[a, b]$ 上连续，那么至少有一点 $\xi_1 \in [a, b]$，使 $f(\xi_1)$ 是 $f(x)$ 在 $[a, b]$ 上的最大值，又至少有一点 $\xi_2 \in [a, b]$，使 $f(\xi_2)$ 是 $f(x)$ 在 $[a, b]$ 上的最小值.

注　如果函数在开区间内连续，或函数在闭区间上有间断点，那么函数在该区间上就不一定有最大值或最小值.

例 2-39　在开区间 (a, b) 考察函数 $y = f(x)$，若

$$y = f(x) = \begin{cases} -x+1 & 0 \leqslant x < 1 \\ 1 & x = 1 \\ -x+3 & 1 < x \leqslant 2 \end{cases},$$

则函数 $f(x)$ 在闭区间 $[0, 2]$ 上无最大值和最小值.

定理 2-23（**有界性定理**）在闭区间上连续的函数一定在该区间上有界.

证　设函数 $f(x)$ 在闭区间 $[a, b]$ 上连续，由定理 2-22 知，存在 m 和 M，使得 $\forall x \in [a, b]$，有 $m \leqslant f(x) \leqslant M$，令 $K = \max\{|m|, |M|\}$，则当 $x \in [a, b]$，有 $|f(x)| \leqslant K$，即函数 $f(x)$ 在闭区间 $[a, b]$ 上有界.

二、介值定理

零点：如果存在点 x_0 使 $f(x_0) = 0$，则 x_0 称为函数 $f(x)$ 的零点.

定理 2-24（**零点定理**）设函数 $f(x)$ 在闭区间 $[a, b]$ 上连续，且 $f(a)$ 与 $f(b)$ 异号，那么在开区间 (a, b) 内至少有一点 ξ 使 $f(\xi) = 0$.

定理 2-25（**介值定理**）设函数 $f(x)$ 在闭区间 $[a, b]$ 上连续，且在此区间的端点取不同的函数值

$$f(a) = A \text{ 及 } f(b) = B,$$

那么，对于 A 与 B 之间的任意一个数 C，在开区间 (a, b) 内至少有一点 ξ，使得

$$f(\xi) = C.$$

定理 2-25′（**介值定理**）设函数 $f(x)$ 在闭区间 $[a, b]$ 上连续，且 $f(a) \neq f(b)$，那么，对于 $f(a)$

与 $f(b)$ 之间的任意一个数 C, 在开区间 (a, b) 内至少有一点 ξ, 使得

$$f(\xi)=C.$$

证 设 $\varphi(x)=f(x)-C$, 则 $\varphi(x)$ 在闭区间 $[a, b]$ 上连续, 且 $\varphi(a)=A-C$ 与 $\varphi(b)=B-C$ 异号. 根据零点定理, 在开区间 (a, b) 内至少有一点 ξ 使得

$$\varphi(\xi)=0 \ (a<\xi<b).$$

因为 $\varphi(\xi)=f(\xi)-C$, 因此由上式即得

$$f(\xi)=C \ (a<\xi<b).$$

定理 2-25 的几何意义: 连续曲线弧 $y=f(x)$ 与水平直线 $y=C$ 至少有一个交点.

推论 在闭区间上连续的函数必取得介于最大值 M 与最小值 m 之间的任何值.

例 2-40 证明方程 $x^3-4x^2+1=0$ 在区间 $(0, 1)$ 内至少有一个根.

证 函数 $f(x)=x^3-4x^2+1$ 在闭区间 $[0, 1]$ 上连续, 又 $f(0)=1>0$, $f(1)=-2<0$. 根据零点定理, 在 $(0,1)$ 内至少有一点 ξ, 使得 $f(\xi)=0$, 即 $\xi^3-4\xi^2+1=0 \ (0<\xi<1)$. 该等式说明方程 $x^3-4x^2+1=0$ 在区间 $(0, 1)$ 内至少有一个根.

习 题 2-9

1. 证明方程 $x^3-3x-1=0$ 在区间 $(1,2)$ 内至少有一个实根.

2. 设函数 $f(x)$ 在闭区间 $[a,b]$ 上连续, 且 $f(a)<a, f(b)>b$, 证明: 至少有一点 $\xi \in (a,b)$, 使得 $f(\xi)=\xi$.

3. 设函数 $f(x)$ 在闭区间 $[0,2a]$ 上连续, 且 $f(0)=f(2a)$, 证明: 在 $[0,a]$ 至少存在一点 ξ, 使得 $f(\xi)=f(\xi+a)$.

4. 证明方程 $x=a\sin x+b$ (其中 $a>0, b>0$) 至少有一正根, 并且不超过 $a+b$.

本 章 习 题

一、选择题

1. 设 $f(x)$ 是定义在 $(-\infty, +\infty)$ 内的任意函数, 则 $f(x)-f(-x)$ 是 _____.

A. 奇函数   B. 偶函数   C. 非奇非偶函数   D. 非负函数

2. 下列各对函数中, 互为反函数的是 _____.

A. $y=\sin x, y=\cos x$ B. $y=e^x, y=e^{-x}$

C. $y=\tan x, y=\cot x$ D. $y=2x, y=\dfrac{x}{2}$

3. 当 $x \to +\infty$ 时, 下列变量为无穷小量的是 _____.

A. x B. $\ln(1+x)$ C. $\sin x$ D. e^{-x}

4. 函数 $y=\sin^3(x^2 e^x)$ 的复合结构是 _____.

A. $y=\sin u, u=v^3, v=x^2 e^x$ B. $y=\sin u, u=(vt)^3, v=x^2, t=e^x$

C. $y = u^3, u = \sin v, v = x^2 e^x$ D. $y = u^3, u = \sin vt, v = x^2, t = e^x$

5. 设 $\alpha = \tan x - \sin x, \beta = x^3$，当 $x \to 0$ 时 _____.

A. α 是比 β 高阶的无穷小

B. α 与 β 是同阶无穷小，但不是等价无穷小

C. $\alpha \sim \beta$

D. α 与 β 不全是无穷小

6. $\lim\limits_{x \to 0}(x \sin \dfrac{1}{x} + \dfrac{1}{x} \sin x) = $ _____.

A. 0   B. 1   C. 2   D. 不存在

7. $f(x) = \dfrac{x}{x}, \varphi(x) = \dfrac{|x|}{x}$，则当 $x \to 0$ 时，两个函数的 _____.

A. 左极限相等   B. 右极限相等   C. 极限相等   D. 都没有极限

8. 设 $f(x) = \dfrac{e^{\frac{1}{x}} - 1}{e^{\frac{1}{x}} + 1}$，则 $x = 0$ 是 $f(x)$ 的 _____.

A. 可去间断点   B. 跳跃间断点   C. 第二类间断点   D. 连续点

9. 设 $\alpha(x) = e^{4x} - e^{2x}, \beta(x) = x$，则当 $x \to 0$ 时，有 _____.

A. $\alpha \sim \beta$

B. α 与 β 是同阶无穷小，但不是等价无穷小

C. α 是比 β 高阶的无穷小

D. α 是比 β 低阶的无穷小

10. 极限 $\lim\limits_{x \to \infty}\left(1 + \dfrac{2}{x}\right)^{\frac{x}{3}} = $ _____.

A. 1   B. $\ln \dfrac{3}{2}$ C. $e^{\frac{3}{2}}$ D. $e^{\frac{2}{3}}$

11. 下列极限值不是 1 的是 _____.

A. $\lim\limits_{x \to 0}\left(\dfrac{\sin x}{x} + x \sin \dfrac{1}{x}\right)$ B. $\lim\limits_{x \to \infty}\left(\dfrac{\sin x}{x} + x \sin \dfrac{1}{x}\right)$

C. $\lim\limits_{n \to \infty}\left(1 + \dfrac{1}{n}\right)^n$ D. $\lim\limits_{n \to \infty} \sqrt[n]{n}$

12. 当 _____ 时，极限 $\lim \dfrac{1}{1 + e^{\frac{1}{x}}} = 1$.

A. $x \to 0^+$ B. $x \to 0^-$ C. $x \to 0$ D. $x \to \infty$

13. 极限 $\lim\limits_{x \to 0} \dfrac{\ln(1-x)}{\sin x} = $ _____.

A. -1 B. 0   C. 1   D. ∞

二、填空题

1. 设 $f(x) = \sqrt{1-x} + \sin \dfrac{1}{x}$，其连续区间为 _____.

2. 设 $f(x) = \ln(2-x) + \sin \dfrac{1}{x}$，其连续区间为 _____.

3. $\lim\limits_{n\to\infty}\dfrac{(1-2n)^2}{n^2+5n}=$ _____ .

4. 已知 $\lim\limits_{x\to\infty}\left(\dfrac{x+c}{x-c}\right)^{\frac{x}{2}}=\mathrm{e}^2$，则 $c=$ _____ .

5. $\lim\limits_{x\to0}\dfrac{\ln\cos ax}{\ln\cos bx}=$ _____ .

6. $\lim\limits_{x\to0}\dfrac{\mathrm{e}^x-\mathrm{e}^{-x}}{\sin x}=$ _____ .

7. $\lim\limits_{x\to0}\left[\dfrac{1}{x}-\dfrac{1}{\ln(1+x)}\right]=$ _____ .

8. $\lim\limits_{x\to2}\dfrac{\sqrt{5x-1}-\sqrt{2x+5}}{x^2-4}=$ _____ .

9. $\lim\limits_{x\to+\infty}\left(\dfrac{x\cos\sqrt{x}}{1+x^2}\right)=$ _____ .

10. $\lim\limits_{x\to0}\dfrac{x-\tan x}{x^3}=$ _____ .

11. $\lim\limits_{x\to0}\dfrac{x^2}{\cos x-1}=$ _____ .

12. 函数 $f(x)=\begin{cases}(1+x)^{\frac{2}{x}} & x>0\\ x^2+a & x\leqslant0\end{cases}$ 在点 $x=0$ 处连续，则 $a=$ _____ .

13. $\lim\limits_{x\to0}(1-2x)^{\frac{1}{x}}=$ _____ .

三、计算题

1. 设函数 $f(x)$ 的定义域是区间 $[0,1]$，试求下列函数的定义域.

（1） $f\left(\dfrac{x}{x+1}\right)$

（2） $f(x-a)+f(x+a)\quad(a>0)$

2. 设 $f(x)=x^4$，$g(x)=\begin{cases}\sqrt{x} & x\geqslant0\\ -\sqrt{-x} & x<0\end{cases}$，

（1） 证明 $g(x)$ 是奇函数；

（2） 求 $f(g(x))$.

3. 求极限 $\lim\limits_{x\to0}\dfrac{\tan x-\sin x}{x^3}$.

4. 求极限 $\lim\limits_{x\to0}\dfrac{x-\sin x}{x^2(\mathrm{e}^x-1)}$.

5. 求极限 $\lim\limits_{x \to \infty} \left(\dfrac{2x-1}{2x+3} \right)^{2x+1}$.

6. 求极限 $\lim\limits_{x \to \infty} \left(\dfrac{x-1}{x+3} \right)^{2x+1}$.

7. 已知 $\lim\limits_{x \to \infty} \left(\dfrac{x+a}{x-a} \right)^{x} = 9$，求 a.

8. 求极限 $\lim\limits_{x \to 0} \dfrac{\sqrt{4-x^2}-2}{1-\cos 2x}$.

9. 求极限 $\lim\limits_{x \to 0} \dfrac{\sqrt{1+\tan x}-\sqrt{1+\sin x}}{x^2 \sin x}$.

10. 求极限 $\lim\limits_{x \to 1} \dfrac{\sqrt{3-x}-\sqrt{1+x}}{x^2-1}$.

11. 求极限 $\lim\limits_{n \to \infty} \left(\dfrac{1}{n^2+n+1} + \dfrac{2}{n^2+n+2} + \cdots + \dfrac{n}{n^2+n+n} \right)$.

12. 已知 $\lim\limits_{x \to \infty} \left(\dfrac{x^2}{x+2} - ax + b \right) = 0$，求 a,b.

四、证明题

设下面所考虑函数的定义域关于原点对称，证明：

（1）两个偶函数的和是偶函数，两个奇函数的和是奇函数；

（2）两个偶函数的乘积是偶函数，两个奇函数的乘积是偶函数，偶函数与奇函数的乘积是奇函数.

五、应用题

1. 一片森林现有木材 a m^3，若以年增长率 1.2% 的速度均匀增长，问 t 年后，这片森林有木材多少？

2. 国家向某企业投资 2 万元，这家企业将投资作为抵押品向银行贷款，得到相当于抵押品价格 80% 的贷款，该企业将这笔贷款再次进行投资，并且又将投资作为抵押品向银行贷款，得到相当于新抵押品价格 80% 的贷款，该企业又将新贷款进行再投资，这样贷款—投资—再贷款—再投资，如此反复扩大再投资，问其实际效果相当于国家投资多少万元所产生的直接效果？

第三章 导数与微分

微分学是微积分的重要组成部分，它的基本概念是导数与微分。本章主要学习导数与微分的概念及计算方法。法国数学家费马在探究极值问题时就将导数的思想引入了，但导数思想是在英国数学家牛顿研究力学和德国数学家莱布尼茨研究几何学的过程中正式建立起来的。导数作为高等数学中的重要概念，通常被用于判断函数的单调性，求函数的最值、极值，同样也是解决经济问题的一个有力工具。在实际经济问题中，导数被广泛地应用到经济研究和企业管理之中，促进经济理论朝着更加精确的方向发展。

第一节 导数的定义

一、引例

引例 3-1 直线运动的瞬时速度问题

设一质点做直线运动。在直线上引入原点和单位点，使直线成为数轴。此外，再取一个时刻作为测量时间的零点。设质点于时刻 t 在直线上的位置坐标为 s，这样质点所移动的路程 s 是时间 t 的函数，即位置函数，记为：$s = s(t)$，试讨论质点在时刻 t_0 的速度。为此，取从时刻 t_0 到 t 这样一个时间间隔，记 $\Delta t = t - t_0$，质点的位置从 $s(t_0)$ 移动到 $s(t)$，记 $\Delta s = s(t) - s(t_0)$，求出质点在 t_0 到 t 一段时间内的平均速度

$$\bar{v} = \frac{\Delta s}{\Delta t} = \frac{s(t) - s(t_0)}{t - t_0}.$$

如果运动是匀速的，则质点在任一时刻的速度就是此平均速度 $\bar{v}$；如果运动是变速的，则平均速度 $\bar{v}$ 不能准确地反映物体在某一时刻的变化状态。但是，当时间间隔 Δt 很小时，质点在 t_0 时刻的速度可以用平均速度 $\bar{v}$ 来近似，而且 Δt 越小，近似程度越高。用极限思想理解应该是这样的：令 $t \to t_0$，即当 $\Delta t \to 0$ 时，若平均速度 $\dfrac{\Delta s}{\Delta t}$ 的极限存在且等于 $v(t_0)$，则 $v(t_0)$ 就称为质点在时刻 t_0 的瞬时速度，即

$$v(t_0) = \lim_{\Delta t \to 0} \frac{s(t_0 + \Delta t) - s(t_0)}{\Delta t}.$$

引例 3-2 曲线的切线问题

在初等几何学中，圆、椭圆的切线是与曲线仅有一个交点的直线。但是这个定义不能推广到任意曲线。例如，对于抛物线 $y = x^2$，在原点 O 处直线 $x = 0$，$y = 0$ 都符合上述定义，但实际上只有直线 $y = 0$ 是该抛物线在点 O 处的切线。定义曲线的切线如下。

定义 3-1 设点 M 是曲线 $\varGamma$ 上的一个定点，在点 M 外另取 $\varGamma$ 上一点 N，作割线 MN。当点 N 沿曲线 $\varGamma$ 趋向于点 M 时，如果割线 MN 的极限位置 MT 存在，则称直线 MT 为曲线 $\varGamma$ 在点 M 处的切线（见图 3-1）。

现在来讨论如何求出一条曲线上某一点处的切线方程. 如图 3-1 所示建立直角坐标系. 设曲线的方程为 $y = f(x)$, M, N 的坐标分别为 (x_0, y_0), (x, y). 现求曲线在点 M 处的切线方程. 显然, 只要求出切线的斜率, 就可由点斜式求出切线方程. 令 $\Delta x = x - x_0$, $\Delta y = y - y_0 = f(x) - f(x_0)$. 则割线 MN 的斜率为 $\tan \varphi = \dfrac{\Delta y}{\Delta x} = \dfrac{f(x) - f(x_0)}{x - x_0}$. 其中 φ 为割线 MN 的倾角. 当点 N 沿曲线 Γ 趋于点 M 时, $x \to x_0$. 即当 $\Delta x \to 0$ 时, $\varphi \to \alpha$ 且上式的极限存在, 割线斜率 $\tan \varphi$ 趋向于切线 MT 的斜率 $\tan \alpha$, 即

$$\tan \alpha = \lim_{\Delta x \to 0} \frac{f(x_0 + \Delta x) - f(x_0)}{\Delta x}$$

存在, 则此极限就是曲线在点 M 的切线的斜率, 从而可以写出切线 MT 的方程.

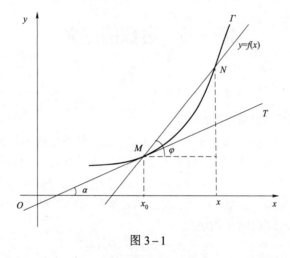

图 3-1

上面所讨论的非匀速直线运动的瞬时速度问题与曲线的切线斜率问题, 虽然它们来自不同的具体问题, 但都可以归结为以下形式

$$\lim_{x \to x_0} \frac{f(x) - f(x_0)}{x - x_0} \text{ 或 } \lim_{\Delta x \to 0} \frac{f(x_0 + \Delta x) - f(x_0)}{\Delta x} \tag{3-1}$$

的极限问题, 其中: $\Delta x = x - x_0$ 表示自变量的增量（改变量）, $x \to x_0$ 等价于 $\Delta x \to 0$, $\Delta y = f(x) - f(x_0) = f(x_0 + \Delta x) - f(x_0)$ 表示函数 $y = f(x)$ 的增量（改变量）, 而 $\dfrac{f(x) - f(x_0)}{x - x_0} = \dfrac{\Delta y}{\Delta x}$ 是函数的增量与自变量的增量之比, 它表示函数的平均变化率. 当 $\Delta x \to 0$ 时平均变化率的极限即为函数 $f(x)$ 在点 x_0 处的变化率. 故式（3-1）也可写成

$$\lim_{x \to x_0} \frac{f(x) - f(x_0)}{x - x_0} = \lim_{\Delta x \to 0} \frac{f(x_0 + \Delta x) - f(x_0)}{\Delta x} = \lim_{\Delta x \to 0} \frac{\Delta y}{\Delta x}. \tag{3-2}$$

这类问题在经济问题、自然科学和工程技术中是经常出现的, 如加速度、电流强度、线密度等, 都可归结为形如式（3-2）的数学形式. 撇开这些量的具体意义, 经过数学抽象, 就得出函数的导数的概念.

引例 3-3　总产量对时间的变化率

设某种产品的总产量是时间的函数，即 $Q=Q(t)$，试求总产量在时刻 t_0 的变化率. 当 t 在 t_0 处取得一个增量 $\Delta t \neq 0$ 时，总产量也有一个增量 $\Delta Q = Q(t_0 + \Delta t) - Q(t_0)$，从而在时间区间 $[t_0, t_0 + \Delta t]$，不妨设 $\Delta t > 0$ 上产量的平均变化率为

$$\overline{Q} = \frac{\Delta Q}{\Delta t} = \frac{Q(t_0 + \Delta t) - Q(t_0)}{\Delta t},$$

当 $\Delta t \to 0$ 时，如果上述产量的平均变化率的极限存在，则此极限值为所求变化率

$$q(t_0) = \lim_{\Delta t \to 0} \frac{\Delta Q}{\Delta t} = \lim_{\Delta t \to 0} \frac{Q(t_0 + \Delta t) - Q(t_0)}{\Delta t}.$$

二、导数的定义

1. 函数在一点处的导数与导函数

定义 3-2　设函数 $y = f(x)$ 在点 x_0 的某个邻域内有定义，当自变量 x 在 x_0 处取得增量 Δx（点 $x_0 + \Delta x$ 仍在该邻域内）时，相应的函数取得增量 $\Delta y = f(x_0 + \Delta x) - f(x_0)$，如果极限

$$\lim_{\Delta x \to 0} \frac{\Delta y}{\Delta x} = \lim_{\Delta x \to 0} \frac{f(x_0 + \Delta x) - f(x_0)}{\Delta x} \tag{3-3}$$

存在，则称函数 $y = f(x)$ 在点 x_0 处可导，并称这个极限为函数 $y = f(x)$ 在点 x_0 处的导数，记为 $f'(x_0)$，$y'\big|_{x=x_0}$，$\dfrac{\mathrm{d}y}{\mathrm{d}x}\bigg|_{x=x_0}$，$\dfrac{\mathrm{d}f(x)}{\mathrm{d}x}\bigg|_{x=x_0}$.

导数的定义式（3-3）还可以有以下常见形式：

$$f'(x_0) = \lim_{h \to 0} \frac{f(x_0 + h) - f(x_0)}{h}, \tag{3-4}$$

$$y'\big|_{x=x_0} = \lim_{x \to x_0} \frac{f(x) - f(x_0)}{x - x_0}, \tag{3-5}$$

式（3-4）中的 h 即自变量的增量 Δx.

如果极限式（3-3）不存在，就说函数 $y = f(x)$ 在点 x_0 处不可导. 如果极限式（3-3）为无穷大，为了方便起见，也往往说函数 $y = f(x)$ 在点 x_0 处的导数为无穷大，并记作 $f'(x_0) = \infty$.

上面讨论的是函数在某一点处的导数，如果函数 $y = f(x)$ 在开区间 I 内的每一点都可导，就称函数 $y = f(x)$ 在区间 I 内可导. 这时，对于区间 I 内的每一个确定的 x 的值，都对应 $f(x)$ 的一个确定的导数，这样就构成了一个新的函数，这个函数叫作原来函数 $y = f(x)$ 的导函数，记作 $f'(x)$，y'，$\dfrac{\mathrm{d}y}{\mathrm{d}x}$，$\dfrac{\mathrm{d}f(x)}{\mathrm{d}x}$. 即把式（3-3）或式（3-4）中的 x_0 换成 x，得导函数的定义

$$y' = \lim_{\Delta x \to 0} \frac{f(x + \Delta x) - f(x)}{\Delta x} \text{ 或 } f'(x) = \lim_{h \to 0} \frac{f(x + h) - f(x)}{h}.$$

注　在以上两式中，虽然 x 可以取 I 内的任何数值，但在极限过程中，x 是常量，Δx 或 h 是变量. 显然，函数 $f(x)$ 在 x_0 处的导数就是导函数 $f'(x)$ 在点 $x = x_0$ 处的函数值，即 $f'(x_0) = f'(x)\big|_{x=x_0}$，导函数 $f'(x)$ 也常简称导数. 回顾引例，可有以下结果：

① 导数的物理意义是质点做非匀速直线运动时的瞬时速度.

② 导数的几何意义是曲线在一点处的切线的斜率.

③ 导数在数学上表示的是变化率，反映函数 y 相对于自变量 x 变化的快慢程度.

2. 可导与连续的关系

设函数 $y = f(x)$ 在点 x 处可导，即 $\lim\limits_{\Delta x \to 0} \dfrac{\Delta y}{\Delta x} = f'(x)$ 存在. 由极限存在与无穷小的关系知道，$\dfrac{\Delta y}{\Delta x} = f'(x) + \alpha$，其中 α 当 $\Delta x \to 0$ 时为无穷小. 上式两边同乘 Δx，得

$$\Delta y = f'(x)\Delta x + \alpha \Delta x.$$

由此可见，当 $\Delta x \to 0$ 时，$\Delta y \to 0$.这就是说，函数 $y = f(x)$ 在点 x 处是连续的. 所以，如果函数 $y = f(x)$ 在点 x 处可导，则函数在该点必连续. 另外，一个函数在某点连续却不一定在该点处可导. 如 $y = f(x) = \sqrt[3]{x}$ 在区间 $(-\infty, +\infty)$ 内连续，但在点 $x = 0$ 处不可导. 这是因为在点 $x = 0$ 处有 $\dfrac{f(0+h) - f(0)}{h} = \dfrac{\sqrt[3]{h} - 0}{h} = \dfrac{1}{h^{2/3}}$，因而，$\lim\limits_{h \to 0} \dfrac{f(0+h) - f(0)}{h} = \lim\limits_{h \to 0} \dfrac{1}{h^{2/3}} = \infty$，即导数为无穷大（注意，此时导数不存在）. 这时在图形中表现为曲线 $y = f(x) = \sqrt[3]{x}$ 在原点 O 具有垂直于 x 轴的切线（见图 3-2）.

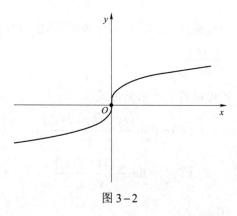

图 3-2

3. 左导数与右导数

根据函数 $f(x)$ 在点 x_0 处的导数 $f'(x_0)$ 的定义,导数是一个增量比值的极限且极限存在. 而极限存在的充分必要条件是左、右极限都存在且相等，因此，$f(x)$ 在点 x_0 处可导的充分必要条件是左、右极限 $\lim\limits_{h \to 0^-} \dfrac{f(x_0 + h) - f(x_0)}{h}$ 及 $\lim\limits_{h \to 0^+} \dfrac{f(x_0 + h) - f(x_0)}{h}$ 都存在且相等. 称这两个极限分别为函数 $f(x)$ 在点 x_0 处的**左导数**和**右导数**，记作 $f'_-(x_0)$ 及 $f'_+(x_0)$，即

$$f'_-(x_0) = \lim\limits_{h \to 0^-} \dfrac{f(x_0 + h) - f(x_0)}{h},$$

$$f'_+(x_0) = \lim\limits_{h \to 0^+} \dfrac{f(x_0 + h) - f(x_0)}{h},$$

现在可以说，函数 $f(x)$ 在点 x_0 处可导的充分必要条件是左导数 $f'_-(x_0)$ 和右导数 $f'_+(x_0)$ 都存在且相等. 左导数和右导数统称为**单侧导数**.

函数 $f(x)=|x|$ 在 $x=0$ 处的左导数 $f'_-(0)=-1$ 及右导数 $f'_+(0)=1$ 不相等，故函数 $f(x)=|x|$ 在 $x=0$ 处不可导.

如果函数 $f(x)$ 在开区间 (a,b) 内可导，且在左端点 a 处的 $f'_+(a)$ 及在右端点 b 处的 $f'_-(b)$ 都存在，则称函数 $f(x)$ 在闭区间 $[a,b]$ 上可导.

三、导数的计算

由定义求导数的一般方法

（1）求函数 $y=f(x)$ 的增量 Δy；

（2）算比值 $\dfrac{\Delta y}{\Delta x}=\dfrac{f(x+\Delta x)-f(x)}{\Delta x}$；

（3）求极限 $f'(x)=\lim\limits_{\Delta x\to 0}\dfrac{\Delta y}{\Delta x}$.

例 3-1 求函数 $f(x)=C$（C 为常数）的导数.

解 由 $\Delta y=C-C=0$，$\dfrac{\Delta y}{\Delta x}=0$，$f'(x)=\lim\limits_{\Delta x\to 0}\dfrac{\Delta y}{\Delta x}=0$，得 $(C)'=0$.

这就是说，常数的导数等于零.

例 3-2 求 $y=x^3$ 在 $x=2$ 处的导数.

解 $\Delta y=(2+\Delta x)^3-2^3=2^3+3\times 2^2\times\Delta x+3\times 2\times(\Delta x)^2+(\Delta x)^3-2^3$

$\qquad =12\Delta x+6(\Delta x)^2+(\Delta x)^3$，

$\dfrac{\Delta y}{\Delta x}=\dfrac{f(x+\Delta x)-f(x)}{\Delta x}=\dfrac{12\Delta x+6(\Delta x)^2+(\Delta x)^3}{\Delta x}$，

所以，$\dfrac{\mathrm{d}y}{\mathrm{d}x}\Big|_{x=2}=\lim\limits_{\Delta x\to 0}\dfrac{\Delta y}{\Delta x}=12$.

例 3-3 设函数 $f(x)=x^n$（n 为正整数），求 $f'(x)$.

解 由于 $\dfrac{\Delta y}{h}=\dfrac{f(x+h)-f(x)}{h}=\dfrac{(x+h)^n-x^n}{h}$

$\qquad =\dfrac{(x^n+C_n^1 x^{n-1}h+C_n^2 x^{n-2}h^2+\cdots+C_n^n h^n)-x^n}{h}$

$\qquad =C_n^1 x^{n-1}+C_n^2 x^{n-1}h+\cdots C_n^n h^{n-1}$，

所以

$$\lim\limits_{h\to 0}\dfrac{(x+h)^n-x^n}{h}=\lim\limits_{h\to 0}(C_n^1 x^{n-1}+C_n^2 x^{n-1}h+\cdots C_n^n h^{n-1})=nx^{n-1}，$$

即

$$(x^n)'=nx^{n-1}.$$

更一般地，对于幂函数 $y=x^\mu$（μ 为常数，$\mu\neq 0$），有 $(x^\mu)'=\mu x^{\mu-1}$. 这就是幂函数的导数公式. 这个公式的证明将在以后讨论. 利用这个公式，可以很方便地求出幂函数的导数. 例如，当 $\mu=3$ 时，$y=x^3$ 的导数为 $(x^3)'=3x^2$，容易验证例 3-2 中 $y=x^3$ 在 $x=2$ 处的导数为

$(x^3)'\big|_{x=2} = 3x^2\big|_{x=2} = 12$. 当 $\mu = \dfrac{1}{2}$ 时，函数 $y = \sqrt{x}$ 的导数为

$$y' = (\sqrt{x})' = (x^{\frac{1}{2}})' = \frac{1}{2}x^{-\frac{1}{2}} = \frac{1}{2\sqrt{x}},$$

当 $\mu = -1$ 时，同样 $y = \dfrac{1}{x}$ 的导数为 $\left(\dfrac{1}{x}\right)' = (x^{-1})' = -\dfrac{1}{x^2}$.

例 3-4 求函数 $y = \sin x$ 的导数.

解
$$\begin{aligned}
\frac{dy}{dx} &= \lim_{h \to 0} \frac{f(x+h)-f(x)}{h} = \lim_{h \to 0} \frac{\sin(x+h)-\sin x}{h} \\
&= \lim_{h \to 0} \frac{2\cos\left(\dfrac{2x+h}{2}\right)\sin\dfrac{h}{2}}{h} \\
&= \lim_{h \to 0} \cos\left(x+\frac{h}{2}\right) \cdot \frac{\sin\dfrac{h}{2}}{\dfrac{h}{2}} \\
&= \cos x,
\end{aligned}$$

即 $(\sin x)' = \cos x$.

这就是说，正弦函数的导数等于余弦函数. 类似方法，容易证明：$(\cos x)' = -\sin x$，余弦函数的导数等于负的正弦函数.

例 3-5 求函数 $f(x) = a^x (a > 0, a \neq 1)$ 的导数.

解
$$\begin{aligned}
f'(x) &= \lim_{h \to 0} \frac{f(x+h)-f(x)}{h} = \lim_{h \to 0} \frac{a^{x+h}-a^x}{h} \\
&= a^x \lim_{h \to 0} \frac{a^h - 1}{h} = a^x \lim_{h \to 0} \frac{e^{h\ln a} - 1}{h}.
\end{aligned}$$

由于当 $h \to 0$ 时，$h\ln a \to 0$，此时 $e^{h\ln a} - 1 \sim h\ln a$，所以

$$\frac{df(x)}{dx} = a^x \lim_{h \to 0} \frac{h\ln a}{h} = a^x \ln a，即 (a^x)' = a^x \ln a.$$

这就是指数函数的导数公式. 特殊地，当 $a = e$ 时，有 $(e^x)' = e^x$.

上式表明，以 e 为底的指数函数的导数就是它本身，这是以 e 为底的指数函数的一个重要特征.

例 3-6 求函数 $f(x) = \log_a x (a > 0, a \neq 1)$ 的导数.

解
$$\begin{aligned}
\frac{df(x)}{dx} &= \lim_{\Delta x \to 0} \frac{f(x+\Delta x)-f(x)}{\Delta x} = \lim_{\Delta x \to 0} \frac{\log_a(x+\Delta x)-\log_a x}{\Delta x} \\
&= \lim_{\Delta x \to 0} \frac{1}{\Delta x}\log_a \frac{x+\Delta x}{x} = \lim_{\Delta x \to 0} \frac{1}{x} \cdot \frac{x}{\Delta x}\log_a\left(1+\frac{\Delta x}{x}\right)
\end{aligned}$$

作代换 $u = \dfrac{\Delta x}{x}$，当 $\Delta x \to 0$ 时，$u \to 0$ 并利用第二章的结果得

$$\frac{\mathrm{d}f(x)}{\mathrm{d}x} = \frac{1}{x}\lim_{u\to 0}\log_a(1+u)^{\frac{1}{u}} = \frac{1}{x\ln a}$$ ，即 $(\log_a x)' = \frac{1}{x\ln a}$ ，这就是对数函数的导数公式. 特殊地，当 $a = \mathrm{e}$ 时有 $(\ln x)' = \frac{1}{x}$.

例 3－7　求函数 $f(x) = |x-1|$ 在 $x = 1$ 处的导数.

解　$\lim_{h\to 0}\dfrac{f(1+h)-f(1)}{h} = \lim_{h\to 0}\dfrac{|1+h-1|-|1-1|}{h} = \lim_{h\to 0}\dfrac{|h|}{h}$ ，

当 $h < 0$ 时， $\lim_{h\to 0}\dfrac{|h|}{h} = -1$ ；当 $h > 0$ 时， $\lim_{h\to 0}\dfrac{|h|}{h} = 1$ ，由于左、右极限不相等，所以 $\lim_{h\to 0}\dfrac{f(1+h)-f(1)}{h}$ 不存在，即函数 $f(x) = |x-1|$ 在 $x = 1$ 处不可导.

例 3－8　设 $f(x) = \begin{cases} x^2 & x \leqslant 1 \\ ax+b & x > 1 \end{cases}$ ，问当 a，b 取何值时，函数 $f(x)$ 在 $x = 1$ 处连续且可导.

解　$f(x)$ 在 $x = 1$ 处连续，即 $\lim_{x\to 1^-}f(x) = \lim_{x\to 1^+}f(x) = f(1)$ ，因为

$$f(1) = 1 \tag{3－6}$$

$$\lim_{x\to 1^-}f(x) = \lim_{x\to 1^-}x^2 = 1$$

$$\lim_{x\to 1^+}f(x) = \lim_{x\to 1^+}(ax+b) = a+b \tag{3－7}$$

所以

$$a+b = 1 \tag{3－8}$$

又

$$f'_+(1) = \lim_{h\to 0^+}\frac{f(1+h)-f(1)}{h} = \lim_{h\to 0^+}\frac{a(1+h)+b-f(1)}{h} ,$$

由式（3－6）、式（3－8）有 $f'_+(1) = \lim_{h\to 0^+}\dfrac{a+b+ah-1}{h} = \lim_{h\to 0^+}\dfrac{ah}{h} = a$.

又 $f'_-(1) = 2$ ，若要 $f(x)$ 在 $x = 1$ 处可导，只有 $a = 2$ ，这样由式（3－8）可得 $b = -1$. 所以，当 $a = 2$ ，$b = -1$ 时，函数 $f(x)$ 在 $x = 1$ 处连续且可导.

例 3－9　求曲线 $y = x^3$ 在点 $(2,8)$ 处的切线和法线方程.

解　由例 3－2 可知函数 $y = x^3$ 在 $x = 2$ 处的导数为 $f'(2) = 12$ ，故所求曲线的切线方程为 $y - 8 = 12(x-2)$ ，即

$$12x - y - 16 = 0 .$$

法线方程为

$$y - 8 = -\frac{1}{12}(x-2) ,$$

即

$$x + 12y - 98 = 0 .$$

例 3－10　求曲线 $y = \sqrt[3]{x^2}$ 在点 $x = 0$ 处的切线和法线方程.

解　函数 $y = \sqrt[3]{x^2}$ 在 $(-\infty,+\infty)$ 内连续，但

$$\lim_{h \to 0} \frac{f(0+h) - f(x)}{h} = \lim_{h \to 0} \frac{\sqrt[3]{h^2} - 0}{h} = \lim_{h \to 0} \frac{1}{\sqrt[3]{h}} = \infty,$$

即 $f'(0) = \infty$，所以曲线 $y = \sqrt[3]{x^2}$ 在点 $x = 0$ 处有垂直于 x 轴的切线 $x = 0$，法线为 $y = 0$.

例 3 – 11　求曲线 $y = \sqrt{x^2}$ 在点 $x = 0$ 处的切线.

解　函数 $y = \sqrt{x^2}$（$f(x) = |x|$）在 $(-\infty, +\infty)$ 内连续，但在 $x = 0$ 处的左导数 $f'_-(0) = -1$ 及右导数 $f'_+(0) = 1$ 不相等，故函数 $y = \sqrt{x^2}$ 在 $x = 0$ 处不可导，曲线 $y = \sqrt{x^2}$ 在原点 $x = 0$ 处没有切线及法线.

注　由例 3 – 10、例 3 – 11 可知函数在某点处连续，但在该点的导数不存在（导数为无穷大也是导数不存在）的事实，说明函数在某点连续却不一定在该点可导. 这就是说，函数在某点连续是函数在该点可导的必要条件，但不是充分条件.

● **小结：**

本节的重点是建立了导数概念. 须注意的问题如下.

函数在一点的导数定义为一个比值函数的极限：$\lim_{h \to 0} \dfrac{f(x_0 + h) - f(x_0)}{h} = \lim_{h \to 0} F(h)$，因此，在讨论导数的性质和计算导数时可应用极限的性质和运算法则. 例如，单侧导数实际上是比值函数的单侧极限值，因此，与函数极限一样，可用单侧导数来判断函数的可导性. 单侧导数：

$$f'_-(x_0) = \lim_{h \to 0^-} \frac{f(x_0 + h) - f(x_0)}{h},$$

$$f'_+(x_0) = \lim_{h \to 0^+} \frac{f(x_0 + h) - f(x_0)}{h}.$$

由定义，函数在一点的导数是导函数在该点的函数值，导函数的定义域是函数可导点的全体，一般为函数定义域的子集. 利用其几何意义可求曲线在某点处的切线和法线方程.

函数可导是函数的重要性质，可导必连续是一个基本结论，它是判断函数的连续性与可导性的重要依据. 但应注意，连续是可导的必要而不充分条件. 可导与连续的关系是：可导必连续，但连续未必可导.

习 题 3–1

1. 设函数 $f(x)$ 可微，则当 $\Delta x \to 0$ 时，dy 与 Δx 相比是_____.

A. 等价无穷小　　　　　　　　　B. 同阶非等价无穷小

C. 低阶无穷小　　　　　　　　　D. 高阶无穷小

2. 设函数 $f(x) = \begin{cases} \dfrac{\sqrt{1+x} - 1}{x} & x \neq 0 \\ \dfrac{1}{2} & x = 0 \end{cases}$ 在 $x = 0$ 处_____.

A. 不连续　　　　　　　　　　　B. 连续但不可导

C. 连续且可导   D. 不能确定

3. 若抛物线 $y = ax^2$ 与曲线 $y = \ln x$ 在 $x = 1$ 处相切，则 a 等于_____.

A. 1   B. $\dfrac{1}{2}$ C. $\dfrac{1}{2e}$ D. $2e$

4. 设 $f(x)$ 在 $x = 0$ 处可导，$f(0) = 0$，且 $\lim\limits_{x \to 0} \dfrac{f(2x)}{\sin x} = -1$，那么曲线 $y = f(x)$ 在原点处的切线方程是_____.

5. 曲线 $y = x^2 - 2x + 8$ 上点 $(1,7)$ 处的切线平行于 x 轴，点 $\left(\dfrac{3}{2}, \dfrac{29}{4}\right)$ 处的切线与 x 轴正向的夹角为_____.

6. 设 $f(x) = (x^3 - 1)\varphi(x)$，其中 $\varphi(x)$ 在点 $x = 1$ 处连续且 $\varphi(1) = 2$，则 $f'(1) =$_____.

7. 求下列函数的导数.

（1）$y = x^4$；（2）$y = \dfrac{1}{x^2}$；（3）$y = \sqrt{x\sqrt{x}}$；（4）$y = \dfrac{x^2\sqrt[3]{x^2}}{\sqrt{x^5}}$；（5）$y = \dfrac{2^x 3^x}{7^x}$.

8. 若 $f(0) = 0$ 且 $f'(0) = 1$，求 $\lim\limits_{x \to 0} \dfrac{f(x)}{x}$.

9. 已知 $f(x)$ 在 $x = 1$ 处连续，且 $\lim\limits_{x \to 1} \dfrac{f(x)}{x - 1} = 2$，求 $f'(1)$.

10. 讨论函数 $f(x) = \begin{cases} x\arctan\dfrac{1}{x} & x \neq 0 \\ 0 & x = 0 \end{cases}$，在 $x = 0$ 处的连续性与可导性.

第二节   函数的求导法则

一、导数的四则运算法则

定理 3 - 1   如果函数在定义域内任意点处都可导，那么它们的和、差、积、商（除分母为零的点外）都可求导，且

（1）$[u(x) \pm v(x)]' = u'(x) \pm v'(x)$；

（2）$[u(x)v(x)]' = u'(x)v(x) + u(x)v'(x)$；

（3）$\left[\dfrac{u(x)}{v(x)}\right]' = \dfrac{u'(x)v(x) - u(x)v'(x)}{v^2(x)}$ $(v(x) \neq 0)$.

证 （1）$[u(x) \pm v(x)]' = \lim\limits_{h \to 0} \dfrac{[u(x+h) \pm v(x+h)] - [u(x) \pm v(x)]}{h}$

$= \lim\limits_{h \to 0} \dfrac{[u(x+h) - u(x)] \pm [v(x+h) - v(x)]}{h}$

$= \lim\limits_{h \to 0} \dfrac{[u(x+h) - u(x)]}{h} \pm \lim\limits_{h \to 0} \dfrac{[v(x+h) - v(x)]}{h}$

$= u'(x) \pm v'(x)$.

法则（1）获证. 法则（1）可简单地表示为 $[u \pm v]' = u' \pm v'$.

另外，法则（1）可推广到任意有限个可导函数的情形. 例如，设 $u = u(x)$、$v = v(x)$、$w = w(x)$ 均可导，则有 $[u + v - w]' = u' + v' - w'$.

$$(2) \quad [u(x)v(x)]' = \lim_{h \to 0} \frac{u(x+h)v(x+h) - u(x)v(x)}{h}$$

$$= \lim_{h \to 0} \left[\frac{u(x+h)v(x+h) - u(x)v(x) - u(x)v(x+h) + u(x)v(x+h)}{h} \right]$$

$$= \lim_{h \to 0} \frac{[u(x+h) - u(x)]v(x+h)}{h} + \lim_{h \to 0} \frac{u(x)[v(x+h) - v(x)]}{h}$$

$$= \lim_{h \to 0} \frac{[u(x+h) - u(x)]}{h} \cdot \lim_{h \to 0} v(x+h) + \lim_{h \to 0} u(x) \cdot \lim_{h \to 0} \frac{[v(x+h) - v(x)]}{h}$$

$$= u'(x)v(x) + u(x)v'(x)$$

法则（2）获证. 法则（2）可简单地表示为

$$[uv]' = u'v + uv'.$$

另外，法则（2）可推广到任意有限个可导函数的情形. 例如，

$$[uvw]' = [(uv)w]' = (uv)'w + (uv)w'$$

$$= (u'v + uv')w + (uv)w'$$

即

$$[uvw]' = u'vw + uv'w + uvw'.$$

在法则（2）中，当 $v(x) = C$（C 为常数)时，有

$$[Cu]' = Cu'.$$

$$(3) \quad \left[\frac{u(x)}{v(x)} \right]' = \lim_{h \to 0} \frac{\dfrac{u(x+h)}{v(x+h)} - \dfrac{u(x)}{v(x)}}{h}$$

$$= \lim_{h \to 0} \frac{u(x+h)v(x) - u(x)v(x+h)}{v(x+h)v(x)h}$$

$$= \lim_{h \to 0} \frac{u(x+h)v(x) - u(x)v(x) + u(x)v(x) - u(x)v(x+h)}{v(x+h)v(x)h}$$

$$= \lim_{h \to 0} \frac{[u(x+h) - u(x)]v(x) - u(x)[v(x+h) - v(x)]}{v(x+h)v(x)h}$$

$$= \lim_{h \to 0} \frac{\dfrac{u(x+h) - u(x)}{h} v(x) - u(x) \dfrac{v(x+h) - v(x)}{h}}{v(x+h)v(x)}$$

$$= \frac{u'(x)v(x) - u(x)v'(x)}{v^2(x)} \quad (v(x) \neq 0)$$

法则（3）获证. 法则（3）可简单地表示为

$$\left(\frac{u}{v} \right)' = \frac{u'v - uv'}{v^2} \quad (v(x) \neq 0).$$

注 一个常用推论：$\left(\dfrac{1}{v(x)}\right)' = -\dfrac{v'(x)}{[v(x)]^2}$（此处的负号容易出错）.

二、导数的计算

例 3－12 求下列函数的导数或导数值.

（1）$y = 5x^3 - 3\sqrt{x} + 4x - 7$，求 y'.

（2）$f(x) = \sin\dfrac{\pi}{5} + 2^x - 3\mathrm{e}^x$，求 $f'(x)$，$f'(0)$.

（3）$y = (\sin x - 3\cos x) \cdot \ln x$，求 y'.

解 （1）$y' = (5x^3)' - (3\sqrt{x})' + (4x)' - (7)'$

$\qquad = 5(x^3)' - 3(\sqrt{x})' + 4(x)' - 0$

$\qquad = 5 \times 3 \times x^2 - 3 \times \dfrac{1}{2\sqrt{x}} + 4$

$\qquad = 15x^2 - \dfrac{3}{2\sqrt{x}} + 4.$

（2）$f'(x) = \left(\sin\dfrac{\pi}{5}\right)' + (2^x)' - (3\mathrm{e}^x)'$

$\qquad = 0 + 2^x \ln 2 - 3(\mathrm{e}^x)'$

$\qquad = 2^x \ln 2 - 3\mathrm{e}^x,$

$f'(0) = 1 \times \ln 2 - 3 \times 1 = \ln 2 - 3.$

（3）$y' = (\sin x - 3\cos x)' \cdot \ln x + (\sin x - 3\cos x) \cdot (\ln x)'$

$\qquad = (\cos x + 3\sin x) \cdot \ln x + \dfrac{1}{x}(\sin x - 3\cos x).$

例 3－13 证明下列基本导数公式：

（1）$(\tan x)' = \sec^2 x$；　　　　　（2）$(\cot x)' = -\csc^2 x$；

（3）$(\sec x)' = \sec x \cdot \tan x$；　　　（4）$(\csc x)' = -\csc x \cdot \cot x$.

证 （1）$(\tan x)' = \left(\dfrac{\sin x}{\cos x}\right)' = \dfrac{(\sin x)' \cdot \cos x - \sin x \cdot (\cos x)'}{\cos^2 x}$

$\qquad\qquad = \dfrac{\cos x \cdot \cos x - \sin x \cdot (-\sin x)}{\cos^2 x}$

$\qquad\qquad = \dfrac{\cos^2 x + \sin^2 x}{\cos^2 x} = \dfrac{1}{\cos^2 x}$

$\qquad\qquad = \sec^2 x.$

（2）用类似的方法，可证得余切函数的导数公式 $(\cot x)' = -\csc^2 x$.

（3） $(\sec x)' = \left(\dfrac{1}{\cos x}\right)' = \dfrac{(1)'\cos x - 1 \cdot (\cos x)'}{\cos^2 x}$

$\qquad\qquad = \dfrac{-(-\sin x)}{\cos^2 x} = \dfrac{\sin x}{\cos^2 x}$

$\qquad\qquad = \dfrac{1}{\cos x} \cdot \dfrac{\sin x}{\cos x} = \sec x \cdot \tan x .$

（4）用类似的方法，可证得余割函数的导数公式 $(\csc x)' = -\csc x \cot x .$

例 3 - 14　$y = \tan x \sec x + 2\log_3 x - x^{\frac{3}{2}}$，求 y'.

解　$y' = (\tan x)'\sec x + \tan x(\sec x)' + 2 \cdot (\log_3 x)' - (x^{\frac{3}{2}})'$

$\qquad = \sec^3 x + \tan^2 x \sec x + \dfrac{2}{x \ln 3} - \dfrac{3}{2}\sqrt{x} .$

三、反函数的求导法则

定理 3 - 2　如果函数 $x = f(y)$ 在 I_y 内单调、可导，且 $f'(y) \neq 0$，则它的反函数 $y = f^{-1}(x)$ 在区间 $I_x = \{x \mid x = f(y),\ y \in I_y\}$ 内也是单调、可导的，而且

$$[f^{-1}(x)]' = \frac{1}{f'(y)} \quad 或 \quad \frac{\mathrm{d}y}{\mathrm{d}x} = \frac{1}{\dfrac{\mathrm{d}x}{\mathrm{d}y}} .$$

证　由于 $x = f(y)$ 在 I_y 内单调、可导，故它是连续的，由第二章知其反函数 $y = f^{-1}(x)$ 存在且在 I_x 内也单调、连续.

任取 $x \in I_x$，给 x 以增量 Δx（$\Delta x \neq 0$，$x + \Delta x \in I_x$），由 $y = f^{-1}(x)$ 在 I_x 上的单调性可知 $\Delta y = f^{-1}(x + \Delta x) - f^{-1}(x) \neq 0$，于是 $\dfrac{\Delta y}{\Delta x} = \dfrac{1}{\dfrac{\Delta x}{\Delta y}}$，因 $y = f^{-1}(x)$ 连续，故当 $\Delta x \to 0$ 时，必有 $\Delta y \to 0$，从而

$$[f^{-1}(x)]' = \lim_{\Delta x \to 0} \frac{\Delta y}{\Delta x} = \lim_{\Delta y \to 0} \frac{1}{\dfrac{\Delta x}{\Delta y}} = \frac{1}{f'(y)} ,$$

即

$$[f^{-1}(x)]' = \frac{1}{f'(y)} .$$

上述结论可简单地说成：反函数的导数等于直接函数导数的倒数.

例 3 - 15　试证明下列基本导数公式.

（1）$(\arcsin x)' = \dfrac{1}{\sqrt{1-x^2}}$；
　　　　　　　　（2）$(\arccos x)' = -\dfrac{1}{\sqrt{1-x^2}}$；

（3）$(\arctan x)' = \dfrac{1}{1+x^2}$；
　　　　　　　　（4）$(\operatorname{arccot} x)' = -\dfrac{1}{1+x^2}$；

（5）$(\log_a x)' = \dfrac{1}{x \ln a}$.

证 （1）设 $x = \sin y$，$y \in \left[-\dfrac{\pi}{2}, \dfrac{\pi}{2}\right]$ 为直接函数，则 $y = \arcsin x$ 是它的反函数. 函数 $x = \sin y$

在 $I_y = \left(-\dfrac{\pi}{2}, \dfrac{\pi}{2}\right)$ 内单调、可导，且 $(\sin y)' = \cos y \neq 0$，因此，在 $I_x = (-1, 1)$ 内，有

$$(\arcsin x)' = \frac{1}{(\sin y)'} = \frac{1}{\cos y}.$$

注意到，当 $y \in \left(-\dfrac{\pi}{2}, \dfrac{\pi}{2}\right)$ 时，$\cos y > 0$，$\cos y = \sqrt{1 - \sin^2 y} = \sqrt{1 - x^2}$，因此，$(\arcsin x)' = \dfrac{1}{\sqrt{1 - x^2}}$.

（2）用类似的方法可证得反余弦函数的导数公式 $(\arccos x)' = -\dfrac{1}{\sqrt{1 - x^2}}$.

（3）设 $x = \tan y$，$I_y = \left(-\dfrac{\pi}{2}, \dfrac{\pi}{2}\right)$ 为直接函数，则 $y = \arctan x$，$I_x = (-\infty, +\infty)$ 是它的反

函数. 函数 $x = \tan y$ 在 I_y 内单调、可导且 $(\tan y)' = \sec^2 y > 0$，因此，在对应区间 $I_x = (-\infty, +\infty)$

内有

$$(\arctan x)' = \frac{1}{(\tan y)'} = \frac{1}{\sec^2 y} = \frac{1}{1 + \tan^2 y} = \frac{1}{1 + x^2}.$$

（4）用同（3）类似的方法可证得反余切函数的导数公式

$$(\operatorname{arccot} x)' = -\frac{1}{1 + x^2}.$$

如果利用三角公式 $\arccos x = \dfrac{\pi}{2} - \arcsin x$ 和 $\operatorname{arccot} x = \dfrac{\pi}{2} - \arctan x$，也可证（2），（4）.

（5）$(\log_a x)' = \dfrac{1}{(a^y)'} = \dfrac{1}{a^y \ln a} = \dfrac{1}{x \ln a}$（$a > 0, a \neq 1$），这就是本章第一节例 3-6 已求得的

对数函数的导数公式. 类似地，可以证明 $(\ln x)' = \dfrac{1}{x}$.

四、基本求导公式

常数和基本初等函数的导数公式

（1）$(C)' = 0$；

（2）$(x^\mu)' = \mu x^{\mu - 1}$；

（3）$(\sin x)' = \cos x$；

（4）$(\cos x)' = -\sin x$；

（5）$(\tan x)' = \sec^2 x$；

（6）$(\cot x)' = -\csc^2 x$；

（7）$(\sec x)' = \sec x \cdot \tan x$；

（8）$(\csc x)' = -\csc x \cdot \cot x$；

（9）$(a^x)' = a^x \ln a$；

（10）$(\mathrm{e}^x)' = \mathrm{e}^x$；

（11）$(\log_a x)' = \dfrac{1}{x \ln a}$；

（12）$(\ln x)' = \dfrac{1}{x}$；

（13）$(\arcsin x)' = \dfrac{1}{\sqrt{1-x^2}}$；

（14）$(\arccos x)' = -\dfrac{1}{\sqrt{1-x^2}}$；

（15）$(\arctan x)' = \dfrac{1}{1+x^2}$；

（16）$(\text{arccot}\, x)' = -\dfrac{1}{1+x^2}$．

五、复合函数的求导法则

到目前为止，对于 $\ln\tan\dfrac{x}{2}$，$\sqrt[3]{1-2x^2}$，$\mathrm{e}^{\sin\frac{1}{x}}$ 这样的函数，还不知道它们是否可导，如果可导又如何求它们的导数？这些问题可借助下面的重要法则得到解决，从而使求得导数的范围得到很大扩充．

定理 3 - 3　如果 $u = \varphi(x)$ 在点 x 可导，而 $y = f(u)$ 在点 $u = \varphi(x)$ 可导，则 $\dfrac{\mathrm{d}y}{\mathrm{d}x} = f'(u)\cdot\varphi'(x)$．

证　由于 $y = f(u)$ 在点 $u = \varphi(x)$ 可导，因此

$$\lim_{\Delta u \to 0}\frac{\Delta y}{\Delta u} = f'(u)$$

存在，由极限与无穷小的关系，有

$$\frac{\Delta y}{\Delta u} = f'(u) + \alpha \quad (\text{当}\Delta u \to 0\text{时}，\alpha \to 0)，$$

于是，当 $\Delta u \neq 0$ 时，上式又可写为

$$\Delta y = f'(u)\Delta u + \alpha \cdot \Delta u$$

当 $\Delta u = 0$ 时，显然 $\Delta y = 0$，故无论 Δu 是否为 0，上式都成立．用 $\Delta x \neq 0$ 去除上式两边，得：

$\dfrac{\Delta y}{\Delta x} = f'(u)\cdot\dfrac{\Delta u}{\Delta x} + \alpha\cdot\dfrac{\Delta u}{\Delta x}$，于是 $\lim\limits_{\Delta x \to 0}\dfrac{\Delta y}{\Delta x} = \lim\limits_{\Delta x \to 0}\left[f'(u)\cdot\dfrac{\Delta u}{\Delta x} + \alpha\cdot\dfrac{\Delta u}{\Delta x}\right]$，

由 $u = \varphi(x)$ 在点 x 可导必在该点连续的性质知道，当 $\Delta x \to 0$ 时，$\Delta u \to 0$，从而有

$$\lim_{\Delta x \to 0}\alpha = \lim_{\Delta u \to 0}\alpha = 0，$$

又因 $u = \varphi(x)$ 在点 x 可导，有

$$\lim_{\Delta x \to 0}\frac{\Delta y}{\Delta x} = \lim_{\Delta x \to 0}\left[f'(u)\cdot\frac{\Delta u}{\Delta x} + \alpha\cdot\frac{\Delta u}{\Delta x}\right]$$

$$= f'(u)\cdot\lim_{\Delta x \to 0}\frac{\Delta u}{\Delta x} + \lim_{\Delta x \to 0}\alpha\cdot\lim_{\Delta x \to 0}\frac{\Delta u}{\Delta x}$$

$$= f'(u)\cdot\varphi'(x)$$

即 $\dfrac{\mathrm{d}y}{\mathrm{d}x} = f'(u)\cdot\varphi'(x)$ 或 $\dfrac{\mathrm{d}y}{\mathrm{d}x} = \dfrac{\mathrm{d}y}{\mathrm{d}u}\cdot\dfrac{\mathrm{d}u}{\mathrm{d}x}$．

注　用链式法则求导的关键：引入中间变量，将复合函数分解成基本初等函数．并且在求导完成后，应将引入的中间变量代换成原自变量．复合函数求导法则是一个非常重要的法则，弄懂了链式法则的实质之后，不难给出更多复合层函数的求导公式．

六、导数的计算

例 3 – 16　$y = f\{\psi[\varphi(x)]\}$，求 $\dfrac{\mathrm{d}y}{\mathrm{d}x}$.

解　引入中间变量，设 $u = \psi(v)$，$v = \varphi(x)$，于是 $y = f(u)$ 的变量关系是 $y - u - v - x$，由链式法则有

$$\frac{\mathrm{d}y}{\mathrm{d}x} = \frac{\mathrm{d}y}{\mathrm{d}u} \cdot \frac{\mathrm{d}u}{\mathrm{d}v} \cdot \frac{\mathrm{d}v}{\mathrm{d}x} = f'\{\psi[\varphi(x)]\} \cdot \psi'[\varphi(x) \cdot \varphi'(x)].$$

例 3 – 17　求 $y = \sin 2x$ 的导数 $\dfrac{\mathrm{d}y}{\mathrm{d}x}$.

解　设 $u = 2x$，则 $y = \sin u$，$u = 2x$，由链式法则有

$$\frac{\mathrm{d}y}{\mathrm{d}x} = \frac{\mathrm{d}y}{\mathrm{d}u} \cdot \frac{\mathrm{d}u}{\mathrm{d}x} = (\sin u)' \cdot (2x)' = (\cos u) \cdot 2 = 2\cos 2x.$$

例 3 – 18　设 $y = \ln \tan \dfrac{x}{2}$，求 $\dfrac{\mathrm{d}y}{\mathrm{d}x}$.

解　引入中间变量 $u = \tan v$，$v = \dfrac{x}{2}$，则 $y = \ln u$，$u = \tan v$，$v = \dfrac{x}{2}$.

由链式法则有

$$\frac{\mathrm{d}y}{\mathrm{d}x} = \frac{\mathrm{d}y}{\mathrm{d}u} \cdot \frac{\mathrm{d}u}{\mathrm{d}v} \cdot \frac{\mathrm{d}v}{\mathrm{d}x}$$

$$= \frac{1}{u} \cdot \sec^2 v \times \frac{1}{2} \qquad \text{（基本初等函数求导）}$$

$$= \frac{1}{\tan \dfrac{x}{2}} \cdot \frac{1}{\cos^2 \dfrac{x}{2}} \times \frac{1}{2} \qquad \text{（消中间变量）}$$

$$= \frac{1}{\sin x}.$$

由例 3 – 18，不难发现复合函数求导窍门，中间变量在求导过程中，只是起过渡作用，熟练之后，可不必引入，仅需"心中有链".

$$y \frac{\ln \tan \dfrac{2}{x}}{} \tan \frac{2}{x}\text{（中间变量）} \frac{x}{2}\text{（中间变量）} x\text{（自变量）}.$$

然后，对函数所有中间变量求导，直至求到自变量为止，最后诸导数相乘.
请看下面的演示过程：

$$\frac{\mathrm{d}y}{\mathrm{d}x} = \left(\ln \tan \frac{x}{2}\right)' = \frac{1}{\tan \dfrac{x}{2}} \cdot \left(\tan \frac{x}{2}\right)' = \frac{1}{\tan \dfrac{x}{2}} \cdot \sec^2 \frac{x}{2} \cdot \left(\frac{x}{2}\right)'$$

$$= \frac{1}{\tan \dfrac{x}{2}} \cdot \frac{1}{\cos^2 \dfrac{x}{2}} \cdot \frac{1}{2} \cdot (x)' = \frac{1}{\tan \dfrac{x}{2} \cdot \cos^2 \dfrac{x}{2} \cdot 2} = \frac{1}{\sin x}.$$

例3-19　$y = \sqrt[3]{1-2x^2}$，求 $\dfrac{\mathrm{d}y}{\mathrm{d}x}$.

解　$\dfrac{\mathrm{d}y}{\mathrm{d}x} = [(1-2x^2)^{\frac{1}{3}}]' = \dfrac{1}{3}(1-2x^2)^{-\frac{2}{3}} \cdot (1-2x^2)' = \dfrac{-4x}{3\sqrt[3]{(1-2x^2)^2}}$.

例3-20　$y = \mathrm{e}^{\sin\frac{1}{x}}$，求 y'.

解　$y' = (\mathrm{e}^{\sin\frac{1}{x}})' = \mathrm{e}^{\sin\frac{1}{x}} \cdot \left(\sin\dfrac{1}{x}\right)'$

$= \mathrm{e}^{\sin\frac{1}{x}} \cdot \cos\dfrac{1}{x} \cdot \left(\dfrac{1}{x}\right)' = -\dfrac{1}{x^2}\mathrm{e}^{\sin\frac{1}{x}} \cdot \cos\dfrac{1}{x}$.

例3-21　设 $x > 0$，证明幂函数的导数公式 $(x^\mu)' = \mu \cdot x^{\mu-1}$（$\mu$ 为实数）.

证　设 $y = x^\mu = \mathrm{e}^{\mu\ln x}$，$y' = \mathrm{e}^{\mu\ln x} \cdot (\mu\ln x)' = \mathrm{e}^{\mu\ln x} \cdot \mu \cdot \dfrac{1}{x} = \mu \cdot x^{\mu-1}$.

例3-22*　$(\mathrm{sh}\,x)' = \left(\dfrac{\mathrm{e}^x - \mathrm{e}^{-x}}{2}\right)' = \dfrac{1}{2}(\mathrm{e}^x - \mathrm{e}^{-x})' = \dfrac{1}{2}[(\mathrm{e}^x)' - (\mathrm{e}^{-x})']$

$= \dfrac{1}{2}[\mathrm{e}^x - \mathrm{e}^{-x} \cdot (-1)] = \dfrac{1}{2}[\mathrm{e}^x + \mathrm{e}^{-x}]$,

即 $(\mathrm{sh}\,x)' = \mathrm{ch}\,x$. 同理可得 $(\mathrm{ch}\,x)' = \mathrm{sh}\,x$.

例3-23　设 $f(x)$ 可导，求下列函数 y 的导数 $\dfrac{\mathrm{d}y}{\mathrm{d}x}$：

（1）$y = f(x^2)$；　　　　　　　　（2）$y = f(\sin^2 x) + f(\cos^2 x)$.

解　（1）$y' = f'(x^2) \cdot (x^2)' = f'(x^2) \cdot 2x = 2x \cdot f'(x^2)$.

（2）$y' = f'(\sin^2 x) \cdot (\sin^2 x)' + f'(\cos^2 x) \cdot (\cos^2 x)'$

$= f'(\sin^2 x) \cdot 2\sin x \cdot \cos x + f'(\cos^2 x) \cdot 2\cos x \cdot (-\sin x)$

$= \sin 2x[f'(\sin^2 x) - f'(\cos^2 x)]$.

七、基本求导法则

1. 函数和、差、积、商的求导法则

设 $u = u(x)$、$v = v(x)$ 都可导，则

（1）$[u(x) \pm v(x)]' = u'(x) \pm v'(x)$；

（2）$(Cu)' = Cu'$（C 是常数）；

（3）$[u(x)v(x)]' = u'(x)v(x) + u(x)v'(x)$；

（4）$\left[\dfrac{u(x)}{v(x)}\right]' = \dfrac{u'(x)v(x) - u(x)v'(x)}{v^2(x)}$　（$v(x) \neq 0$）.

2. 反函数求导法则

设 $x = f(y)$ 在 I_y 内单调、可导，且 $f'(y) \neq 0$，则它的反函数 $y = f^{-1}(x)$ 在区间 $I_x = \{x \mid x = f(y), y \in I_y\}$ 内也是单调、可导的，而且

$$[f^{-1}(x)]' = \frac{1}{f'(y)} \ \text{或} \ \frac{\mathrm{d}y}{\mathrm{d}x} = \frac{1}{\dfrac{\mathrm{d}x}{\mathrm{d}y}}.$$

3. 复合函数求导法则

设 $y = f(u)$，$u = \varphi(x)$，而 $f(u)$ 及 $\varphi(x)$ 都可导，则复合函数 $y = f[\varphi(x)]$ 的导数为

$$\frac{\mathrm{d}y}{\mathrm{d}x} = f'(u) \cdot \varphi'(x) \ \text{或} \ \frac{\mathrm{d}y}{\mathrm{d}x} = \frac{\mathrm{d}y}{\mathrm{d}u} \cdot \frac{\mathrm{d}u}{\mathrm{d}x}.$$

习 题 3-2

1. 求下列函数的导数.

（1）$y = 4x - \dfrac{2}{x^2} + \sin 1$；　　（2）$y = x\sin(2x^2 + 1)$；　　（3）$y = \ln^3(2x^2 + 1)$；

（4）$y = x\arcsin\dfrac{x}{2} + \sqrt{4 - x^2}$；　（5）$y = \ln\sqrt{\dfrac{\mathrm{e}^{2x}}{\mathrm{e}^{2x} + 1}}$；　　（6）$y = \ln(x + \sqrt{a^2 + x^2})$；

（7）$y = \tan x \sec x$；　　　　　（8）$s = \dfrac{1 + \sin t}{1 + \cos t}$；　　（9）$y = \sqrt{x + \sqrt{x + \sqrt{x}}}$；

（10）$y = \dfrac{x - 1}{x + 1}$；　　　　　（11）$y = 2^x\arccos x + \arctan x$；　（12）$\rho = \theta\mathrm{e}^\theta\cot\theta$.

2. 利用复合运算法则求以下函数的导数.

（1）$y = \arccos\sqrt{x}$；　　　　　（2）$y = \ln[\ln(\ln x)]$；

（3）$y = \ln\sin x$；　　　　　　　（4）$y = \mathrm{e}^{\arctan\sqrt{x}}$.

3. 求下列函数在给定点处的导数.

（1）$\rho = \theta\tan\theta + \dfrac{1}{3}\sin\theta$，求 $\left.\dfrac{\mathrm{d}\rho}{\mathrm{d}\theta}\right|_{\theta=\frac{\pi}{4}}$；

（2）$f(x) = \dfrac{1}{1 - x} + \dfrac{x^3}{3}$，求 $f'(0)$ 和 $f'(2)$.

第三节 高 阶 导 数

一、引入

若质点的运动方程 $s = s(t)$，则物体的运动速度为 $v(t) = s'(t)$ 或 $v(t) = \dfrac{\mathrm{d}s}{\mathrm{d}t}$，而加速度 $a(t)$ 是速度 $v(t)$ 对时间 t 的变化率，即 $a(t)$ 是速度 $v(t)$ 对时间 t 的导数：

$$a = a(t) = \frac{\mathrm{d}v}{\mathrm{d}t} \quad \Rightarrow \quad a = \frac{\mathrm{d}}{\mathrm{d}t}\left(\frac{\mathrm{d}s}{\mathrm{d}t}\right) \ \text{或} \ a = v'(t) = (s'(t))',$$

由上可见，加速度 a 是 $s(t)$ 的导函数的导数，这样就产生了高阶导数. 例如，自由落体的运动方程为

$$s = \frac{1}{2}gt^2$$

所以，其加速度

$$a = s'' = \left(\frac{1}{2}gt^2\right)'' = (gt)' = g.$$

二、高阶导数的定义

一般地，设 $f'(x)$ 在点 x 的某个邻域内有定义，若极限 $\lim\limits_{\Delta x \to 0} \dfrac{f'(x+\Delta x) - f'(x)}{\Delta x}$ 存在，则称此极限值为函数 $y = f(x)$ 在点 x 处的二阶导数，记为

$$y'', f''(x), \frac{\mathrm{d}^2 y}{\mathrm{d} x^2}, \frac{\mathrm{d}^2 f(x)}{\mathrm{d} x^2}.$$

相应地，把 $y = f(x)$ 的导数 $f'(x)$ 叫作函数 $y = f(x)$ 的**一阶导数**.

类似地，二阶导数的导数，叫作三阶导数，三阶导数的导数叫作四阶导数，…，一般地，$n-1$ 阶导数的导数叫作 n 阶导数，分别记作 $y''', f'''(x), \dfrac{\mathrm{d}^3 y}{\mathrm{d} x^3}, \dfrac{\mathrm{d}^3 f(x)}{\mathrm{d} x^3}, \cdots, y^{(n)}, f^{(n)}(x),$ $\dfrac{\mathrm{d}^n y}{\mathrm{d} x^n}, \dfrac{\mathrm{d}^n f(x)}{\mathrm{d} x^n}$，二阶以上的导数统称为高阶导数. 显然，求高阶导数并不需要新的求导公式，只须对函数 $f(x)$ 逐次求导就可以了. 一般可通过从低阶导数找规律，得到函数的 n 阶导数.

函数 $f(x)$ 的各阶导数在 $x = x_0$ 处的数值记为 $f'(x_0), f''(x_0), \cdots, f^{(n)}(x_0)$ 或 $y'\big|_{x=x_0}$，$y''\big|_{x=x_0}, \cdots, y^{(n)}\big|_{x=x_0}$.

例 3-24 证明 $(a^x)^{(n)} = (\ln a)^n \cdot a^x$.

证 记 $y = a^x$，$y' = (\ln a) \cdot a^x$，$y'' = (\ln a) \cdot (a^x)' = (\ln a)^2 \cdot a^x$，….

一般地 $y^{(n)} = (\ln a)^n \cdot a^x$.

特别地 当 $a = e$ 时，$(e^x)^{(n)} = e^x$.

例 3-25 证明 $(\sin x)^{(n)} = \sin\left(x + n \cdot \dfrac{\pi}{2}\right)$.

证 记 $y = \sin x$，$y' = \cos x = \sin\left(x + \dfrac{\pi}{2}\right)$，

$$y'' = \cos\left(x + \frac{\pi}{2}\right) \cdot \left(x + \frac{\pi}{2}\right)' = \cos\left(x + \frac{\pi}{2}\right) = \sin\left(x + 2 \cdot \frac{\pi}{2}\right),$$

$$y''' = \cos\left(x + 2 \cdot \frac{\pi}{2}\right)\left(x + 2 \cdot \frac{\pi}{2}\right)' = \cos\left(x + 2 \cdot \frac{\pi}{2}\right) = \sin\left(x + 3 \cdot \frac{\pi}{2}\right),$$

一般地 $$y^{(n)} = \sin\left(x + n \cdot \frac{\pi}{2}\right).$$

同样地 $$(\cos x)^{(n)} = \cos\left(x + n \cdot \frac{\pi}{2}\right).$$

例 3-26 证明 $(x^{\mu})^{(n)} = \mu \cdot (\mu-1)\cdots(\mu-n+1)x^{\mu-n}$.

证 $y = x^{\mu}$, $y' = \mu \cdot x^{\mu-1}$, $y'' = \mu \cdot (\mu-1)x^{\mu-2}$，一般地有

$$y^{(n)} = \mu \cdot (\mu-1)\cdots(\mu-n+1)x^{\mu-n}$$

特别地，当 $\mu = n$（n 为正整数）时，有 $(x^n)^{(n)} = n \cdot (n-1)\cdots 2 \cdot 1 = n!$, $(x^n)^{(n+1)} = 0$.

例 3-27 证明 $\left(\dfrac{1}{x+a}\right)^{(n)} = \dfrac{(-1)^n \cdot n!}{(x+a)^{n+1}}$（$a$ 为实数）.

证 记 $y = \dfrac{1}{x+a}$，则

$$y' = \frac{(-1)\times 1}{(x+a)^2},$$

$$y'' = \frac{(-1)\times 1 \times (-1)\times 2 \times (x+a)}{(x+a)^4} = \frac{(-1)^2 \times 1 \times 2}{(x+a)^3},$$

$$y''' = \frac{(-1)^2 \times 1 \times 2 \times (-1)\times 3 \times (x+a)^2}{(x+a)^6} = \frac{(-1)^3 \times 1 \times 2 \times 3}{(x+a)^4},$$

一般地 $$\left(\frac{1}{x+a}\right)^{(n)} = \frac{(-1)^n n!}{(x+a)^{n+1}}.$$

例 3-28 证明 $(\ln x)^{(n)} = (-1)^{n-1}(n-1)!x^{-n}$.

证 $$y' = \frac{1}{x},$$

$$y'' = \frac{-1}{x^2},$$

$$y''' = \frac{1\times 2}{x^3},$$

$$y^{(4)} = \frac{(-1)\times 2 \times 3}{x^4},$$

一般地 $$y^{(n)} = (\ln x)^{(n)} = (-1)^{n-1}\frac{(n-1)!}{x^n}.$$

三、高阶导数的运算规则

（1）$\left[Cu(x)\right]^{(n)} = Cu^{(n)}(x)$，$C$ 为常数.

（2）$\left[u(x) \pm v(x)\right]^{(n)} = u^{(n)}(x) \pm v^{(n)}(x)$.

（3）**莱布尼茨公式** 如果函数 $u(x)$ 和 $v(x)$ 都在点 x 处具有 n 阶导数，则

$$[u(x)v(x)]^{(n)} = \sum_{k=0}^{n} C_n^k u^{(n-k)}(x) v^{(k)}(x). \qquad (3-9)$$

即 $(uv)^{(n)} = \sum_{k=0}^{n} C_n^k u^{(n-k)} v^{(k)}$

$$= u^{(n)}v + nu^{(n-1)}v' + \frac{n(n-1)}{2!}u^{(n-2)}v'' + \cdots + \frac{n(n-1)\cdots(n-k+1)}{k!}u^{(n-k)}v^{(k)} + \cdots + uv^{(n)},$$

其中 $C_n^k = \dfrac{n!}{k!(n-k)!}$, $u^{(0)}(x) = u(x)$, $v^{(0)}(x) = v(x)$.

证 当 $n=0$ 时，式（3-9）显然成立.

假设当 $n-1$ 时，式（3-9）仍然成立，即 $(u \cdot v)^{(n-1)} = \sum_{k=0}^{n-1} C_{n-1}^k u^{(n-1-k)} v^{(k)}$，于是有

$$(u \cdot v)^{(n)} = [\sum_{k=0}^{n-1} C_{n-1}^k u^{(n-1-k)} v^{(k)}]'$$

$$= \sum_{k=0}^{n-1} C_{n-1}^k [u^{(n-k)} v^{(k)} + u^{(n-1-k)} v^{(k+1)}]$$

$$= \sum_{k=0}^{n-1} C_{n-1}^k u^{(n-k)} v^{(k)} + \sum_{l=1}^{n} C_{n-1}^{l-1} u^{(n-l)} v^{(l)} \ (\text{设} k+1=l)$$

$$= C_n^0 u^{(n-0)} v^{(0)} + \sum_{l=1}^{n-1} C_n^l u^{(n-l)} v^{(l)} + C_n^n u^{(n-n)} v^{(n)} (\text{这里}:C_{n-1}^l + C_{n-1}^{l-1} = C_n^l)$$

$$= \sum_{l=0}^{n} C_n^l u^{(n-l)} v^{(l)}.$$

这一公式的证明与中学的二项展开公式的证明完全类似，可与之对应，把 $(u+v)^n$ 按二项式定理展开写成

$$(u+v)^n = \sum_{k=0}^{n} C_n^k u^{n-k} v^k$$

$$= u^n v^0 + nu^{n-1}v^1 + \frac{n(n-1)}{2!}u^{n-2}v^2 + \cdots + \frac{n(n-1)\cdots(n-k+1)}{k!}u^{n-k}v^k + \cdots + u^0 v^n.$$

求高阶导数，一般的基本解题方法有以下两种.

（1）将函数分解成 $a^x, \sin x, \cos x, x^\mu, \dfrac{1}{x+a}$ 的和、差形式，再利用上述几个基本公式求导.

（2）对于多项式函数与指数函数、三角函数的乘积形式，可使用莱布尼茨公式.

例 3-29 设 $y = x^3 \cdot e^x$，求 $y^{(10)}$.

解 利用莱布尼茨公式，有

$$y^{(10)} = C_{10}^0 (x^3)^{(0)} \cdot (e^x)^{(10-0)} + C_{10}^1 (x^3)^{(1)} \cdot (e^x)^{(10-1)} + C_{10}^2 (x^3)^{(2)} \cdot (e^x)^{(10-2)}$$

$$+ C_{10}^3 (x^3)^{(3)} \cdot (e^x)^{(10-3)} + C_{10}^4 (x^3)^{(4)} \cdot (e^x)^{(10-4)} + \cdots + C_{10}^{10} (x^3)^{(10)} \cdot (e^x)^{(10-10)}$$

$$= x^3 \cdot e^x + 10 \cdot (3 \cdot x^2) \cdot e^x + 45 \cdot (3 \cdot 2 \cdot x) \cdot e^x + 120 \cdot (3 \cdot 2 \cdot 1) \cdot e^x$$

$$= e^x (x^3 + 30x^2 + 270x + 720).$$

习 题 3-3

1. 求下列函数的二阶导数.

（1） $y = \dfrac{x^2}{1-x}$ ；

（2） $y = \ln(x + \sqrt{1+x^2})$ ；

（3） $y = (1+x^2)\operatorname{arccot} x$ ；

（4） $y = x[\sin(\ln x) + \cos(\ln x)]$.

2. 求下列函数的导数值.

（1） $f(x) = x\mathrm{e}^{x^2}$ ，求 $f''(1)$.

（2） $f(x) = (x^3 + 10)^4$ ，求 $f'''(0)$.

3. 设 $f(u)$ 二阶可导，求 $\dfrac{\mathrm{d}^2 y}{\mathrm{d} x^2}$. （1） $y = f\left(\dfrac{1}{x}\right)$ ；（2） $y = \ln[f(x)]$.

4. $y = \ln(1+x)$ ，求各阶导数.

5. $y = \dfrac{\ln x}{x}$ ，求 y'' .

6. $y = \mathrm{e}^x \cos x$ ，求 $y^{(5)}$.

7. 设 $y = x^2 \sin 2x$ ，求 $y^{(50)}$.

8. 设 $f(x)$ 在 $(-\infty, +\infty)$ 上二阶连续可导，且 $f(0) = 0$ ，对函数 $g(x) = \begin{cases} \dfrac{f(x)}{x} & x \neq 0 \\ a & x = 0 \end{cases}$ ，

（1）确定 a 的值，使 $g(x)$ 在 $(-\infty, +\infty)$ 上连续；

（2）对（1）中确定的 a ，证明： $g(x)$ 在 $(-\infty, +\infty)$ 上一阶导数连续.

9. 试从 $\dfrac{\mathrm{d} x}{\mathrm{d} y} = \dfrac{1}{y'}$ 导出（1） $\dfrac{\mathrm{d}^2 y}{\mathrm{d} x^2}$ 和（2） $\dfrac{\mathrm{d}^3 y}{\mathrm{d} x^3}$.

第四节 隐函数与参数方程的导数

一、隐函数的导数

1. 显函数的概念

函数 $y = f(x)$ 表示两个变量 x 和 y 之间的对应关系，其特点是：等号左端是因变量，而右端是含有自变量的表达式，例如， $y = x\ln x$ ，用这种方式表示的函数叫作**显函数**.

2. 隐函数的概念

在二元方程 $F(x, y) = 0$ 中，当 x 取区间 I 内的任一值时，相应地总有满足该方程的唯一的 y 值存在，那么称方程 $F(x, y) = 0$ 在区间 I 内确定了一个**隐函数**. 例如， $x + y^3 - 1 = 0$ 在 $x \in (-\infty, +\infty)$ 内确定了一个隐函数. 把一个隐函数化成显函数，叫作隐函数的**显化**.

例如，可将上述方程中的 y 解出来，得 $y = \sqrt[3]{1-x}$ ，将隐函数化成了显函数. 一般来说，

将隐函数显化是有一定困难的，有时甚至是不可能的. 例如，二元方程 $y^5 + 3y - x - 3x^7 = 0$，对于区间 $(-\infty, +\infty)$ 内任意取定的 x 值，上式成为一个以 y 为未知数的 5 次方程，但这个函数却很难显化出来. 既然二元方程可确定一个一元（隐）函数，隐函数导数又该如何求呢？

如果能将此隐函数显化，求导自然不成问题. 如果隐函数不能显化，有没有直接求导方法呢？

3. 隐函数的直接求导法

设 $y = y(x)$ 是由方程 $F(x, y) = 0$ 所确定的，求 y' 的方法如下：

把 $F(x, y) = 0$ 两边的各项对 x 求导，把 y 看作中间变量，用复合函数求导公式计算，然后再解出 y' 的表达式（允许出现 y 变量）.

例 3-30　求由方程 $e^y + xy - e = 0$ 所确定的隐函数 $y(x)$ 的导数 $\dfrac{\mathrm{d}y}{\mathrm{d}x}$.

解　方程两边分别对 x 求导数，注意到 y 是 x 的函数，得

$$\frac{\mathrm{d}}{\mathrm{d}x}(e^y) + \frac{\mathrm{d}}{\mathrm{d}x}(xy) - \frac{\mathrm{d}}{\mathrm{d}x}(e) = 0$$

$$e^y \frac{\mathrm{d}y}{\mathrm{d}x} + \left(y + x\frac{\mathrm{d}y}{\mathrm{d}x}\right) - 0 = 0$$

于是有
$$(e^y + x)\frac{\mathrm{d}y}{\mathrm{d}x} + y = 0.$$

解出 $\dfrac{\mathrm{d}y}{\mathrm{d}x}$，得 $\dfrac{\mathrm{d}y}{\mathrm{d}x} = -\dfrac{y}{e^y + x}$.

例 3-31　求椭圆 $\dfrac{x^2}{16} + \dfrac{y^2}{9} = 1$ 在点 $\left(2, \dfrac{3}{2}\sqrt{3}\right)$ 处的切线方程.

解　方程两边分别对 x 求导数，有

$$\frac{x}{8} + \frac{2}{9} \cdot y \cdot y' = 0, \quad y' = -\frac{9x}{16y}.$$

将 $x = 2$，$y = \dfrac{3}{2}\sqrt{3}$ 代入上式得：$y'(2) = -\dfrac{\sqrt{3}}{4}$.

切线方程为 $y - \dfrac{3}{2}\sqrt{3} = -\dfrac{\sqrt{3}}{4}(x - 2)$.

例 3-32　求由方程 $x - y + \dfrac{\sin y}{2} = 0$ 所确定的隐函数二阶导数 $\dfrac{\mathrm{d}^2 y}{\mathrm{d}x^2}$.

解一　方程两边分别对 x 求导数，得

$$1 - \frac{\mathrm{d}y}{\mathrm{d}x} + \frac{1}{2}\cos y \cdot \frac{\mathrm{d}y}{\mathrm{d}x} = 0,$$

$$\frac{\mathrm{d}y}{\mathrm{d}x} = \frac{2}{2 - \cos y}.$$

上式两边再对 x 求导，注意到 $\dfrac{\mathrm{d}y}{\mathrm{d}x}$ 仍是 x 的函数，有

$$\frac{\mathrm{d}^2 y}{\mathrm{d} x^2} = \frac{-2\sin y \dfrac{\mathrm{d} y}{\mathrm{d} x}}{(2-\cos y)^2} = \frac{-4\sin y}{(2-\cos y)^3}.$$

解二 对 $1 - \dfrac{\mathrm{d} y}{\mathrm{d} x} + \dfrac{1}{2}\cos y \cdot \dfrac{\mathrm{d} y}{\mathrm{d} x} = 0$ 两边关于 x 求导，注意到 y 和 $\dfrac{\mathrm{d} y}{\mathrm{d} x}$ 仍是 x 的函数，有

$$-\frac{\mathrm{d}^2 y}{\mathrm{d} x^2} - \frac{1}{2}\sin y \cdot \left(\frac{\mathrm{d} y}{\mathrm{d} x}\right)^2 + \frac{1}{2}\cos y \cdot \frac{\mathrm{d}^2 y}{\mathrm{d}^2 x} = 0,$$

$$\frac{\mathrm{d}^2 y}{\mathrm{d} x^2} = \frac{\dfrac{1}{2}\sin y \left(\dfrac{\mathrm{d} y}{\mathrm{d} x}\right)^2}{\dfrac{1}{2}\cos y - 1} = \frac{-\sin y \left(\dfrac{2}{2-\cos y}\right)^2}{2-\cos y} = \frac{-4\sin y}{(2-\cos y)^3}.$$

二、对数求导法

先对 $y = f(x)$ 两边取对数，然后对方程两边关于 x 求导，最后解出 $\dfrac{\mathrm{d} y}{\mathrm{d} x}$.

例 3 - 33 求 $y = x^{\sin x} (x > 0)$ 的导数.

解 两边取对数得 $\ln y = \sin x \cdot \ln x$，两边分别对 x 求导，注意到 y 是 x 的函数

$$\frac{1}{y} \cdot \frac{\mathrm{d} y}{\mathrm{d} x} = \cos x \cdot \ln x + \frac{\sin x}{x}$$

$$\frac{\mathrm{d} y}{\mathrm{d} x} = y\left(\cos x \ln x + \frac{\sin x}{x}\right)$$

$$= x^{\sin x}\left(\cos x \ln x + \frac{\sin x}{x}\right).$$

结论 求幂指函数 $y = u(x)^{v(x)}$ 的导数，采用对数求导法：

$$\ln y = v \cdot \ln u$$

$$\frac{1}{y} y' = v' \cdot \ln u + v \cdot \frac{1}{u} \cdot u'$$

于是 $$y' = u^v\left(v' \cdot \ln u + \frac{vu'}{u}\right).$$

例 3 - 34 求 $y = \sqrt{\dfrac{(x-1)(x-2)}{(x-3)(x-4)}}$ $(x > 4)$ 的导数.

解 先在两边取对数，得

$$\ln y = \frac{1}{2}\left[\ln(x-1) + \ln(x-2) - \ln(x-3) - \ln(x-4)\right].$$

上式两边同时对 x 求导，则

$$\frac{1}{y} y' = \frac{1}{2}\left[\frac{1}{x-1} + \frac{1}{x-2} - \frac{1}{x-3} - \frac{1}{x-4}\right].$$

于是有

$$y' = \frac{y}{2} \left[\frac{1}{x-1} + \frac{1}{x-2} - \frac{1}{x-3} - \frac{1}{x-4} \right] = \frac{1}{2} \sqrt{\frac{(x-1)(x-2)}{(x-3)(x-4)}} \left[\frac{1}{x-1} + \frac{1}{x-2} - \frac{1}{x-3} - \frac{1}{x-4} \right].$$

注 关于幂指函数求导，除了使用取对数的方法，也可以采取化指数的办法．例如，$x^x = e^{x\ln x}$，这样就可把幂指函数求导转化为复合函数求导．例如，在求 $y = x^{e^x} + e^{x^e}$ 的导数时，化指数方法比取对数方法来得简单，且不容易出错．

三、由参数方程所确定的函数的导数

函数 $y = \sqrt{1-x^2}$ 表示半径为 1 的上半圆周．若令 $x = \cos t (0 \leqslant t \leqslant \pi)$，则 $y = \sin t$，故参数方程 $\begin{cases} x = \cos t \\ y = \sin t \end{cases} (0 \leqslant t \leqslant \pi)$ 也表示此半圆周．反过来说，此参数方程也确定了一个 y 与 x 之间的函数关系．

一般地，参数方程

$$\begin{cases} x = \varphi(t) \\ y = \psi(t) \end{cases} \tag{3-10}$$

确定了 y 与 x 之间的函数关系，称此函数为由参数方程（3-10）所确定的函数．如何求由参数方程（3-10）所确定的函数导数 $\dfrac{\mathrm{d}y}{\mathrm{d}x}$？一个直接的方法是，从式（3-10）中消去参数 t，将式（3-10）化成 y 与 x 之间的函数关系，然后求其导数 $\dfrac{\mathrm{d}y}{\mathrm{d}x}$．但是，如果从式（3-10）中消去 t 有困难，需要寻求一种直接由参数方程（3-10）求 $\dfrac{\mathrm{d}y}{\mathrm{d}x}$ 的方法．

在式（3-10）中，如果函数 $x = \varphi(t)$ 具有单调连续反函数 $t = \varphi^{-1}(x)$，且此反函数代入 $y = \psi(t)$，得到复合函数 $y = \psi(\varphi^{-1}(x))$．

于是，可运用复合函数与反函数求导法，进行以下求导，为此假定 $x = \varphi(t)$，$y = \psi(t)$ 都可导．

$$\frac{\mathrm{d}y}{\mathrm{d}x} = \frac{\mathrm{d}y}{\mathrm{d}t} \cdot \frac{\mathrm{d}t}{\mathrm{d}x} = \frac{\mathrm{d}y}{\mathrm{d}t} \cdot \frac{1}{\dfrac{\mathrm{d}x}{\mathrm{d}t}} = \frac{\psi'(t)}{\varphi'(t)} \tag{3-11}$$

或 $\dfrac{\mathrm{d}y}{\mathrm{d}x} = \dfrac{\dfrac{\mathrm{d}y}{\mathrm{d}t}}{\dfrac{\mathrm{d}x}{\mathrm{d}t}}$．式（3-11）便是由参数方程（3-10）所确定的 x 的函数的求导公式，当然，它的成立需要两个条件：（1）函数 $x = \varphi(t)$ 有单调连续反函数 $t = \varphi^{-1}(x)$；（2）函数 $x = \varphi(t)$、$y = \psi(t)$ 可导，且 $\varphi'(t) \neq 0$．

对式（3-11）关于 x 再求导，可得到二阶导数．只要求导时别忘了 y 仍是 x 的函数．

$$\frac{\mathrm{d}^2 y}{\mathrm{d}x^2} = \frac{\psi''(t)\varphi'(t) - \psi'(t)\varphi''(t)}{\left(\varphi'(t)\right)^2} \cdot \frac{1}{\varphi'(t)}$$

$$= \frac{\psi''(t)\varphi'(t) - \psi'\varphi''(t)}{(\varphi'(t))^3}. \tag{3-12}$$

例 3-35　已知椭圆的参数方程为 $\begin{cases} x = a\cos t \\ y = b\sin t \end{cases}$，求椭圆在 $t = \dfrac{\pi}{4}$ 的相应点 $M_0(x_0, y_0)$ 处的切线方程.

解　由 $t = \dfrac{\pi}{4}$ 得到

$$x_0 = a\cos\frac{\pi}{4} = \frac{\sqrt{2}}{2}a, \quad y_0 = b\sin\frac{\pi}{4} = \frac{\sqrt{2}}{2}b.$$

椭圆在点 M_0 的切线的斜率为

$$y'\Big|_{t=\frac{\pi}{4}} = \frac{(b\sin t)'}{(a\cos t)'}\Big|_{t=\frac{\pi}{4}} = \frac{b\cos t}{-a\sin t}\Big|_{t=\frac{\pi}{4}} = -\frac{b}{a}.$$

所以，所求的切线方程为

$$y = -\frac{b}{a}\left(x - \frac{\sqrt{2}}{2}a\right) + \frac{\sqrt{2}}{2}b$$

即

$$bx + ay - \sqrt{2}ab = 0.$$

例 3-36　求参数方程 $\begin{cases} x = \ln(1+t^2) \\ y = t - \arctan t \end{cases}$ 的二阶导数 $\dfrac{\mathrm{d}^2 y}{\mathrm{d} x^2}$.

解
$$\frac{\mathrm{d} y}{\mathrm{d} x} = \frac{\dfrac{\mathrm{d} y}{\mathrm{d} t}}{\dfrac{\mathrm{d} x}{\mathrm{d} t}} = \frac{1 - \dfrac{1}{1+t^2}}{\dfrac{2t}{1+t^2}} = \frac{t^2}{2t} = \frac{t}{2},$$

$$\frac{\mathrm{d}^2 y}{\mathrm{d} x^2} = \frac{\mathrm{d}}{\mathrm{d} t}\left(\frac{t}{2}\right) \cdot \frac{\mathrm{d} t}{\mathrm{d} x} = \frac{1}{2} \cdot \frac{1}{\dfrac{\mathrm{d} x}{\mathrm{d} t}} = \frac{1}{2} \cdot \frac{1}{\dfrac{2t}{1+t^2}} = \frac{1+t^2}{4t}.$$

例 3-37　求下列参数方程 $\begin{cases} x = f'(t) \\ y = tf'(t) - f(t) \end{cases}$ 所确定函数的二阶导数 $\dfrac{\mathrm{d}^2 y}{\mathrm{d} x^2}$，设 $f''(t)$ 存在且不为零.

解
$$\frac{\mathrm{d} y}{\mathrm{d} x} = \frac{y_t'}{x_t'} = \frac{f'(t) + tf''(t) - f'(t)}{f''(t)} = t,$$

$$\frac{\mathrm{d}^2 y}{\mathrm{d} x^2} = \frac{(y_x')_t'}{x_t'} = \frac{1}{f''(t)}.$$

● **小结：**

本节的重点是三类重要的求导法则，须注意的问题如下：

（1）对于由 $F(x,y)=0$ 确定的隐函数，对两边的各项关于 x 求导，把 y 看作中间变量，用复合函数求导公式计算，再解出 y' 的表达式（允许出现 y 变量）.

（2）针对函数如果是幂指函数，因式连乘、连除或连续根式，可先对 $y=f(x)$ 两边取对数将因式变成加减，然后对方程两边关于 x 求导，最后解出 $\dfrac{dy}{dx}$.

（3）由参数方程确定的函数导数

$$\frac{dy}{dx}=\frac{dy}{dt}\cdot\frac{dt}{dx}=\frac{dy}{dt}\cdot\frac{1}{\dfrac{dx}{dt}}=\frac{\psi'(t)}{\varphi'(t)},$$

由参数方程确定的函数的高阶导数

$$\frac{d^2y}{dx^2}=\frac{d}{dx}\left(\frac{dy}{dx}\right)=\frac{d}{dt}\left(\frac{\psi'(t)}{\varphi'(t)}\right)\cdot\frac{dt}{dx}=\frac{\psi''(t)\varphi'(t)-\psi'(t)\varphi''(t)}{(\varphi'(t))^2}\cdot\frac{1}{\varphi'(t)}=\frac{\psi''(t)\varphi'(t)-\psi'\varphi''(t)}{(\varphi'(t))^3}.$$

习 题 3-4

1. 已知函数 $y=y(x)$ 是由方程 $e^y+6xy+x^2-1=0$ 所确定的，则 $y''(0)=$ _____.

2. 求由 $\sqrt{x}+\sqrt{y}=4$ 所确定的隐函数的导数 $\dfrac{dy}{dx}$.

3. 求由方程 $\sin(xy)+\ln(y-x)=x$ 所确定的隐函数 y 在 $x=0$ 的导数 $\dfrac{dy}{dx}\Big|_{x=0}$.

4. 设 $y=\tan(x+y)$ 确定的隐函数 $y=y(x)$，求 y''.

5. $y=y(x)$ 是由方程 $e^y+xy=e$ 所确定的隐函数，试求 $y'(0)$，$y''(0)$.

6. 写出曲线 $\begin{cases}x=\sin t\\y=\cos 2t\end{cases}$，在 $t=\dfrac{\pi}{4}$ 处的切线方程和法线方程.

7. 求下列参数方程 $\begin{cases}x=1-t^2\\y=t-t^3\end{cases}$ 所确定的函数的三阶导数 $\dfrac{d^3y}{dx^3}$.

8. 利用取对数求导法求下列函数的导数.

（1）$y=x^x\ (x>0)$；　　　（2）$y=(1+\cos x)^{\frac{1}{x}}$；　　　（3）$y=(x^2+1)^3(x+2)^2x^6$；

（4）$y=\sqrt{x\sin x\sqrt{1-e^x}}$；　　　（5）求由 $x^y=y^x$ 所确定的隐函数的导数 y'.

第五节　函数的微分

一、微分的定义

引例 3-4　一块正方形金属薄片受温度变化影响，其边长由 x_0 变到 $x_0+\Delta x$（见图 3-3），试给出此薄片的面积的改变值.

设此正方形金属薄片的边长为 x，面积为 S，则面积计算公式 $S = x^2$.

当 x 由 x_0 变化到 $x_0 + \Delta x$ 时，正方形面积的增量为

$$\Delta S = (x_0 + \Delta x)^2 - x_0^2 = 2x_0 \Delta x + (\Delta x)^2,$$

这就是薄片面积的改变量. 它由两部分构成：

（1）ΔS 的线性部分 $2x_0 \Delta x$；

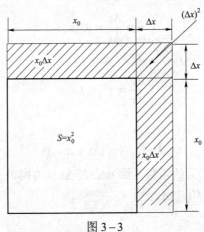

图 3-3

（2）ΔS 的高阶无穷小部分 $(\Delta x)^2$（当 $\Delta x \to 0$ 时）.

直观上，可以这样解释增量：当 $|\Delta x|$ 相当小时，ΔS 主要取决于第一部分，第二部分对它的影响相对较小，可以忽略不计，即：$\Delta S \approx 2x_0 \Delta x$.

一般地，如果函数 $y = f(x)$ 满足一定条件，则函数的增量 Δy 可表示为

$$\Delta y = A\Delta x + o(\Delta x)$$

其中 A 是不依赖于 Δx 的常数，因此，$A\Delta x$ 是 Δx 的线性函数，且它与 Δy 之差 $\Delta y - A\Delta x = o(\Delta x)$ 是比 Δx 高阶的无穷小. 所以，当 $A \neq 0$，且 $|\Delta x|$ 很小时，就可以近似地用 $A\Delta x$ 来代替 Δy.

定义 3-3　如果函数 $y = f(x)$ 在某区间上有定义，x_0 及 $x_0 + \Delta x$ 在此区间内，若函数增量

$$\Delta y = f(x_0 + \Delta x) - f(x_0)$$

可表示成形式

$$\Delta y = A\Delta x + o(\Delta x) \tag{3-13}$$

其中 A 是不依赖于 Δx 的常数，而 $o(\Delta x)$ 是比 Δx 更高阶的无穷小，则称函数 $y = f(x)$ 在点 x_0 是可微的，而 $A\Delta x$ 叫作函数 $y = f(x)$ 在点 x_0 相应于自变量增量 Δx 的微分，记作 $\mathrm{d}y$，即 $\mathrm{d}y = A\Delta x$.

二、可微与可导的关系

1. 微分公式

定理 3-4　函数 $y = f(x)$ 在点 x_0 可微的充要条件是函数在 x_0 处可导，且当函数 $y = f(x)$ 在 x_0 处可微时，其微分为 $\mathrm{d}y = f'(x_0) \cdot \Delta x$.

证　必要性.

因为 $y = f(x)$ 在 x_0 处可微，则式（3–13）成立. 式（3–13）两边除以 Δx，得

$$\frac{\Delta y}{\Delta x} = A + \frac{o(\Delta x)}{\Delta x}.$$

于是，当 $\Delta x \to 0$ 时，由上式得到 $A = \lim\limits_{\Delta x \to 0} \dfrac{\Delta y}{\Delta x} = f'(x_0)$.

充分性. 若函数 $y = f(x)$ 在点 x_0 可导，则有

$$\lim\limits_{\Delta x \to 0} \frac{\Delta y}{\Delta x} = f'(x_0)$$

存在，根据极限与无穷小的关系，上式可写成

$$\frac{\Delta y}{\Delta x} = f'(x_0) + \alpha$$

其中 $\lim\limits_{\Delta x \to 0} \alpha = 0$，由此又有

$$\Delta y = f'(x_0)\Delta x + \alpha \cdot \Delta x$$

这里，数 $A = f'(x_0)$ 是与 Δx 无关的常数，而 $\alpha \Delta x$ 是 $\Delta x \to 0$ 时的高阶无穷小，故函数 $y = f(x)$ 在 x_0 处可微，且微分为 $\mathrm{d}y = f'(x_0)\Delta x$.

2. 常用的结论与概念

（1）若 $f'(x_0) \neq 0$，当 $|\Delta x|$ 充分小时，有近似公式 $\mathrm{d}y \approx \Delta y$.

$$\begin{aligned}
\text{证}\quad \lim\limits_{\Delta x \to 0}\left[1 - \frac{\mathrm{d}y}{\Delta y}\right] &= \lim\limits_{\Delta x \to 0}\left[1 - \frac{f'(x_0)\cdot \Delta x}{\Delta y}\right] \\
&= \lim\limits_{\Delta x \to 0}\left[1 - \frac{f'(x_0)}{\dfrac{\Delta y}{\Delta x}}\right] = 1 - \frac{f'(x_0)}{f'(x_0)} \\
&= 1 - 1 = 0
\end{aligned}$$

即 $\lim\limits_{\Delta x \to 0} \dfrac{\mathrm{d}y}{\Delta y} = 1$，故 $\mathrm{d}y \sim \Delta y$（当 $\Delta x \to 0$ 时）.

（2）函数微分. 函数 $y = f(x)$ 在任意点 x 的微分，称为函数的微分，记作 $\mathrm{d}y$ 或 $\mathrm{d}f(x)$. 即 $\mathrm{d}y = f'(x)\Delta x$.

（3）微商. 对于函数 $y = x$，按照微分的记法有 $\mathrm{d}y = \mathrm{d}x$，按照微分的定义有 $\mathrm{d}y = (x)' \cdot \Delta x = \Delta x$，这表明 $\mathrm{d}x = \Delta x$. 因此，$\mathrm{d}y = f'(x)\Delta x$ 可表示成另一种形式 $\mathrm{d}y = f'(x)\mathrm{d}x$，两边同除以 $\mathrm{d}x$ 可得

$$\frac{\mathrm{d}y}{\mathrm{d}x} = f'(x).$$

亦即：函数微分 $\mathrm{d}y$ 与自变量微分 $\mathrm{d}x$ 之商等于函数的导数，因此，导数也叫作微商. 过去，我们认为符号 $\dfrac{\mathrm{d}y}{\mathrm{d}x}$ 是一个整体记号. 现在，可以认为它是函数微分 $\mathrm{d}y$ 与自变量微分 $\mathrm{d}x$ 之商.

注 微商的概念与符号是德国数学家莱布尼茨创立的，而导数的概念与符号是由英国数学家牛顿创立的. 他们各自沿着不同的途径分别独立地创立了微积分学说，且各自都有独到之处.

牛顿从运动学的观点出发，它给微积分的应用提供了广泛的材料；莱布尼茨从几何学的观点出发，而他所创立的符号系统十分先进，既表达了概念，又便于运算．数学软件 Mathematica 的符号演绎系统就采用了莱布尼茨的符号．

当然，牛顿、莱布尼茨二人所创立的微积分绝不是今天的面貌，它极不严谨，被戏称为神秘的微积分学，然而它的实际应用成就却令人们欢欣鼓舞．例如，天文学上最伟大的成就之一——海王星的发现，就是数学家利用微积分计算出它的存在性与运动轨迹之后而被天文学家发现的．

马克思也曾对微积分的理论作了研究，并设法使之严谨，这从马克思留下的数学手稿中可以看出这一点．但是，由于没有完整严格的极限理论，使人们对微积分学说一直争论不休．直到数学家柯西与魏尔斯特拉斯的极限理论的诞生，才给微积分学奠定了坚实的理论基础，使它得以蓬勃发展起来．

三、微分的几何意义

为了对微分有比较直观的了解，下面来说明微分的几何意义．

在直角坐标系中，函数 $y = f(x)$ 的图形是一条曲线．对于某一固定的 x_0 的值，曲线上有一个确定点 $M(x_0, y_0)$，当自变量 x 有微小增量 Δx 时，就得到曲线上另一点 $N(x_0 + \Delta x, y_0 + \Delta y)$．从图 3-4 可知．

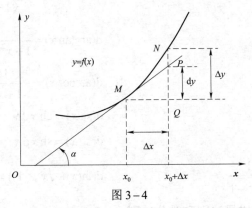

图 3-4

ΔMPQ 称为莱布尼茨微分三角形，$MQ = \Delta x$ 表示自变量的增量，$NQ = \Delta y$ 表示函数增量，$PQ = \mathrm{d}y$ 表示函数的微分．当 $|\Delta x|$ 很小时，$|\Delta y - \mathrm{d}y|$ 比 $|\Delta x|$ 小得多．因此在点 M 的邻近，可以用切线段来近似代替曲线段．

四、基本初等函数的微分公式与微分的运算法则

由于函数的微分与导数是等价的，因此，函数的求导法则与求导公式可以照搬到函数的微分．

1. 基本初等函数的导数公式和微分公式

导数公式

$(x^\mu)' = \mu x^{\mu-1}$

$(\sin x)' = \cos x$

微分公式

$\mathrm{d}(x^\mu)' = \mu x^{\mu-1}\,\mathrm{d}x$

$\mathrm{d}(\sin x) = \cos x\,\mathrm{d}x$

$(\cos x)' = -\sin x$ | $d(\cos x) = -\sin x\, dx$

$(\tan x)' = \sec^2 x$ | $d(\tan x) = \sec^2 x\, dx$

$(\cot x)' = -\csc^2 x$ | $d(\cot x) = -\csc^2 x\, dx$

$(\sec x)' = \sec x \cdot \tan x$ | $d(\sec x) = \sec x \cdot \tan x\, dx$

$(\csc x)' = -\csc x \cdot \cot x$ | $d(\csc x) = -\csc x \cdot \cot x\, dx$

$(a^x)' = a^x \ln a$ | $d(a^x) = a^x \ln a\, dx$

$(e^x)' = e^x$ | $d(e^x) = e^x\, dx$

$(\log_a x)' = \dfrac{1}{x \ln a}$ | $d(\log_a x) = \dfrac{1}{x \ln a}\, dx$

$(\ln x)' = \dfrac{1}{x}$ | $d(\ln x) = \dfrac{1}{x}\, dx$

$(\arcsin x)' = \dfrac{1}{\sqrt{1-x^2}}$ | $d(\arcsin x) = \dfrac{1}{\sqrt{1-x^2}}\, dx$

$(\arccos x)' = -\dfrac{1}{\sqrt{1-x^2}}$ | $d(\arccos x) = -\dfrac{1}{\sqrt{1-x^2}}\, dx$

$(\arctan x)' = \dfrac{1}{1+x^2}$ | $d(\arctan x) = \dfrac{1}{1+x^2}\, dx$

$(\text{arccot}\, x)' = -\dfrac{1}{1+x^2}$ | $d(\text{arccot}\, x) = -\dfrac{1}{1+x^2}\, dx$

$(\text{sh}\, x)' = \text{ch}\, x$ | $d(\text{sh}\, x) = \text{ch}\, x\, dx$

$(\text{ch}\, x)' = \text{sh}\, x$ | $d(\text{ch}\, x) = \text{sh}\, x\, dx$

$\left(\ln(x + \sqrt{x^2-1})\right)' = \dfrac{1}{\sqrt{x^2-1}}$ | $d\left(\ln(x + \sqrt{x^2-1})\right) = \dfrac{1}{\sqrt{x^2-1}}\, dx$

2. 函数的四则运算的求导法则和微分法则

设 $u = u(x), v = v(x)$ 都可导，则

函数和、差、积、商的求导法则	函数和、差、积、商的微分法则
$(u \pm v)' = u' \pm v'$	$d(u \pm v) = du \pm dv$
$(Cu)' = Cu'$	$d(Cu) = C\, du$
$(uv)' = u'v + uv'$	$d(uv) = v\, du + u\, dv$
$\left(\dfrac{u}{v}\right)' = \dfrac{u'v - uv'}{v^2}\ (v \neq 0)$	$d\left(\dfrac{u}{v}\right) = \dfrac{v\, du - u\, dv}{v^2}\ (v \neq 0)$

现在以乘积的微分法则为例加以证明. 根据函数微分的表达式，有

$$d(uv) = (uv)'dx$$

再根据乘积的求导法则，有

$$(uv)' = u'v + uv',$$

于是

$$d(uv) = (uv)'dx = (u'v + uv')dx = u'v\,dx + uv'\,dx,$$

由于

$$u'dx = du, \quad v'dx = dv,$$

所以

$$d(uv) = v\,du + u\,dv,$$

其他法则都可以用类似方法证明.

3. 复合函数的微分法则

这里，主要介绍复合函数的微分法则——一阶微分形式不变性.

设 $y = f(u)$ ，$u = \varphi(x)$ ，则复合函数 $y = f(\varphi(x))$ 的导数为 $\dfrac{dy}{dx} = f'(u) \cdot \varphi'(x)$ ，它的微分为 $dy = f'(u)\varphi'(x)dx$ ，而 $\varphi'(x)dx = du$ ，故 $dy = f'(u)du$.

由此可见，无论 u 是自变量还是另一个变量的可微函数，微分形式 $dy = f'(u)du$ 保持不变. 这一性质称为一阶微分形式不变性. 它使求函数微分的过程简单，易于用计算机来处理. 这也正是莱布尼茨符号体系的优越性.

例 3 – 38 $y = \ln(1 + e^{x^2})$ ，求 dy .

解 把 $1 + e^{x^2}$ 看成中间变量 u ，则

$$dy = d\ln u = \frac{1}{u}du = \frac{1}{1 + e^{x^2}}[d(1) + d(e^{x^2})],$$

$$= \frac{e^{x^2}}{1 + e^{x^2}} \cdot d(x^2) = \frac{e^{x^2}}{1 + e^{x^2}} \cdot 2x\,dx = \frac{2xe^{x^2}}{1 + e^{x^2}}dx.$$

在求复合函数的微分时，可以不写出中间变量，运用一阶微分形式不变性层层微分.

例 3 – 39 $y = \ln\tan\dfrac{x}{2}$ ，求 dy .

解 $dy = d\left[\ln\tan\dfrac{x}{2}\right] = \dfrac{1}{\tan\dfrac{x}{2}} \cdot d\left(\tan\dfrac{x}{2}\right)$

$$= \frac{1}{\tan\dfrac{x}{2}} \cdot \frac{1}{\cos^2\dfrac{x}{2}}d\left(\frac{x}{2}\right) = \frac{1}{\tan\dfrac{x}{2}} \cdot \frac{1}{\cos^2\dfrac{x}{2}} \cdot \frac{1}{2} \cdot dx$$

$$= \frac{1}{\sin x}dx.$$

例 3 – 40 填空：

（1）$d(\quad) = x\,dx$ ；

（2）$d(\quad) = \sin\omega t\,dt\,(\omega \neq 0)$.

解 （1）由于

$$d(x^2) = 2xdx$$

所以

$$xdx = \frac{1}{2}d(x^2) = d\left(\frac{x^2}{2}\right).$$

一般地，有

$$d\left(\frac{x^2}{2} + C\right) = xdx \quad (C为任意常数).$$

（2）由于

$$d(\cos \omega t) = -\omega \sin \omega t dt$$

所以

$$\sin \omega t dt = -\frac{1}{\omega}d(\cos \omega t) = d\left(-\frac{\cos \omega t}{\omega}\right).$$

一般地，有

$$d\left(-\frac{\cos \omega t}{\omega} + C\right) = \sin \omega t dt \quad (C为任意常数).$$

例 3 – 41　证明参数式函数的求导公式 $\dfrac{dy}{dx} = \dfrac{\dfrac{dy}{dt}}{\dfrac{dx}{dt}}$.

证　设参数方程 $x = \varphi(t)$，$y = \psi(t)$，确定函数 $y = y(x)$，且 $\varphi(t)$，$\psi(t)$ 可导，$\varphi'(t) \neq 0$，由导数与微分的关系和一阶微分形式不变性，有

$$\frac{dy}{dx} = \frac{y'(t)dt}{x'(t)dt} = \frac{\psi'(t)}{\varphi'(t)}.$$

这正是本章第四节的求导公式，请读者用微分求 $\dfrac{d^2 y}{dx^2}$.

五、微分在近似计算中的应用

在经济、工程计算等科学问题中，经常会遇到一些复杂的计算公式. 如果直接用这些公式计算，那是很费力的. 利用微分往往可以把一些复杂的计算公式用简单的近似公式来代替.

1. 计算函数增量的近似值

前面说过，如果 $y = f(x)$ 在点 x_0 处的导数 $f'(x_0) \neq 0$，当 $|\Delta x|$ 充分小时，有近似公式 $dy \approx \Delta y = f'(x_0)\Delta x$，这个式子也可以写为

$$\Delta y = f(x_0 + \Delta x) - f(x_0) \approx f'(x_0)\Delta x \qquad (3-14)$$

或

$$f(x_0 + \Delta x) \approx f(x_0) + f'(x_0)\Delta x \qquad (3-15)$$

令 $x_0 + \Delta x = x$，$\Delta x = x - x_0$，则有

$$f(x) \approx f(x_0) + f'(x_0)(x - x_0) \qquad (3-16)$$

特别地，当 $x_0 = 0$，$|x|$ 很小时，有 $f(x) \approx f(0) + f'(0)x$.

例 3-42 证明以下近似式：（1）$\mathrm{e}^x \approx 1 + x$；（2）$\ln(1+x) \approx x$.

证 （1）令 $f(x) = \mathrm{e}^x$，$f'(x) = \mathrm{e}^x$，当 $x=0$ 时，$f(0)=1, f'(0)=1$，由

$$f(x) \approx f(0) + f'(0)x \Rightarrow f(x) \approx 1 + x,$$

即

$$\mathrm{e}^x \approx 1 + x.$$

（2）令 $f(x) = \ln(1+x)$，$f'(x) = \dfrac{1}{1+x}$，当 $x = 0$ 时，$f(0) = 0, f'(0) = 1$，由 $f(x) \approx f(0) + f'(0)x \Rightarrow f(x) \approx x$，即 $\ln(1+x) \approx x$.

利用式（3-14）、式（3-15）、式（3-16）来近似计算 Δy、$f(x_0 + \Delta x)$、$f(x)$. 这种近似计算的实质就是用 x 的线性函数 $f(x_0) + f'(x_0)(x - x_0)$ 来近似表达函数 $y = f(x)$. 从导数的几何意义可知，这也就是用曲线 $y = f(x)$ 在点 $(x_0, f(x_0))$ 处的切线近似代替该曲线（就切点邻近部分来说）.

例 3-43 计算下列三角函数值的近似值：$\tan 136°$.

解 已知 $f(x+\Delta x) \approx f(x) + f'(x)\Delta x$，当 $f(x) = \tan x$ 时，有 $\tan(x+\Delta x) \approx \tan x + \sec^2 x \cdot \Delta x$，所以

$$\tan 136° = \tan\left(\frac{3\pi}{4} + \frac{\pi}{180}\right) \approx \tan\frac{3\pi}{4} + \sec^2\frac{3\pi}{4} \cdot \frac{\pi}{180} = -1 + 2 \cdot \frac{\pi}{180} \approx -0.965\,09.$$

习 题 3-5

1. 计算下列函数的微分.

（1）$y = \dfrac{x}{\sqrt{x^2+1}}$；（2）$xy = \mathrm{e}^{x+y}$；（3）$y = \arctan\dfrac{1-x^2}{1+x^2}$；（4）$y = \tan^2(1+2x^2)$.

2. 计算反三角函数值的近似值 $\arcsin 0.5002$.

3. 如图 3-5 所示的电缆 $\overset{\frown}{AOB}$ 的长为 s，跨度为 $2l$，电缆的最低点 O 与杆顶连线 AB 的距离为 f，则电缆长可按下面公式计算：$s = 2l\left(1 + \dfrac{2f^2}{3l^2}\right)$，当 f 变化了 Δf 时，电缆长的变化约为多少？

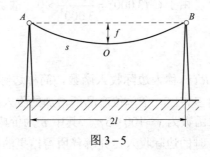

图 3-5

4. 在计算球体体积时，要求精确度在 2% 以内，问这时测量直径 D 的相对误差不能超过多少？

第六节　导数经济应用——边际、弹性

一、边际概念

在经济学中，边际概念通常指经济问题的变化率，称函数 $f(x)$ 的导数 $f'(x)$ 为函数 $f(x)$ 的**边际函数**. 在点 x_0 处，当 x 改变 Δx 时，相应的函数 $y=f(x)$ 的改变量为 $\Delta y = f(x_0 + \Delta x) - f(x_0)$. 当 $\Delta x = 1$ 个单位时，$\Delta y = f(x_0 + 1) - f(x_0)$，如果单位很小，则有 $\Delta y = f(x_0 + 1) - f(x_0) \approx$ $\mathrm{d}y \Big|_{\substack{x=x_0 \\ \mathrm{d}x=1}} = f'(x_0)$.

这说明函数 $f'(x_0)$ 近似地等于在 x_0 处 x 增加一个单位时，函数 $f(x)$ 的增量 Δy. 当 x 有一个单位改变时，函数 $f(x)$ 近似改变了 $f'(x_0)$.

二、经济学中常见边际函数

1. 边际成本

总成本函数 $C(x)$ 的导数 $C'(x)$ 称为**边际成本函数**，简称**边际成本**. 边际成本的经济意义是，在一定产量 x 的基础上，再增加生产一个单位产品时总成本增加的近似值. 在应用问题中解释边际函数值的具体意义时，常略去"近似"二字.

例 3-44　已知生产某产品 x 件的总成本为 $C(x) = 9\,000 + 40x + 0.001x^2$（元），（1）求边际成本 $C'(x)$，并对 $C'(1\,000)$ 的经济意义进行解释. （2）当产量为多少件时，平均成本最小？

解　（1）边际成本 $C'(x) = 40 + 0.002x$，$C'(1\,000) = 40 + 0.002 \times 1\,000 = 42$.
它表示当产量为 1 000 件时，再生产 1 件产品则增加 42 元的成本.

（2）平均成本

$$\overline{C}(x) = \frac{C}{x} = \frac{9\,000}{x} + 40 + 0.001x,$$

$$\overline{C}'(x) = -\frac{9\,000}{x^2} + 0.001,$$

令 $\overline{C}'(x) = 0$，得 $x = 3\,000$（件）. 由于 $C''(3\,000) = \dfrac{18\,000}{3\,000^3} > 0$，故当产量为 3 000 件时平均成本最小.

2. 边际收入

总收入函数 $R(x)$ 的导数 $R'(x)$ 称为**边际收入函数**，简称**边际收入**. 边际收入的经济意义是，在销售量为 x 的基础上再多售出一个单位产品所增加的收入的近似值.

例 3-45　设产品的需求函数为 $x = 100 - 5p$，其中 p 为价格，x 为需求量. 求边际收入函数，以及当 $x = 20$，50，70 时的边际收入，并解释所得结果的经济意义.

解　根据 $x = 100 - 5p$ 得 $p = \dfrac{100 - x}{5}$.

总收入函数 $R(x) = px = \dfrac{100-x}{5} \cdot x = \dfrac{1}{5}(100x - x^2)$,

边际收入函数为 $R'(x) = \dfrac{1}{5}(100 - 2x)$, 则

$$R'(20) = 12, \quad R'(50) = 0, \quad R'(70) = -8,$$

即当销售量为 20 个单位时,再多销售一个单位产品,总收入增加 12 个单位;当销售量为 50 个单位时,扩大销售,收入不会增加;当销售量为 70 个单位时,再多销售一个单位产品,总收入将减少 8 个单位.

3. 边际利润

总利润函数 $L(x)$ 的导数 $L'(x)$ 称为**边际利润函数**,简称**边际利润**. 边际利润的经济意义是,在销售量为 x 的基础上,再多销售一个单位产品所增加的利润.

由于 $L(x) = R(x) - C(x)$,所以 $L'(x) = R'(x) - C'(x)$. 即边际利润等于边际收入与边际成本之差.

例 3-46 某加工厂生产某种产品的总成本函数和总收入函数分别为

$$C(x) = 100 + 2x + 0.02x^2 \ (元) \quad 与 \quad R(x) = 7x + 0.01x^2 \ (元)$$

求边际利润函数及当日产量分别是 200 kg、250 kg 和 300 kg 时的边际利润,并说明其经济意义.

解 总利润函数 $L(x) = R(x) - C(x) = -0.01x^2 + 5x - 100$,

边际利润函数为 $L'(x) = -0.02x + 5$,日产量为 200 kg、250 kg 和 300 kg 时的边际利润分别是 $L'(200) = 1$ (元), $L'(250) = 0$ (元), $L'(300) = -1$ (元).

其经济意义是,在日产量为 200 kg 的基础上,再增加 1 kg 产量,利润可增加 1 元;在日产量为 250 kg 的基础上,再增加 1 kg 产量,利润无增加;在日产量为 300 kg 的基础上,再增加 1 kg 产量,利润将减少 1 元.

例 3-47 某公司的销售收入 R(单位:千元)是广告费用支出 x(单位:千元)的函数. 设 $R = f(x)$. (1)公司希望 $f'(x)$ 的符号是正还是负? (2)$f'(100) = 2$ 的实际意义是什么? 若 $f'(100) = 0.5$ 呢? (3)假设公司计划花费 100 000 元作为广告费,如果 $f'(100) = 2$,那么公司该花略多于还是略少于 100 000 元的广告费? $f'(100) = 0.5$ 呢?

解 (1)希望 $f'(x)$ 的符号是正.

(2)$f'(100) = 2$ 的实际意义为:在投入 100 000 元后,若再投入 1 000 元,收入将增加 2 000 元;$f'(100) = 0.5$ 的实际意义为:在投入 100 000 元后,若再投入 1 000 元,收入将增加 500 元.

(3)如果 $f'(100) = 2$,应该花费略多于 100 000 元的广告费;若 $f'(100) = 0.5$,应该花费略少于 100 000 元的广告费用.

三、弹性概念

弹性是经济学中的另一个重要概念,用来定量地描述一个经济变量对另一个经济变量变化的灵敏程度.

例如,设有 A 和 B 两种商品,其单价分别为 10 元和 100 元. 同时提价 1 元,显然改变量

相同，但提价的百分数大不相同，分别为 10% 和 1%. 前者是后者的 10 倍，因此，有必要研究函数的相对改变量及相对变化率，这在经济学中称为**弹性**. 它定量地反映了当一个经济量（自变量）变动时，另一个经济量（因变量）随之变动的灵敏程度，即当自变量变动百分之一时，因变量变动的百分数.

定义 3-4 设函数 $y = f(x)$ 在点 x 处可导，则函数的相对改变量 $\dfrac{\Delta y}{y}$ 与自变量的相对改变量 $\dfrac{\Delta x}{x}$ 之比，当 $\Delta x \to 0$ 时的极限：$\lim\limits_{\Delta x \to 0} \dfrac{\Delta y / y}{\Delta x / x} = \dfrac{x}{y} y' = \dfrac{x}{f(x)} f'(x)$ 称为函数 $y = f(x)$ 在点 x 处的弹性，记作 $\dfrac{Ey}{Ex}$ 或 $\dfrac{Ef(x)}{Ex}$，即

$$\frac{Ey}{Ex} = \frac{x}{f(x)} f'(x).$$

由定义 3-4 知，当 $\dfrac{\Delta x}{x} = 1\%$ 时，$\dfrac{\Delta y}{y} \approx \dfrac{Ey}{Ex}\%$. 可见，函数 $y = f(x)$ 的弹性具有下述意义：函数 $y = f(x)$ 在点 x_0 处的弹性 $\left.\dfrac{Ey}{Ex}\right|_{x=x_0}$ 表示在点 x_0 处当 x 改变 1% 时，函数 $y = f(x)$ 在 $f(x_0)$ 的水平上近似改变 $\left.\dfrac{Ey}{Ex}\right|_{x=x_0}\%$.

四、经济学中常见的弹性函数

1. 需求价格弹性

设某商品的需求量为 Q，价格为 P，需求函数 $Q = Q(P)$，则该商品需求对价格的弹性（简称需求价格弹性）为：$E_d = \dfrac{P}{Q} \dfrac{\mathrm{d}Q}{\mathrm{d}P}$.

注 一般来说，需求函数是价格的单调减少函数，故需求价格弹性为负值，有时为讨论方便，将其取绝对值，也称为需求价格弹性，并记为 η，即 $\eta = |E_d| = -\dfrac{P}{Q} \dfrac{\mathrm{d}Q}{\mathrm{d}P}$.

若 $\eta = 1$，此时商品需求量变动的百分比与价格变动的百分比相等，称为单位弹性或单一弹性；

若 $\eta < 1$，此时商品需求量变动的百分比低于价格变动的百分比，价格的变动对需求量的影响不大，称为缺乏弹性或低弹性；

若 $\eta > 1$，此时商品需求量变动的百分比高于价格变动的百分比，价格的变动对需求量的影响较大，称为富于弹性或高弹性.

2. 供给价格弹性

设某商品的供给量为 W，价格为 P，供给函数 $W = W(P)$，则该商品供给对价格的弹性（简称供给价格弹性）为：$E_s = \dfrac{P}{W} \dfrac{\mathrm{d}W}{\mathrm{d}P}$.

3. 需求弹性与总收益的关系

总收益 $R = PQ(P)$，所以 $R' = Q(P) + PQ'(P) = Q(P)\left[1 + Q'(P) \cdot \dfrac{P}{Q(P)}\right] = Q(P)[1-\eta]$.

注 ① 若 $\eta < 1$，即需求变动的幅度小于价格变动的幅度. 此时 $R' > 0$，说明收益 R 单调增加，即价格上涨，总收益增加；价格下跌，总收益减少.

② 若 $\eta > 1$，即需求变动的幅度大于价格变动的幅度. 此时 $R' < 0$，说明收益 R 单调减少，即价格上涨，总收益减少；价格下跌，总收益增加.

③ 若 $\eta = 1$，即需求变动的幅度等于价格变动的幅度. 此时 $R' = 0$，总收益保持不变，降低价格或提高价格对总收益都没有影响.

例 3-48 某商品需求函数为 $Q = 10 - \dfrac{P}{2}$，求（1）当 $P = 3$ 时的需求弹性；（2）在 $P = 3$ 时，若价格上涨 1%，其总收益是增加还是减少？它将变化多少？

解 （1）$\dfrac{EQ}{EP} = \dfrac{P}{Q}Q' = \left(-\dfrac{1}{2}\right) \cdot \dfrac{P}{10 - \dfrac{P}{2}} = \dfrac{P}{P-20}$.

当 $P = 3$ 时的需求弹性为

$$\left.\frac{EQ}{EP}\right|_{P=3} = -\frac{3}{17} \approx -0.18.$$

（2）总收益 $R = PQ = 10P - \dfrac{P^2}{2}$，总收益的价格弹性函数为

$$\frac{ER}{EP} = \frac{\mathrm{d}R}{\mathrm{d}P} \cdot \frac{P}{R} = (10 - P) \cdot \frac{P}{10P - \dfrac{P^2}{2}} = \frac{2(10-P)}{20-P},$$

在 $P = 3$ 时，总收益的价格弹性为

$$\left.\frac{ER}{EP}\right|_{P=3} = \left.\frac{2(10-P)}{20-P}\right|_{P=3} \approx 0.82.$$

故在 $P = 3$ 时，若价格上涨 1%，需求仅减少 0.18%，总收益将增加，总收益约增加 0.82%.

4. 弹性在需求分析中的应用

弹性的概念及弹性理论在实际应用中都会起到重要作用. 在经济管理中，弹性对分析产品的需求、供给和收益，给决策者提供有力可靠的理论依据起到了重要作用.

当自变量 x 和因变量 y 代表不同背景的实际问题时，其弹性 E_{yx} 的意义也不同. 如 x 代表某种商品的价格，y 代表顾客对该商品的需求量，那么 E_{yx} 表示当产品价格有 1% 的变化时，相应需求的变化为 $E_{yx}\%$. 由于需求函数一般是减函数，所以它的边际函数 $f'(x)$ 小于零. 因此，需求价格弹性 E_{yx} 取负值，经济学中常规定需求价格弹性为

$$E_{yx} = -\frac{f'(x)}{f(x)} x$$

这样，需求价格弹性便取正值. 即便如此，经济学上在对需求价格弹性做经济意义的解释时，也应理解为需求量的变化与价格的变化是反方向的.

经济学中对需求价格弹性有下述规定：当某商品的需求价格弹性 $E_{DP} > 1$ 时，则称该商品的需求量对价格**富有弹性**；当某商品的需求价格弹性 $E_{DP} < 1$ 时，则称该商品的需求量对价格**溃乏弹性**；当 $E_{DP} = 1$ 时，则称该商品具有**单位弹性**. 如果某商品因适应市场需求而降低了产品的价格，会不会因此而降低了收益呢？针对该问题做以下分析.

1) 富有弹性商品

此时需求价格弹性大于 1，若将其价格提高 1%，则需求量下降将超过 1%，因而总收益减少；反之，若将其价格下降 1%，则需求量增加将超过 1%，因而总收益增加. 即当商品富有弹性时，适当的降价会使收益增加，提价会使收益减少.

2) 溃乏弹性商品

此时需求价格弹性小于 1，若将其价格提高 1%，则需求量下降将低于 1%，因而总收益增加；反之，若将其价格下降 1%，则需求量增加将低于 1%，因而总收益减少. 即当商品溃乏弹性时，适当的提价会使收益增加，降价会使收益减少.

3) 单位弹性商品

此时需求价格弹性等于 1，若将其价格提高 1%，则需求量下降为 1%，总收益不变；若将其价格下降 1%，则需求量增加为 1%，总收益不变.

以上通过对需求价格弹性大于 1、小于 1 和等于 1 的讨论，分别给出了使总收益增加的提价和降价策略.

例 3-49 设某商品的需求函数为 $Q = 100 - 5P, \quad P \in (0, 20)$，其中 Q 为需求量.

（1）求需求量对价格的弹性 $E_{QP}(E_{QP} > 0)$；

（2）推导 $\dfrac{\mathrm{d}R}{\mathrm{d}P} = Q(1 - E_{QP})$，其中 R 为收益，并用弹性 E_{QP} 说明在何范围内变化时，降价反而使收益增加.

解 （1） $E_{QP} = \left| \dfrac{Q'(P)}{Q(P)} P \right| = \left| -\dfrac{5P}{100 - 5P} \right| = \dfrac{P}{20 - P}$.

（2） $R = PQ = 100P - 5P^2 \Rightarrow \dfrac{\mathrm{d}R}{\mathrm{d}P} = 100 - 10P = (100 - 5P) - 5P$

$$= Q - 5P = (Q - QE_{QP}) + (QE_{QP} - 5P) = Q(1 - E_{QP}).$$

其中 $\qquad (QE_{QP} - 5P) = (100 - 5P)\dfrac{P}{20 - P} - 5P = 5P - 5P = 0$，

令 $E_{QP} = 1$，解得 $P = 10$. 当 $10 < P < 20$ 时，$E_{QP} > 1$，降价反而使收益增加.

习 题 3-6

1. 求函数 $x^2 \mathrm{e}^{-x}$ 的边际函数与弹性函数.

2. 某工厂对其产品情况进行统计分析后得出总利润 $L(Q)$（元）与每月产量 Q（t）的关系为 $L = L(Q) = 250Q - 5Q^2$，试确定每月生产 20 t、25 t、35 t 时的边际利润，并作出经济解释.

3. 某商品的价格 P 关于需求量 Q 的函数为 $P = 10 - \dfrac{Q}{5}$，求：

（1）总收益函数、平均收益函数和边际收益函数；（2）当 $Q = 20$ 个单位时的总收益、平均收益和边际收益.

4. 某工厂的日产量为 $Q(L) = 900L^{\frac{1}{3}}$，其中 L 是工人的数量，现有 1 000 个工人，若想使日产量增加 15 个单位，应增加多少工人？

5. 某商品的需求量 Q 关于价格 P 的函数为 $Q = 75 - P^2$，求：（1）当 $P = 4$ 时的需求的价格弹性，并说明其经济意义；（2）当 $P = 4$ 时，若价格提高 1%，总收益是增加还是减少，变化百分之几？

6. 设某商品的生产函数为 $Q = 1.2K^{0.5}L^{0.5}$.（1）计算资本弹性与劳动力弹性；（2）计算生产力弹性.

7. 已知某企业的某种产品需求弹性在 1.3 与 2.1 之间，如果该企业准备明年将价格降低 10%，问这种商品的销售量预期会增加多少?总收入会增加多少?

本 章 习 题

一、选择题

1. 若下列极限存在，则成立的是（　　　）.

A. $\lim\limits_{\Delta x \to 0^+} \dfrac{f(1 + \Delta x) - f(1)}{\Delta x} = f'(1)$　　　　B. $\lim\limits_{\Delta x \to 0^-} \dfrac{f(1 + \Delta x) - f(1)}{\Delta x} = f'(1)$

C. $\lim\limits_{\Delta x \to 0} \dfrac{f(a + \Delta x) - f(a - \Delta x)}{\Delta x} = f'(a)$　　　　D. $\lim\limits_{\Delta x \to 0} \dfrac{f(a) - f(a - \Delta x)}{\Delta x} = f'(a)$

2. 下列说法正确的是（　　　）.

A. 可导的必要条件是连续

B. 可导的充要条件是连续

C. 导数存在的充要条件是左导数、右导数都存在

D. 极限存在的充要条件是左极限、右极限都存在

3. 设 $y = \ln \pi x,\ x > 0,$ 则 $\mathrm{d}y = $（　　　）.

A. $\dfrac{1}{\pi x}\mathrm{d}x$　　　　　　B. $\dfrac{1}{x}\mathrm{d}x$　　　　　　C. $\dfrac{\pi}{x}\mathrm{d}x$　　　　　　D. $\left(\dfrac{1}{\pi} + \dfrac{1}{x}\right)\mathrm{d}x$

4. 设函数 $f(x) = \begin{cases} \dfrac{2}{3}x^2 & x \leqslant 1 \\ x^2 & x > 1 \end{cases}$，$f(x)$ 在 $x = 1$ 处的（　　　）.

A. 左右导数都存在　　　　　　　　　　B. 左导数存在，但右导数不存在

C. 左导数不存在，但右导数存在　　　　D. 左、右导数都不存在

5. 设函数 $f(x) = x \ln 2x$ 在 x_0 处可导，且 $f'(x_0) = 2$，则 $f(x_0)$ 等于（　　　）.

A. 1　　　　　　　B. $\dfrac{e}{2}$　　　　　　　C. $\dfrac{2}{e}$　　　　　　　D. e

6. 设函数 $f(x)$ 在点 $x=a$ 处可导，则 $\lim\limits_{x\to 0}\dfrac{f(a+x)-f(a-x)}{x}$ 等于（　　）.

A. 0　　　　　　　B. $f'(a)$　　　　　　　C. $2f'(a)$　　　　　　　D. $f'(2a)$

7. 设函数 $f(x)$ 可微，则当 $\Delta x\to 0$ 时，$\Delta y-\mathrm{d}y$ 与 Δx 相比是（　　）.

A. 等价无穷小　　　　　　　　　　B. 同阶非等价无穷小

C. 低阶无穷小　　　　　　　　　　D. 高阶无穷小

8. 设函数 $y=y(x)$ 由参数方程 $\begin{cases} x=t^2+2t \\ y=\ln(1+t) \end{cases}$ 确定，则曲线 $y=y(x)$ 在 $x=3$ 处的法线与 x 轴交点的横坐标是（　　）.

A. $\dfrac{1}{8}\ln 2+3$　　　　B. $-\dfrac{1}{8}\ln 2+3$　　　　C. $-8\ln 2+3$　　　　D. $8\ln 2+3$

二、填空题

1. 设函数 $f(x)=x|x|$，则 $f'(0)=$＿＿＿＿＿＿＿＿.

2. 设函数 $f(x)=xe^x$，则 $f''(0)=$＿＿＿＿＿＿＿＿.

3. 设函数 $f(x)$ 在 x_0 处可导，且 $f(x_0)=0$，$f'(x_0)=1$，则 $\lim\limits_{n\to\infty} nf\left(x_0+\dfrac{1}{n}\right)=$＿＿＿＿＿＿＿＿.

4. 曲线 $y=x^2-2x+8$ 上点＿＿＿＿＿＿＿处的切线平行于 x 轴，点＿＿＿＿＿＿＿处的切线与 x 轴正向的交角为 $\dfrac{\pi}{4}$.

5. 若 $\lim\limits_{x\to 0}\dfrac{x}{f(2x)}=2$，则 $\lim\limits_{x\to 0}\dfrac{f(4x)}{x}=$＿＿＿＿＿＿＿＿.

三、计算题

1. 求曲线 $\begin{cases} x=\sin t \\ y=\cos 2t \end{cases}$ 在 $t=\dfrac{\pi}{6}$ 处的切线方程和法线方程.

2. 求 $y=\ln(x+\sqrt{a^2+x^2})$ 的二阶导数.

3. 设 $\begin{cases} x=1+\cos^2\dfrac{t}{2} \\ y=t\cos t-\sin t \end{cases}$ 确定了函数 $y=y(x)$，求 $\dfrac{\mathrm{d}y}{\mathrm{d}x}$，$\dfrac{\mathrm{d}^2 y}{\mathrm{d}x^2}$，$\left.\dfrac{\mathrm{d}^2 y}{\mathrm{d}x^2}\right|_{t=\frac{\pi}{4}}$.

4. 若函数 $y=y(x)$ 由方程 $e^y-xy=2e$ 确定，求 $\dfrac{\mathrm{d}y}{\mathrm{d}x}$ 及 $\left.\dfrac{\mathrm{d}^2 y}{\mathrm{d}x^2}\right|_{x=0}$.

5. 设 $f(x)$ 在 $x=0$ 处可导，且 $f'(0)=\dfrac{1}{3}$，又对任意的 x 有 $f(3+x)=3f(x)$，求 $f'(3)$.

6. 设函数 $f(x)=\begin{cases} x^2 & x\leqslant\dfrac{1}{2} \\ ax+b & x>\dfrac{1}{2} \end{cases}$，适当选择 a，b 的值，使得 $f(x)$ 在 $x=\dfrac{1}{2}$ 处可导.

7. 若 $y^2 f(x) + x f(x) = x^2$，其中 $f(x)$ 为可微函数，求 $\mathrm{d}y$.

四、应用题

1. 设 $f(x) = \begin{cases} x^n \sin \dfrac{1}{x} & x \neq 0 \\ 0 & x = 0 \end{cases}$（$n$ 为正整数），问当 n 取何值时，$f(x)$ 在 $x = 0$ 处连续；$f(x)$ 在 $x = 0$ 处可导，并求 $f'(x)$；$f'(x)$ 在 $x = 0$ 处连续.

2. $f(x) = \begin{cases} \dfrac{x}{1 - \mathrm{e}^{\frac{1}{x}}} & x \neq 0 \\ 0 & x = 0 \end{cases}$，请问 $f'_+(0)$，$f'_-(0)$ 是否存在.

3. 设某商品的总收益 R 关于销售量 Q 的函数为 $R(Q) = 104Q - 0.4Q^2$，求：当销售量为 Q 时，总收入的边际收入；当销售量 $Q = 50$ 个单位时，总收入的边际收入；当销售量 $Q = 100$ 个单位时，总收入对 Q 的弹性.

第四章　微分中值定理及导数的应用

本章给出微积分中的重要定理——微分中值定理，基于微分中值定理和导数可以研究函数的基本性态，如单调性、凹凸性、极值等. 通过分析函数性态可以进一步描绘函数的图像，从而解决函数相关的一些实际问题.

第一节　微分中值定理

一、罗尔定理

定理 4-1（罗尔定理）　如果函数 $y = f(x)$ 在闭区间 $[a,b]$ 上连续，在开区间 (a,b) 内可导，$f(x)$ 在区间的两个端点处函数值相等，即 $f(a) = f(b)$，则在 (a,b) 内至少存在一点 ξ，使得 $f'(\xi) = 0$.

证　由闭区间上连续函数的性质知，$y = f(x)$ 在闭区间 $[a,b]$ 上必取得最大值 M 和最小值 m.

（1）若 $M = m$，则 $f(x)$ 在 $[a,b]$ 上必恒等于常数 M，那么在 (a,b) 内恒有 $f'(x) = 0$. 所以任取 $\xi \in (a,b)$，都有 $f'(\xi) = 0$.

（2）若 $M \neq m$，因为端点处 $f(a) = f(b)$，所以 M 和 m 中至少有一个不等于 $f(a)$，不妨设 $M \neq f(a)$，则至少有一点 $\xi \in (a,b)$，使得 $f(\xi) = M$.

对于自变量增量 Δx，若 $\xi + \Delta x \in (a,b)$，则一定有

$$f(\xi + \Delta x) - f(\xi) \leqslant 0.$$

当 $\Delta x > 0$ 时，有 $\dfrac{f(\xi + \Delta x) - f(\xi)}{\Delta x} \leqslant 0$；

当 $\Delta x < 0$ 时，有 $\dfrac{f(\xi + \Delta x) - f(\xi)}{\Delta x} \geqslant 0$.

由于 $f(x)$ 在开区间 (a,b) 内可导，故 $f'(\xi)$ 存在，由极限的保号性知

当 $\Delta x > 0$ 时，有 $f'_+(\xi) = \lim\limits_{\Delta x \to 0^+} \dfrac{f(\xi + \Delta x) - f(\xi)}{\Delta x} \leqslant 0$；

当 $\Delta x < 0$ 时，有 $f'_-(\xi) = \lim\limits_{\Delta x \to 0^-} \dfrac{f(\xi + \Delta x) - f(\xi)}{\Delta x} \geqslant 0$，

因此有 $f'(\xi) = 0$.

罗尔定理的几何解释：如果在闭区间 $[a,b]$ 上的连续光滑曲线 $y = f(x)$ 在端点 A、B 处的纵坐标相等，则在曲线 $\overset{\frown}{AB}$ 上至少有一点 $C(\xi_1, f(\xi_1))$，该曲线在点 C 处的切线平行于 x 轴，即 $f'(\xi_1) = 0$（见图 4-1）.

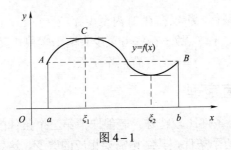

图 4-1

例如， $f(x) = x^2 - 2x - 3$ 在 $[-1,3]$ 上连续， 在 $(-1,3)$ 内可导， 端点函数值相等， 即 $f(-1) = f(3) = 0$.满足罗尔定理的 3 个条件，因为 $f'(x) = 2(x-1)$ ，可以取 $\xi = 1$, $(1 \in (-1,3))$ ，有 $f'(\xi) = 0$.

注 罗尔定理的条件缺一不可. 3 个条件中只要有一个不满足，其结论就可能不成立.

例如，函数 $y = |x|, x \in [-2,2]$ ，此函数在 $[-2,2]$ 上除 $f'(0)$ 不存在外，满足罗尔定理的其他条件，但在 $(-2,2)$ 内找不到一点 ξ ，使得 $f'(\xi) = 0$.

又如，函数 $y = \begin{cases} 1-x & x \in (0,1) \\ 0 & x = 0 \end{cases}$ ，该函数在闭区间 $[0,1]$ 的左端点不连续，不满足罗尔定理的第一个条件，在 $(0,1)$ 内该函数找不到一点 ξ ，使得 $f'(\xi) = 0$.

对于函数 $y = x, x \in [0,1]$ ，满足罗尔定理的前两个条件，但是该函数在两个端点处函数值不相等，它在 $(0,1)$ 内也找不到一点 ξ ，使得 $f'(\xi) = 0$.

例 4-1 证明方程 $x^5 - 5x + 1 = 0$ 有且仅有一个小于 1 的正实根.

证 首先证明存在性.

设 $f(x) = x^5 - 5x + 1$ ，则 $f(x)$ 在 $[0,1]$ 上连续，且 $f(0) = 1$ ， $f(1) = -3$.

由零点定理知， 存在 $x_0 \in (0,1)$ ，使得 $f(x_0) = 0$. 所以方程 $x^5 - 5x + 1 = 0$ 存在一个小于 1 的正实根.

其次证明唯一性.（反证法）

设另外还有一点 $x_1 \in (0,1), x_1 \neq x_0$ ，使得 $f(x_1) = 0$.

$f(x)$ 在闭区间 $[x_0, x_1]$ 或 $[x_1, x_0]$ 上满足罗尔定理的 3 个条件，故 $f(x)$ 在 x_0 与 x_1 之间至少存在一点 ξ ，使得 $f'(\xi) = 0$.

但 $f'(x) = 5(x^4 - 1) < 0$ ， $x \in (0,1)$ ，产生矛盾，因此，方程 $x^5 - 5x + 1 = 0$ 有且仅有一个小于 1 的正实根.

例 4-2 设 $f(x)$ 在 $[0,1]$ 上连续，在 $(0,1)$ 内可导，且 $f(1) = 0$ ，证明存在一点 $\xi \in (0,1)$ ，使 $f(\xi) + \xi f'(\xi) = 0$.

证 首先构造辅助函数 $\varphi(x)$ ，然后基于罗尔定理给出证明.

设 $\varphi(x) = xf(x)$,满足闭区间 $[0,1]$ 上连续,开区间 $(0,1)$ 内可导,两个端点处 $\varphi(0) = \varphi(1) = 0$ ，满足罗尔定理的 3 个条件，由罗尔定理可得，至少存在一点 $\xi \in (0,1)$ ，使得 $\varphi'(\xi) = 0$ ，即 $f(\xi) + \xi f'(\xi) = 0$.

例 4-3 在不求出导数的前提下判别函数 $f(x) = (x-1)(x-2)(x-3)$ 的导函数 $f'(x) = 0$ 有几个实根.

解 因为 $f(1) = f(2) = f(3) = 0$ ，且 $f(x)$ 为多项式函数，于是在闭区间 $[1,2]$ 和 $[2,3]$ 上

$f(x)$ 满足罗尔定理的 3 个条件，所以在 $(1,2)$ 内至少存在一点 ξ_1，使得 $f'(\xi_1)=0$．在 $(2,3)$ 内也至少存在一点 ξ_2，使得 $f'(\xi_2)=0$．故 $f'(x)=0$ 至少有两个实根，又由于 $f'(x)$ 为二次多项式，最多只能有两个实根，所以 $f'(x)=0$ 恰好有两个实根．

二、拉格朗日中值定理

罗尔定理满足的第三个条件比较特殊，若能取消第三个条件的限制可能会有更好的适用性．若只满足罗尔定理的前两个条件，其结论需要相应的改变，这就可以得到微积分中一个非常重要的定理——拉格朗日中值定理．

定理 4-2（拉格朗日中值定理） 如果函数 $y=f(x)$ 在闭区间 $[a,b]$ 上连续，在开区间 (a,b) 内可导，则在区间 (a,b) 内至少存在一点 ξ，使得

$$f(b)-f(a)=f'(\xi)(b-a) \qquad (a<\xi<b),$$

或者

$$\frac{f(b)-f(a)}{b-a}=f'(\xi) \qquad (a<\xi<b).$$

此等式称为拉格朗日公式，拉格朗日中值定理也称为微分中值定理．

证 下面利用罗尔定理证明拉格朗日中值定理，要证明结论

$$f(b)-f(a)=f'(\xi)(b-a),$$

也就是证明 $f'(\xi)(b-a)-[f(b)-f(a)]=0$．

基于罗尔定理的结论，可令 $\varphi'(\xi)=f'(\xi)(b-a)-[f(b)-f(a)]$

作辅助函数 $\varphi(x)=f(x)(b-a)-[f(b)-f(a)]x$，有

$$\varphi(a)=f(a)(b-a)-[f(b)-f(a)]a=bf(a)-af(b),$$

$$\varphi(b)=f(b)(b-a)-[f(b)-f(a)]b=bf(a)-af(b),$$

即 $\varphi(a)=\varphi(b)$，故 $\varphi(x)$ 在闭区间 $[a,b]$ 上连续，在开区间 (a,b) 内可导，端点函数值相等，满足罗尔定理的 3 个条件，由罗尔定理知，在区间 (a,b) 内至少存在一点 ξ，使 $\varphi'(\xi)=0$，即 $f(b)-f(a)=f'(\xi)(b-a)$．

拉格朗日中值定理的几何意义：若在连续曲线 $y=f(x)$ 的弧 $\overset{\frown}{AB}$ 上除端点外有处处不垂直于 x 轴的切线，则在此弧上至少存在一点 $C(\xi,f(\xi))$，使得在 C 点处的切线平行于弦 $\overline{AB}$．其中，点 C 的横坐标为 ξ，则点 C 处的切线的斜率为 $f'(\xi)$，弦 $\overline{AB}$ 是由点 $A(a,f(a))$ 和点 $B(b,f(b))$ 连接的直线段，它的斜率为 $\dfrac{f(b)-f(a)}{b-a}$（见图 4-2）．

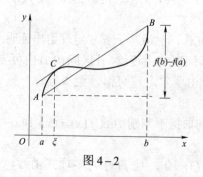

图 4-2

作为拉格朗日中值定理的一个特例，当 $f(a)=f(b)$ 时，则拉格朗日公式写成 $f'(\xi)=0$，此时为罗尔定理的结论.故罗尔定理是特殊的拉格朗日中值定理.下面给出拉格朗日中值定理的两个推论.

推论 4−1 如果函数 $y=f(x)$ 在开区间 (a,b) 内任意一点的导数 $f'(x)$ 都等于零，则函数 $y=f(x)$ 在 (a,b) 内是一个常数.

证 在 (a,b) 内任取两点 x_1，x_2，不妨设 $x_1<x_2$，$y=f(x)$ 在 $[x_1,x_2]$ 上满足拉格朗日中值定理的两个条件，则至少存在一点 $\xi\in(x_1,x_2)$ 使得

$$f(x_2)-f(x_1)=f'(\xi)(x_2-x_1).$$

由于 $\forall\, x\in(a,b)$，$f'(x)=0$，故 $f'(\xi)=0$，从而有 $f(x_1)=f(x_2)$.这说明，在区间 $[x_1,x_2]$ 上任意两点的函数值都是相等的，即 $f(x)$ 在 (a,b) 内为常数.

推论 4−2 如果两个函数 $\varphi(x)$ 与 $\psi(x)$ 在区间 (a,b) 内每一点的导数都相等，则函数 $\varphi(x)$ 与 $\psi(x)$ 在区间 (a,b) 内必定相差一个常数.

证 设 $p(x)=\varphi(x)-\psi(x)$，因为在 (a,b) 内 $\varphi'(x)=\psi'(x)$，所以在区间 (a,b) 内有 $p'(x)=\varphi'(x)-\psi'(x)=0$，由推论 4−1 可知，在区间 (a,b) 内 $p(x)\equiv C$（C 为常数），即 $\varphi(x)-\psi(x)=C$.

可以利用拉格朗日中值定理去证明恒等式或不等式.

例 4−4 证明：当 $-1\leqslant x\leqslant 1$ 时，$\arcsin x+\arccos x=\dfrac{\pi}{2}$.

证 设函数 $f(x)=\arcsin x+\arccos x\ (-1\leqslant x\leqslant 1)$，则

$$f'(x)=\frac{1}{\sqrt{1-x^2}}-\frac{1}{\sqrt{1-x^2}}=0,$$

由推论 4−1 知 $f(x)\equiv C$（C 为常数），可取 $f(0)=\arcsin 0+\arccos 0=0+\dfrac{\pi}{2}=\dfrac{\pi}{2}$，即 $C=\dfrac{\pi}{2}$.

从而有 $\arcsin x+\arccos x=\dfrac{\pi}{2}(-1\leqslant x\leqslant 1)$ 成立.

例 4−5 证明：当 $x>0$ 时，$\dfrac{x}{1+x}<\ln(1+x)<x$.

证 设函数 $f(t)=\ln(1+t)$，$f(t)$ 在区间 $[0,x]$ 上满足拉格朗日中值定理的两个条件，则至少存在一点 $\xi\in(0,x)$，使得 $f(x)-f(0)=f'(\xi)(x-0)$ 成立.

由于 $f(0)=0$，$f'(t)=\dfrac{1}{1+t}$，所以有

$$\ln(1+x)=\frac{x}{1+\xi}.$$

因为 $\xi\in(0,x)$，所以有 $\dfrac{x}{1+x}<\dfrac{x}{1+\xi}<x$，即当 $x>0$ 时，有

$$\frac{x}{1+x}<\ln(1+x)<x.$$

三、柯西中值定理

通过拉格朗日中值定理可知，若在连续光滑曲线 $Y = G(X)$ 的弧 $\overset{\frown}{AB}$ 上除端点外有处处不垂直于 x 轴的切线，则在此弧上至少存在一点 C，使得在 C 点处的切线平行于弦 $\overline{AB}$．如果连续光滑曲线 $Y = G(X)$ 用参数方程 $\begin{cases} X = F(x) \\ Y = f(x) \end{cases}, a \leqslant x \leqslant b$ 表示（见图 $4-3$）．

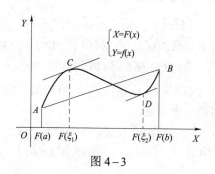

图 $4-3$

其中 x 为参数，则曲线上任意一点 (X, Y) 处的切线斜率为 $\dfrac{\mathrm{d}Y}{\mathrm{d}X} = \dfrac{f'(x)}{F'(x)}$，而弦 $\overline{AB}$ 的斜率为 $\dfrac{f(b) - f(a)}{F(b) - F(a)}$，若点 C 对应于参数 $x = \xi_1$，则曲线上点 C 处切线平行于弦 $\overline{AB}$，即 $\dfrac{f(b) - f(a)}{F(b) - F(a)} = \dfrac{f'(\xi_1)}{F'(\xi_1)}$．

定理 4-3（柯西中值定理）如果函数 $f(x)$ 和 $F(x)$ 在闭区间 $[a, b]$ 上连续，在开区间 (a, b) 内可导，且对于任意的 $x \in (a, b)$，$F'(x) \neq 0$，则在区间 (a, b) 内至少存在一点 ξ，使得

$$\frac{f(b) - f(a)}{F(b) - F(a)} = \frac{f'(\xi)}{F'(\xi)} \qquad (a < \xi < b).$$

显然，若取 $F(x) = x$，那么 $F(b) - F(a) = b - a$，$F'(x) = 1$，此时的柯西中值定理的结论就转变成了拉格朗日公式，故拉格朗日中值定理是柯西中值定理的特殊情况．

习 题 4-1

1. 若 $f(x)$ 在 $\left[0, \dfrac{\pi}{2}\right]$ 上连续，在 $\left(0, \dfrac{\pi}{2}\right)$ 内可导，则证明 $\left(0, \dfrac{\pi}{2}\right)$ 内至少存在一点 ξ，使得 $f'(\xi) \sin 2\xi + 2 f(\xi) \cos 2\xi = 0$．

2. 应用拉格朗日中值定理的推论证明恒等式：

$$\arctan x + \arccos \frac{x}{\sqrt{1 + x^2}} = \frac{\pi}{2}.$$

3. 设 $f(x) = (x - 1)(x - 2)(x - 3)(x - 4)$，不求出导数，判别 $f'(x) = 0$ 有几个实根．

第二节 洛必达法则

如果在自变量的同一变化过程中，两个函数 $f(x)$ 与 $g(x)$ 同时趋于无穷大或同时趋于零，那么 $\lim\limits_{\substack{x\to a\\(x\to\infty)}}\dfrac{f(x)}{g(x)}$ 可能存在，也可能不存在．通常把这种极限称为未定式，并分别记为 $\dfrac{\infty}{\infty}$ 型或 $\dfrac{0}{0}$ 型．例如，极限 $\lim\limits_{x\to 0}\dfrac{\sin x}{x}$ 就是 $\dfrac{0}{0}$ 型未定式．对于这类极限，不能直接运用商的极限运算法则．洛必达法则是求上述极限的一种有效的方法，下面给出两种不同类型下的洛必达法则．

一、当 $x\to a$ 时的 $\dfrac{0}{0}$ 型未定式

定理 4-4 设

（1） $\lim\limits_{x\to a}f(x)=0$，$\lim\limits_{x\to a}g(x)=0$；

（2）在点 a 的某去心邻域内，$f'(x)$ 及 $g'(x)$ 都存在，且 $g'(x)\neq 0$；

（3） $\lim\limits_{x\to a}\dfrac{f'(x)}{g'(x)}=A$ 存在（或为 ∞）；

则
$$\lim_{x\to a}\frac{f(x)}{g(x)}=\lim_{x\to a}\frac{f'(x)}{g'(x)}.$$

证 因为求 $\lim\limits_{x\to a}\dfrac{f'(x)}{g'(x)}$ 与 $f(a)$ 及 $g(a)$ 无关，所以可以假定 $f(a)=g(a)=0$．由条件（1）和（2）可知，$f(x)$ 及 $g(x)$ 在点 a 的邻域内是连续的．设 x 为点 a 的邻域内任意一点，则在 $[x,a]$ 或 $[a,x]$ 上，$f(x)$ 及 $g(x)$ 满足柯西中值定理的所有条件，因此有
$$\frac{f(x)}{g(x)}=\frac{f(x)-f(a)}{g(x)-g(a)}=\frac{f'(\xi)}{g'(\xi)},\ \text{（其中 } \xi \text{ 在 } a \text{ 与 } x \text{ 之间）}.$$

令 $x\to a$，对上式两端求极限，因当 $x\to a$ 时，$\xi\to a$，则有
$$\lim_{x\to a}\frac{f(x)}{g(x)}=\lim_{x\to a}\frac{f'(\xi)}{g'(\xi)}=\lim_{\xi\to a}\frac{f'(\xi)}{g'(\xi)}=\lim_{x\to a}\frac{f'(x)}{g'(x)}=A.$$

若 $\dfrac{f'(x)}{g'(x)}$ 当 $x\to a$ 时仍然属于 $\dfrac{0}{0}$ 型未定式，且 $f'(x)$ 与 $g'(x)$ 仍满足柯西中值定理的所有条件，那么可以继续使用洛必达法则，即 $\lim\limits_{x\to a}\dfrac{f(x)}{g(x)}=\lim\limits_{x\to a}\dfrac{f'(x)}{g'(x)}=\lim\limits_{x\to a}\dfrac{f''(x)}{g''(x)}$，以此类推．

需要指出，在洛必达法则中，如果把 $x\to a$ 换成 $x\to\infty$，定理 4-4 中的结论仍然成立．

例 4-6 求 $\lim\limits_{x\to 0}\dfrac{\sin 2x}{\sin 3x}$．

解 $\lim\limits_{x\to 0}\dfrac{\sin 2x}{\sin 3x}=\lim\limits_{x\to 0}\dfrac{(\sin 2x)'}{(\sin 3x)'}=\lim\limits_{x\to 0}\dfrac{2\cos 2x}{3\cos 3x}=\dfrac{2}{3}.$

例 4－7　求 $\lim\limits_{x\to 1}\dfrac{x^3-3x+2}{x^3-x^2-x+1}$.

解　$\lim\limits_{x\to 1}\dfrac{x^3-3x+2}{x^3-x^2-x+1}=\lim\limits_{x\to 1}\dfrac{3x^2-3}{3x^2-2x-1}=\lim\limits_{x\to 1}\dfrac{6x}{6x-2}=\dfrac{3}{2}$.

例 4－8　求 $\lim\limits_{x\to 0}\dfrac{x-\sin x}{x^3}$.

解　$\lim\limits_{x\to 0}\dfrac{x-\sin x}{x^3}=\lim\limits_{x\to 0}\dfrac{1-\cos x}{3x^2}=\lim\limits_{x\to 0}\dfrac{\sin x}{6x}=\lim\limits_{x\to 0}\dfrac{\cos x}{6}=\dfrac{1}{6}$.

例 4－9　求 $\lim\limits_{x\to +\infty}\dfrac{\dfrac{\pi}{2}-\arctan x}{\dfrac{1}{x}}$.

解　$\lim\limits_{x\to +\infty}\dfrac{\dfrac{\pi}{2}-\arctan x}{\dfrac{1}{x}}=\lim\limits_{x\to +\infty}\dfrac{-\dfrac{1}{1+x^2}}{-\dfrac{1}{x^2}}=\lim\limits_{x\to +\infty}\dfrac{x^2}{1+x^2}=\lim\limits_{x\to +\infty}\dfrac{1}{\dfrac{1}{x^2}+1}=1$.

二、当 $x\to a$ 时的 $\dfrac{\infty}{\infty}$ 型未定式

定理 4－5　设

（1）$\lim\limits_{x\to a}f(x)=\infty$，$\lim\limits_{x\to a}g(x)=\infty$；

（2）在点 a 的去心邻域内，$f'(x)$ 及 $g'(x)$ 都存在，且 $g'(x)\neq 0$；

（3）$\lim\limits_{x\to a}\dfrac{f'(x)}{g'(x)}$ 存在（或 ∞）；

则
$$\lim_{x\to a}\frac{f(x)}{g(x)}=\lim_{x\to a}\frac{f'(x)}{g'(x)}.$$

需要指出，在洛必达法则中，如果把 $x\to a$ 换成 $x\to\infty$ 时，定理 4－5 中的结论仍然成立.

例 4－10　求 $\lim\limits_{x\to +\infty}\dfrac{\ln x}{x^n}(n>0)$.

解　$\lim\limits_{x\to +\infty}\dfrac{\ln x}{x^n}=\lim\limits_{x\to +\infty}\dfrac{\dfrac{1}{x}}{nx^{n-1}}=\lim\limits_{x\to +\infty}\dfrac{1}{nx^n}=0$.

例 4－11　求 $\lim\limits_{x\to +\infty}\dfrac{x^n}{e^{\lambda x}}$（$n$ 为正整数，$\lambda>0$）.

解　连续应用洛必达法则 n 次，得

$$\lim_{x\to +\infty}\frac{x^n}{e^{\lambda x}}=\lim_{x\to +\infty}\frac{nx^{n-1}}{\lambda e^{\lambda x}}=\lim_{x\to +\infty}\frac{n(n-1)x^{n-2}}{\lambda^2 e^{\lambda x}}=\cdots=\lim_{x\to +\infty}\frac{n!}{\lambda^n e^{\lambda x}}=0.$$

事实上，如果在例 4－11 中的 n 不是正整数而是任意正数，极限仍为零.

例 4－10 及例 4－11 表明：在 $x\to\infty$ 过程中，幂函数比对数函数增大的速度快得多，而

指数函数又比幂函数增大的速度快得多.

三、其他的未定式（$0 \cdot \infty, \infty - \infty, 0^0, 1^\infty, \infty^0$ 型）

如果 $f(x) \cdot g(x)$ 乘积为 $0 \cdot \infty$ 型未定式，先把它改写为

$$f \cdot g = \frac{f}{\dfrac{1}{g}} \quad (或 \dfrac{g}{\dfrac{1}{f}}),$$

即 $\dfrac{0}{0}$(或 $\dfrac{\infty}{\infty}$)型未定式，再应用洛必达法则求其极限.

如果 $f(x) \to \infty$，$g(x) \to \infty$，则 $f - g$ 总可化为 $\dfrac{0}{0}$ 型未定式，如

$$f - g = \frac{\dfrac{1}{g} - \dfrac{1}{f}}{\dfrac{1}{f} \cdot \dfrac{1}{g}}.$$

如果 $y = f(x)^{g(x)}$ 为 0^0，1^∞，∞^0 型未定式，可以对其取对数 $\ln y = g(x) \cdot \ln f(x)$，使其成为 $0 \cdot \infty$ 型未定式.

例 4-12　求 $\lim\limits_{x \to 0^+} x^n \cdot \ln x \quad (n > 0)$.

解　此极限为 $0 \cdot \infty$ 型未定式，因为

$$x^n \cdot \ln x = \frac{\ln x}{\dfrac{1}{x^n}},$$

当 $x \to 0^+$ 时，上式右端是 $\dfrac{\infty}{\infty}$ 型未定式，应用洛必达法则得

$$\lim_{x \to 0^+} x^n \cdot \ln x = \lim_{x \to 0^+} \frac{\ln x}{x^{-n}} = \lim_{x \to 0^+} \frac{\dfrac{1}{x}}{-nx^{-n-1}} = \lim_{x \to 0^+} \frac{-x^n}{n} = 0 .$$

例 4-13　求 $\lim\limits_{x \to \frac{\pi}{2}}(\sec x - \tan x)$.

解　此极限为 $\infty - \infty$ 型未定式，变形为

$$\sec x - \tan x = \frac{1 - \sin x}{\cos x},$$

当 $x \to \dfrac{\pi}{2}$ 时，上式右端是 $\dfrac{0}{0}$ 型未定式.应用洛必达法则，得

$$\lim_{x \to \frac{\pi}{2}}(\sec x - \tan x) = \lim_{x \to \frac{\pi}{2}} \frac{1 - \sin x}{\cos x} = \lim_{x \to \frac{\pi}{2}} \left(\frac{-\cos x}{-\sin x} \right) = 0 .$$

例 4-14　求 $\lim\limits_{x \to 0^+} x^x$.

解　此极限为 0^0 型未定式.设 $y = x^x$，取对数得 $\ln y = x \ln x$，当 $x \to 0^+$ 时，上式右端是

$0 \cdot \infty$ 型未定式，取极限可得

$$\lim_{x \to 0^+} \ln y = \lim_{x \to 0^+}(x \ln x) = 0 \text{，}$$

因为 $y = \mathrm{e}^{\ln y}$，而 $\lim_{x \to 0^+} y = \lim_{x \to 0^+} \mathrm{e}^{\ln y} = \mathrm{e}^{\lim_{x \to 0^+}(\ln y)}$，所以

$$\lim_{x \to 0^+} x^x = \lim_{x \to 0^+} y = \mathrm{e}^0 = 1 \text{.}$$

注 洛必达法则是求未定式的一种有效方法，但与其他求极限方法结合使用，效果会更好.

例 4-15 求 $\lim_{x \to 0} \dfrac{\tan x - x}{x^2 \tan x}$.

解 当未定式是 $\dfrac{0}{0}$ 型时，可以结合等价无穷小替换方法与洛必达法则一起使用去求极限.

$$\lim_{x \to 0} \frac{\tan x - x}{x^2 \tan x} = \lim_{x \to 0} \frac{\tan x - x}{x^3} = \lim_{x \to 0} \frac{\sec^2 x - 1}{3x^2}$$

$$= \lim_{x \to 0} \frac{2 \sec^2 x \tan x}{6x} = \frac{1}{3} \lim_{x \to 0} \frac{\tan x}{x} = \frac{1}{3} \text{.}$$

需要注意，不是任意未定式都能应用洛必达法则求得极限.

例 4-16 求 $\lim_{x \to \infty} \dfrac{x + \sin x}{x}$.

解 此极限为 $\dfrac{\infty}{\infty}$ 型未定式，若利用洛必达法则计算则为

$$\lim_{x \to \infty} \frac{x + \sin x}{x} = 1 + \lim_{x \to \infty} \cos x \text{，}$$

但是此极限显然不存在，且不是无穷大，不满足定理 4-5 的条件，故不能使用洛必达法则.正确求该极限的方法应为

$$\lim_{x \to \infty} \frac{x + \sin x}{x} = 1 + \lim_{x \to \infty} \frac{\sin x}{x} = 1 \text{.}$$

习 题 4-2

1. 利用洛必达法则求下列极限.

(1) $\lim_{x \to 0} \dfrac{\sin 2x}{x}$；

(2) $\lim_{x \to 0} \dfrac{1 - \cos^2 x}{3x^2}$；

(3) $\lim_{x \to \frac{\pi}{4}} \dfrac{\tan x - 1}{\sin 4x}$；

(4) $\lim_{x \to 1} \left(\dfrac{1}{x-1} - \dfrac{2}{x^2-1} \right)$；

(5) $\lim_{x \to 0^+} \dfrac{\ln x}{\ln(\mathrm{e}^x - 1)}$；

(6) $\lim_{x \to 0^+} (\cot x)^{\sin x}$；

(7) $\lim_{x \to 0^+} \dfrac{\ln(\sin 3x)}{\ln(\sin 2x)}$；

(8) $\lim_{x \to +\infty} \dfrac{\dfrac{2}{x}}{\pi - 2 \arctan x}$.

2. 验证极限 $\lim\limits_{x\to\infty}\dfrac{x+\sin x}{x-\sin x}$ 存在，但不能使用洛必达法则求出.

第三节 导数的应用

本节将以导数为工具，通过导数的符号来研究函数的单调性和凹凸性，进一步可以分析函数的极值、拐点及函数的作图等问题.

一、函数的单调性

如果函数 $y=f(x)$ 在 $[a,b]$ 上单调增加（单调减少），那么它的图形是一条沿着 x 轴正向上升（下降）的曲线. 此时，曲线上各点处的切线斜率一般来说都是正的（负的）（见图 $4-4$），即 $f'(x)>0$（或 $f'(x)<0$），由此可见，函数的单调性与导数的符号有密切的联系.

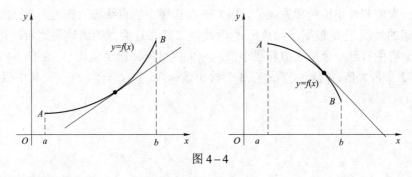

图 $4-4$

定理 $4-6$ 设函数 $y=f(x)$ 在闭区间 $[a,b]$ 上连续，在 (a,b) 内可导.

（1）如果当 $x\in(a,b)$ 时恒有 $f'(x)>0$，则 $f(x)$ 在 $[a,b]$ 单调增加；

（2）如果当 $x\in(a,b)$ 时恒有 $f'(x)<0$，则 $f(x)$ 在 $[a,b]$ 单调减少.

证 设 $y=f(x)$ 在区间 (a,b) 内对任意 x 都有 $f'(x)>0$，在 $[a,b]$ 内任取两点 x_1、x_2，并假设 $x_1<x_2$，由拉格朗日中值定理可得

$$f(x_2)-f(x_1)=f'(\xi)(x_2-x_1)\qquad(x_1<\xi<x_2)$$

由于 $x_2-x_1>0$，且 $f'(\xi)>0$，所以 $f(x_2)-f(x_1)>0$，即

$$f(x_2)>f(x_1)$$

就是说，函数 $y=f(x)$ 在 $[a,b]$ 上单调增加.

同理可证，当 $f'(x)<0$ 时，函数 $y=f(x)$ 在 $[a,b]$ 上单调减少.

例如，函数 $y=x-\sin x$ 在 $[0,2\pi]$ 上是单调增加的. 事实上，因为在 $(0,2\pi)$ 内 $y'=1-\cos x>0$，所以，函数 $y=x-\sin x$ 在 $[0,2\pi]$ 上单调增加.

例 $4-17$ 求函数 $f(x)=2x^3-9x^2+12x-3$ 的单调区间.

解 $f'(x)=6x^2-18x+12=6(x-1)(x-2)$，

当 $-\infty<x<1$ 时，$f'(x)>0$，故 $f(x)$ 在 $(-\infty,1]$ 上单调增加；

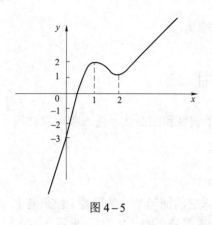

图 4-5

当 $1 < x < 2$ 时，$f'(x) < 0$，故 $f(x)$ 在 $[1,2]$ 上单调减少；

当 $2 < x < +\infty$ 时，$f'(x) > 0$，故 $f(x)$ 在 $[2,+\infty)$ 上单调增加.

所以函数 $y = f(x)$ 的单调增加区间为 $(-\infty,1]$ 和 $[2,+\infty)$，单调减少区间为 $[1,2]$.

函数 $y = f(x)$ 的图形如图 4-5 所示.

二、函数的极值

定义 4-1　若函数 $y = f(x)$ 在点 x_0 的函数值 $f(x_0)$ 比 x_0 点邻域内的其余各点的函数值都大（或小），即

$$f(x_0) > f(x) \text{（或} f(x_0) < f(x)\text{）} \qquad (x \in U(x_0), x \neq x_0),$$ 则称 $f(x)$ 在点 x_0 取得极大（或极小）值 $f(x_0)$，而 x_0 称为极大（或极小）值点.

函数的极大值和极小值统称为极值，极大值点和极小值点统称为极值点.极值的概念反映的是函数局部的性质.它是根据已知点 x_0 的函数值与其邻近的点的函数值比较而得来的.函数在某一区间上可能有若干个极大值和极小值，极大值可能比极小值还小. 由图 4-6 可以看到函数 $f(x)$ 有 2 个极大值：$f(x_2)$、$f(x_5)$；3 个极小值：$f(x_1)$、$f(x_4)$、$f(x_6)$，其中极大值 $f(x_2)$ 比极小值 $f(x_6)$ 还小.

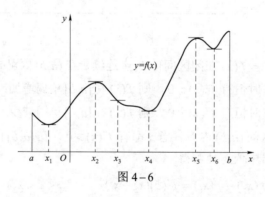

图 4-6

由图 4-6 还可看到，在函数取得极值处，曲线上的切线是水平的，因而函数在该点的导数 $f'(x) = 0$.但要注意，在导数 $f'(x) = 0$ 点处，曲线的切线虽然平行于 x 轴，却不能肯定在该点处函数一定有极值. 例如，$f'(x_3) = 0$，但 $f(x_3)$ 并不是函数的极值. 下面给出求极值的必要条件.

定理 4-7（可导函数极值存在的必要条件）

若函数 $f(x)$ 在 x_0 处具有导数，且在 x_0 处取得极值，则必有 $f'(x_0) = 0$.

证　不妨假设 $f(x_0)$ 是极大值（极小值的情形可类似证明）. 根据极大值的定义，在 x_0 的某个邻域内，对于任何点 x（除 x_0 外），$f(x) < f(x_0)$ 均成立. 于是

当 $x < x_0$ 时，$\qquad\qquad \dfrac{f(x) - f(x_0)}{x - x_0} > 0$，

因此，有

$$f'_-(x_0) = \lim_{x \to x_0^-} \frac{f(x) - f(x_0)}{x - x_0} \geqslant 0 .$$

当 $x > x_0$ 时，
$$\frac{f(x) - f(x_0)}{x - x_0} < 0 ,$$

因此，有

$$f'_+(x_0) = \lim_{x \to x_0^+} \frac{f(x) - f(x_0)}{x - x_0} \leqslant 0$$

因为 $f'(x_0)$ 存在，当 $x \to x_0$ 时，$\dfrac{f(x) - f(x_0)}{x - x_0}$ 的左、右极限存在且相等，从而得到 $f'(x_0) = 0$.

使导数为零的点（方程 $f'(x) = 0$ 的实根）称为函数 $f(x)$ 的驻点. 由定理 4-7 可知：可导函数的极值点必定是它的驻点. 但是，驻点却不一定都是极值点.例如，$f(x) = x^3$ 的导数 $f'(x) = 3x^2$，$f'(0) = 0$，因此，$x = 0$ 是函数的驻点，但 $x = 0$ 却不是该函数的极值点. 下面给出判断函数的极值的第一充分条件.

定理 4-8（第一充分条件）设函数 $f(x)$ 在 x_0 点附近可导，且 $f'(x_0) = 0$.

（1）如果当 $x < x_0$ 时，恒有 $f'(x) > 0$；当 $x > x_0$ 时，恒有 $f'(x) < 0$，则函数 $f(x)$ 在点 x_0 取得极大值.

（2）如果当 $x < x_0$ 时，恒有 $f'(x) < 0$；当 $x > x_0$ 时，恒有 $f'(x) > 0$，则函数 $f(x)$ 在点 x_0 取得极小值.

（3）如果 $f'(x)$ 在 x_0 点附近符号不变，则函数 $f(x)$ 在 x_0 点没有极值.

证　对于情况（1）来说，根据定理 4-6，当 $x < x_0$ 时函数单调增加，当 $x > x_0$ 时函数单调减少，因此，函数 $f(x)$ 在点 x_0 取得极大值 $f(x_0)$〔见图 4-7（a）〕，类似地可以证明情况（2）〔见图 4-7（b）〕.情况（3）是因为 $f'(x)$ 在 x_0 点附近不变号，因此，函数 $f(x)$ 在 x_0 点附近是单调函数，所以 x_0 不是函数的极值点.

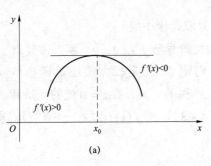 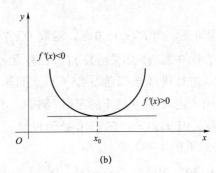

图 4-7

根据定理 4-7 和定理 4-8，对于可导函数，求极值的步骤如下：

（1）求导数 $f'(x)$；

（2）令 $f'(x) = 0$，求满足该方程的实根，即驻点；

（3）检查各驻点附近 $f'(x)$ 符号的变化情况，判断该点是否为极值点，是极值点则求出极值.

例 4-18 求函数 $f(x) = x^3 - 3x^2 - 9x + 5$ 的极值.

解 （1）$f'(x) = 3x^2 - 6x - 9 = 3(x+1)(x-3)$.

（2）令 $f'(x) = 0$，求得驻点 $x_1 = -1$，$x_2 = 3$.

（3）列表讨论 $f'(x)$ 的符号变化情况.

x	$(-\infty, -1)$	-1	$(-1, 3)$	3	$(3, +\infty)$
$f'(x)$	+	0	−	0	+
$f(x)$	↗	极大值	↘	极小值	↗

所以，在 $x = -1$ 处，函数有极大值 $f(-1) = 10$；在 $x = 3$ 处，函数有极小值 $f(3) = -22$.

定理 4-9（第二充分条件） 设函数 $f(x)$ 在 x_0 处具有二阶导数，且 $f'(x_0) = 0$，则

（1）当 $f''(x_0) < 0$ 时，函数 $f(x)$ 在 x_0 处取得极大值；

（2）当 $f''(x_0) > 0$ 时，函数 $f(x)$ 在 x_0 处取得极小值；

（3）当 $f''(x_0) = 0$ 时，不能决定函数在 x_0 处是否有极值.

证 下面仅证 $f''(x_0) < 0$ 的情况.

若在点 x_0 取增量 Δx，由导数定义、$f'(x_0) = 0$ 及 $f''(x_0) < 0$ 可得

$$f''(x_0) = \lim_{\Delta x \to 0} \frac{f'(x) - f'(x_0)}{\Delta x} = \lim_{x \to x_0} \frac{f'(x)}{x - x_0} < 0,$$

当 x 充分接近 x_0 时，由极限的保号性必有

$$\frac{f'(x)}{x - x_0} < 0.$$

所以，当 $x < x_0$ 时，$f'(x) > 0$，而当 $x > x_0$ 时，$f'(x) < 0$，根据定理 4-8 可知，$f(x_0)$ 为极大值.

同理可证，当 $f''(x_0) > 0$ 时，函数 $f(x_0)$ 在 x_0 处取得极小值.

定理 4-9 表明，如果函数 $f(x)$ 在驻点 x_0 处的二阶导数 $f''(x_0) \neq 0$，那么该驻点 x_0 一定是极值点，并且可以按二阶导数 $f''(x_0)$ 的符号来判定 $f(x_0)$ 是极大值还是极小值. 但如果 $f''(x_0) = 0$，定理 4-9 就不能应用. 例如，$f(x) = x^3$ 和 $f(x) = x^4$ 在 $x = 0$ 处的一阶和二阶导数都等于零，但 $f(x) = x^3$ 在 $x = 0$ 处无极值（见图 4-8），而 $f(x) = x^4$ 在 $x = 0$ 处取得极小值 $f(0) = 0$（见图 4-9）.

例 4-19 求函数 $f(x) = (x^2 - 1)^3 + 1$ 的极值.

解 （1）$f'(x) = 6x(x^2 - 1)^2$.

（2）令 $f'(x) = 0$，求得驻点 $x_1 = -1$，$x_2 = 0$，$x_3 = 1$.

（3）$f''(x) = 6(x^2 - 1)(5x^2 - 1)$.

（4）因为 $f''(0) = 6 > 0$，所以 $f(x)$ 在 $x = 0$ 处取得极小值，极小值为 $f(0) = 0$.

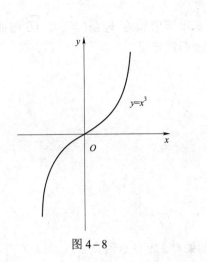

图 4-8

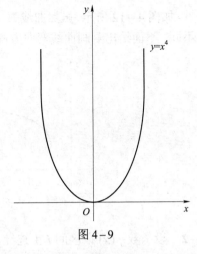

图 4-9

（5）因为 $f''(-1) = f''(1) = 0$，用定理 4-9 无法判别，此时根据定理 4-8，通过考察 $f'(x)$ 在 $x_1 = -1$ 和 $x_3 = 1$ 附近符号的变化情况可知，函数在这两点都没有极值（见图 4-10）.

在讨论函数的极值时，前面都假定函数是可导的. 但事实上，在导数不存在的点处，函数也可能取得极值. 此时可根据当 x 经过 x_0 点时导数符号的变化来确定 x_0 点是否为极值点. 故在极值问题中，不仅要考察所讨论区间内的全部驻点，还必须考察导数不存在的点.

例 4-20　求函数 $f(x) = (x+4)\sqrt[3]{(x-1)^2}$ 的极值.

解　$f'(x) = (x-1)^{\frac{2}{3}} + \dfrac{2(x+4)}{3(x-1)^{\frac{1}{3}}} = \dfrac{5(x+1)}{3\sqrt[3]{x-1}}$，

当 $x = -1$ 时，$f'(x) = 0$；而当 $x = 1$ 时，$f'(x)$ 不存在. 因此，函数只可能在两点处取极值. 检查在 $x = -1$ 和 $x = 1$ 两点处 $f'(x)$ 符号改变情况可知，函数 $f(x)$ 在 $x = -1$ 有极大值 $f(-1) = 4.76$；在 $x = 1$ 有极小值 $f(1) = 0$（见图 4-11）.

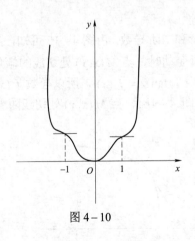

图 4-10

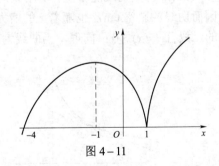

图 4-11

三、曲线的凹凸性与拐点

在研究曲线变化时，只知道它的单调性还不能完全反映它的变化规律.曲线的弯曲方向是又一重要特性,如图 4-12 所示,虽然曲线弧 $\overset{\frown}{AC}$ 是单调增加的,但是曲线弧 $\overset{\frown}{AB}$ 与曲线弧 $\overset{\frown}{BC}$ 的弯曲方向不同. 下面给出刻画曲线弯曲方向的凹凸性定义.

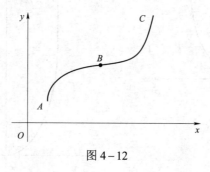

图 4-12

定义 4-2 设函数 $f(x)$ 在区间 I 上连续, 如果对 I 上任意两点 x_1, x_2, 恒有 $f\left(\dfrac{x_1+x_2}{2}\right) < \dfrac{f(x_1)+f(x_2)}{2}$, 则称函数 $f(x)$ 在 I 上为凹的（或凹弧）（见图 4-13）；如果对 I 上任意两点 x_1, x_2, 恒有 $f\left(\dfrac{x_1+x_2}{2}\right) > \dfrac{f(x_1)+f(x_2)}{2}$, 则称函数 $f(x)$ 在 I 上为凸的（或凸弧）（见图 4-14）.

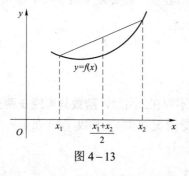

图 4-13

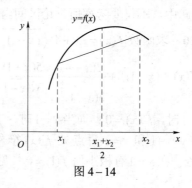

图 4-14

下面利用函数的二阶导数来讨论函数曲线的凹凸性.

设函数 $y=f(x)$ 在 $[a,b]$ 上连续, 在 (a,b) 内有一阶和二阶导数. 由图 4-15 可知, 当曲线为凹弧, 点 $M(x,y)$ 处切线随横坐标 x 增大而沿曲线弧变动时, 点 $M(x,y)$ 处切线的倾角 α 也增大, 因而切线的斜率 $\tan\alpha$ 也随着 x 的增大而增大. 由于 $\tan\alpha = f'(x)$, 所以导数 $f'(x)$ 是单调增加的, 故有 $f''(x) > 0$；同理, 当曲线为凸弧（见图 4-16）, 点 $M(x,y)$ 处切线随着 x 增

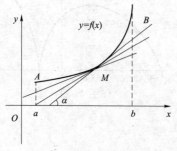

图 4-15

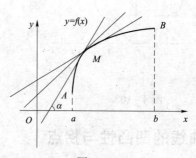

图 4-16

大而沿曲线弧变动时，点 $M(x,y)$ 处切线的倾角 α 随之减小，因而切线的斜率 $\tan\alpha = f'(x)$ 也随着 x 的增大而减小，故有 $f''(x) < 0$.

定理 4-10　设函数 $y = f(x)$ 在 $[a,b]$ 上连续，在 (a,b) 内有一阶和二阶导数，那么：

（1）若在 (a,b) 内，$f''(x) > 0$，则函数曲线弧 $y = f(x)$ 是凹的；

（2）若在 (a,b) 内，$f''(x) < 0$，则函数曲线弧 $y = f(x)$ 是凸的.

例 4-21　判定曲线 $f(x) = 3x - x^3$ 的凹凸性.

解　$f'(x) = 3 - 3x^2$，$f''(x) = -6x$. 令 $f''(x) = 0$，得 $x = 0$.

当 $x < 0$ 时，$f''(x) > 0$，故曲线 $y = f(x)$ 在区间 $(-\infty, 0)$ 内是凹的；

当 $x > 0$ 时，$f''(x) < 0$，故曲线 $y = f(x)$ 在区间 $(0, +\infty)$ 内是凸的（见图 4-17）.

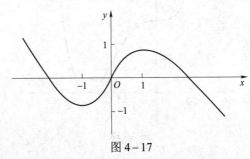

图 4-17

如图 4-17 所示，点 $(0,0)$ 是曲线由凹变凸的分界点. 一般地，把连续函数上的凹弧与凸弧的分界点称为该曲线的拐点.

注　拐点处的切线必在拐点处穿过曲线.

既然拐点就是曲线凹凸的分界点，那么在拐点横坐标的附近 $f''(x)$ 要变号. 因此，$y = f(x)$ 的拐点的横坐标可能是 $f''(x) = 0$ 的点，也可能是 $f''(x)$ 不存在的点，于是，可按下列步骤判定曲线的凹凸性及拐点.

（1）求 $f''(x)$；

（2）令 $f''(x) = 0$，求出方程在 (a,b) 内的实根；

（3）基于步骤（2）得到的点将定义域划分为若干区间后，根据定理 4-10 判定 $y = f(x)$ 的凹凸性及求出拐点.

例 4-22　考察曲线 $y = 3x^4 - 4x^3 + 1$ 的拐点及凹凸性.

解　该函数的定义域为 $(-\infty, +\infty)$，且

$$y' = 12x^3 - 12x^2$$

$$y'' = 36x^2 - 24x = 36x\left(x - \frac{2}{3}\right)$$

令 $y'' = 0$，解得 $x_1 = 0$，$x_2 = \frac{2}{3}$. 下面基于驻点划分定义域列表讨论 y'' 的符号求凹凸性和拐点.

x	$(-\infty, 0)$	0	$\left(0, \dfrac{2}{3}\right)$	$\dfrac{2}{3}$	$\left(\dfrac{2}{3}, +\infty\right)$
y''	$+$	0	$-$	0	$+$
$y = f(x)$	凹	$(0,1)$ 拐点	凸	$\left(\dfrac{2}{3}, \dfrac{11}{27}\right)$ 拐点	凹

所以，该曲线在区间 $(-\infty,0)$ 和 $\left(\dfrac{2}{3},+\infty\right)$ 内是凹的，在区间 $\left(0,\dfrac{2}{3}\right)$ 内是凸的，$(0,1)$ 和 $\left(\dfrac{2}{3},\dfrac{11}{27}\right)$ 是曲线的拐点（见图 4-18）.

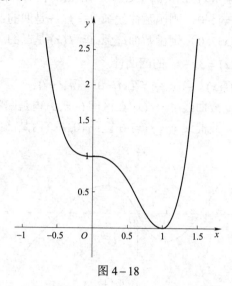

图 4-18

注　当在个别点处 y'' 不存在时，曲线也可能是拐点.

例 4-23　考察曲线 $f(x)=\sqrt[3]{x}$ 的凹凸性和拐点.

解　$f(x)=\sqrt[3]{x}$ 在 $(-\infty,+\infty)$ 内连续，且

$$y'=\frac{1}{3\sqrt[3]{x^2}},\quad y''=\frac{1}{9\sqrt[3]{x^5}}$$

显然，当 $x=0$ 时，y'，y'' 都不存在. 但是，当 $x<0$ 时，$y''>0$，故曲线 $y=f(x)$ 在 $(-\infty,0)$ 内是凹的；当 $x>0$ 时，$y''<0$，故曲线 $y=f(x)$ 在 $(0,+\infty)$ 内是凸的. 当 $x=0$ 时，$y=0$. 因此，由定理 4-10 可知，点 $(0,0)$ 是该曲线的拐点.

四、函数图形的描绘

函数的图形能够直观地反映出函数的各种特性，下面给出函数图形描绘的方法.

在讨论函数图形的描绘之前，先介绍渐近线的概念.

定义 4-3　当曲线上的一点沿着曲线无限远离原点或无限接近间断点时，若这点与某一直线的距离趋向于零，则该条直线称为曲线的渐近线.

介绍 3 种类型的渐近线：

（1）若 $\lim\limits_{x\to x_0^-}f(x)=\infty$ 或 $\lim\limits_{x\to x_0^+}f(x)=\infty$，则直线 $x=x_0$ 是函数 $y=f(x)$ 的一条铅直渐近线.

（2）若 $\lim\limits_{x\to+\infty}f(x)=c$ 或 $\lim\limits_{x\to-\infty}f(x)=c$（$c$ 为常数），则直线 $y=c$ 是函数 $y=f(x)$ 的一条水平渐近线.

（3）若 $\lim\limits_{x\to\infty}[f(x)-(ax+b)]=0$，则称 $y=ax+b$ 为函数 $y=f(x)$ 的斜渐近线. 斜渐近线可以通过 $\lim\limits_{x\to\infty}\dfrac{f(x)}{x}=a$ 和 $\lim\limits_{x\to\infty}(f(x)-ax)=b$ 来求得.

例 4 - 24 求函数 $f(x) = \dfrac{1}{x}$ 的渐近线.

解 （1）因为 $\lim\limits_{x \to \infty} \dfrac{1}{x} = 0$，由水平渐近线的定义知，$y = 0$ 是函数 $f(x) = \dfrac{1}{x}$ 的水平渐近线（见图 4 - 19）.

（2）因为 $\lim\limits_{x \to 0^+} \dfrac{1}{x} = +\infty$ 或 $\lim\limits_{x \to 0^-} \dfrac{1}{x} = -\infty$，由铅直渐近线的定义知，$x = 0$ 是 $f(x) = \dfrac{1}{x}$ 的铅直渐近线（见图 4 - 19）.

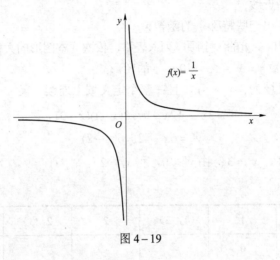

图 4 - 19

例 4 - 25 求函数 $f(x) = x + \dfrac{1}{x^2}$ 的渐近线.

解 设函数的渐近线为 $y = ax + b$，

$$\lim_{x \to \infty} \frac{f(x)}{x} = \lim_{x \to \infty}\left(1 + \frac{1}{x^3}\right) = 1, \quad a = 1,$$

$$\lim_{x \to \infty}(f(x) - x) = \lim_{x \to \infty}\left(x + \frac{1}{x^2} - x\right) = \lim_{x \to \infty}\frac{1}{x^2} = 0, \quad b = 0.$$

故函数的斜渐近线为 $y = x$（见图 4 - 20）.

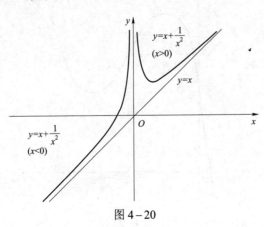

图 4 - 20

基于上述有关函数性态的研究，就可以用比较简单的方法来描绘较为复杂的函数的图形，其步骤如下：

（1）确定函数的定义域；

（2）确定曲线的对称性、奇偶性、周期性等形态；

（3）确定曲线与坐标轴的交点；

（4）确定函数的增减性、极大值与极小值；

（5）确定曲线的凹凸性及拐点；

（6）确定曲线的渐近线；

（7）根据需要，算出一些特殊点的函数值；

（8）把上述结果按自变量的大小顺序列入表格，依次观察图形的大概形态，然后描绘成图.

例 4−26 描绘函数 $y = x^3 - 6x^2 + 9x + 5$ 的图形.

解 该函数的定义域为 $(-\infty, +\infty)$，且在整个定义域上连续，又

$$y' = 3x^2 - 12x + 9 = 3(x-1)(x-3),$$

$$y'' = 6x - 12 = 6(x-2).$$

由 $y' = 0$，得 $x_1 = 1$，$x_2 = 3$；由 $y'' = 0$，得 $x_3 = 2$；则 $f(1) = 9$，$f(2) = 7$，$f(3) = 5$.

将上述结果列表如下：

x	$(-\infty, 1)$	1	$(1, 2)$	2	$(2, 3)$	3	$(3, +\infty)$
y'	+	0	−	−	−	0	+
y''	−	−	−	0	+	+	+
$f(x)$	↗	9	↘	7	↘	5	↗
曲线状态	上升，凸	极大值	下降，凸	拐点 $(2,7)$	下降，凹	极小值	上升，凹

函数 $y = x^3 - 6x^2 + 9x + 5$ 的图形如图 4−21 所示.

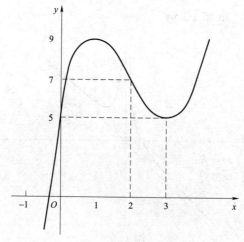

图 4−21

习 题 4-3

1. 确定下列函数的单调区间.

（1）$y = 2 + x - x^2$;

（2）$y = x - \ln(1+x)$;

（3）$y = \dfrac{2x}{1+x^2}$;

（4）$y = x + \sin x$.

2. 证明：当 $x \geqslant 0$ 时，有 $\arctan x \leqslant x$.

3. 求下列函数的极值.

（1）$y = 2x^3 - 6x^2 - 18x + 7$;

（2）$y = x^2 e^{-x^2}$;

（3）$y = 2 - (x-1)^{\frac{2}{3}}$;

（4）$y = x^2 \ln x$.

4. 判定下列曲线的凹凸区间及拐点.

（1）$y = x^3 - 3x^2 + x - 1$; （2）$y = \ln(x^2 + 1)$.

第四节 函数的最大值和最小值及其在经济学上的应用

一、函数的最大值和最小值

在科学技术和生产实践中常会遇到这样一类问题：在一定条件下，怎样使"利润最大""用料最省""成本最低"等. 这类问题反映在数学上就是所谓最大值和最小值问题.

容易想到，在闭区间上连续函数 $f(x)$ 的最大值、最小值，或在函数的极值点（包括使 $f'(x) = 0$ 的点及 $f'(x)$ 不存在的点）获得，或在闭区间端点获得. 在求解函数最值问题时，可用以下步骤求出 $f(x)$ 在 $[a,b]$ 上的最大值和最小值.

（1）求出 $f(x)$ 在 (a,b) 内的驻点及不可导点；

（2）计算 $f(x)$ 在驻点及不可导点处的函数值及端点函数值 $f(a)$，$f(b)$；

（3）将（2）中所有点的函数值进行比较，找出其中最大的值和最小的值，即得 $f(x)$ 在 $[a,b]$ 上的最大值和最小值.

显然，与局部性的极值概念不同，最大值或最小值是函数的整体性概念.

例 4-27 求 $f(x) = x^3 - 3x^2 - 9x + 5$ 在 $[-4,4]$ 上的最大值与最小值.

解 $f'(x) = 3x^2 - 6x - 9$，令 $f'(x) = 0$，得驻点：$x_1 = -1$，$x_2 = 3$.

将端点、驻点代入函数求值可得

$$f(-1) = 10，\quad f(3) = -22，\quad f(-4) = -71，\quad f(4) = -15.$$

比较函数值可得函数的最大值 $f(-1)=10$，最小值 $f(-4)=-71$．

如果连续函数在闭区间上单调，那么最大值和最小值必定是区间端点的函数值．如果单调连续函数在闭区间内只有一个极值，则它若是极大值便是最大值，若是极小值便是最小值（见图 4-22）．

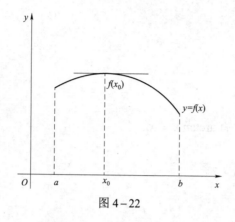

图 4-22

在实际问题中，往往根据问题的性质就可以断定函数 $f(x)$ 是否有最大值或最小值．

例 4-28 要用铁皮做一个底为正方形的无盖箱，使箱子的容积为 $108\,\text{m}^3$．试问，箱子的边长和高度如何选择才能使所用的材料最省？

解 所用材料最省就是指箱子的表面积最小．可设箱子的底边长为 $x\,\text{m}$，高为 $y\,\text{m}$，则所需材料为

$$S = x^2 + 4xy，$$

但 $x^2 y = 108$，故 $y = \dfrac{108}{x^2}$．代入上式，得

$$S = x^2 + \frac{432}{x}，$$

于是问题变为当 x 取何值时 S 取最小值．

$$S'(x) = 2x - \frac{432}{x^2}，\quad S''(x) = 2 + \frac{864}{x^3}．$$

令 $S'(x) = 0$，得驻点 $x = 6$，

$$S''(6) = 2 + \frac{864}{6^3} = 6 > 0，$$

故 $S(6) = 36 + \dfrac{432}{6} = 108$ 为函数的最小值．此时 $y = \dfrac{108}{6^2} = 3$．所以当箱子的底边长为 $6\,\text{m}$，高为 $3\,\text{m}$ 时所用材料最省，需用料 $108\,\text{m}^2$．

二、经济应用问题举例

1. 最大利润问题

例 4-29 假设某工厂生产某产品 x 件的成本函数是 $C(x) = x^3 - 6x^2 + 15x$，售出该产品 x 件的收入是 $R(x) = 9x$，试问，是否存在一个能取得最大利润的生产水平？若存在，求出该

生产水平值.

解 由利润函数为收益函数去掉成本函数可知,利润函数为

$$L(x) = R(x) - C(x) = 9x - x^3 + 6x^2 - 15x = -x^3 + 6x^2 - 6x.$$

如果使 $L(x)$ 取得最大值,那么它一定在使得 $L'(x) = 0$ 的驻点处获得.

因为 $L'(x) = R'(x) - C'(x) = -3x^2 + 12x - 6 = 0$,解得 $x = 2 \pm \sqrt{2}$,即

$$x_1 = 2 + \sqrt{2} \approx 3.414, \ x_2 = 2 - \sqrt{2} \approx 0.586,$$

$$L''(x) = -6x + 12, \quad L''(x_1) > 0, \quad L''(x_2) < 0.$$

由极值的第二充分条件知,在 $x_1 = 2 + \sqrt{2} \approx 3.414$ 处的利润函数达到极大值. 故在生产水平值为 3.414 件时取得最大利润.

在经济学中,对于上式 $L'(x) = R'(x) - C'(x) = -3x^2 + 12x - 6 = 0$,称 $C'(x)$ 为边际成本, $R'(x)$ 为边际收益, $L'(x)$ 为边际利润. 在给出最大利润的生产水平值时,由 $L'(x) = R'(x) - c'(x) = 0$,有 $R'(x) = C'(x)$,即在取得最大利润时有边际收益等于边际成本.

2. 最大收益问题

例 4-30 某商品的需求量 Q 是价格 P 的函数, $Q(P) = 75 - P^2$,试问,当 P 为何值时,总收益最大?

解 总收益函数为

$$R(P) = PQ = 75P - P^3 (P > 0).$$

令

$$R'(P) = PQ = 75 - 3P^2 = 0,$$

得 $P = 5$,又

$$R''(P) = -6P, R''(5) < 0,$$

故 $R(5) = 250$ 为总收益 $R(P)$ 的极大值. 也就是说,当价格为 5 时有最大收益 250.

3. 最大税收问题

例 4-31 某商品的平均成本 $\overline{C}(x) = 2$,价格函数 $P(x) = 20 - 4x$,其中 x 为商品数量,国家向企业每件商品征税为 t.

(1)当生产多少商品时,该企业所获利润最大?

(2)在企业取得最大利润的情况下, t 为何值时才能使总税收最大?

解 (1)总成本函数 $C(x) = x\overline{C}(x) = 2x$,

　　　　总收益函数 $R(x) = xP(x) = 20x - 4x^2$,

　　　　总税收函数 $T = tx$,

　　　　总利润函数 $L(x) = R(x) - C(x) - T(x) = (18 - t)x - 4x^2$.

令 $L'(x) = 18 - t - 8x = 0$,得 $x = \dfrac{18 - t}{8}$,又

$$L''(x) = -8 < 0,$$

所以 $L\left(\dfrac{18 - t}{8}\right) = \dfrac{(18 - t)^2}{16}$ 为最大利润.

（2）取得最大利润时的税收为

$$T = tx = \frac{t(18-t)}{8} = \frac{18t - t^2}{8}, x > 0,$$

令 $T' = \frac{9-t}{4} = 0$，得 $t = 9$，又 $T'' = \frac{-1}{4} < 0$，所以当 $t = 9$ 时，总税收函数取得最大值为 $T(9) = \frac{9(18-9)}{8} = \frac{81}{8}$，此时的总利润为

$$L = \frac{(18-9)^2}{16} = \frac{81}{16}.$$

习　题　4-4

1. 求下列函数的最大值和最小值.

（1）$y = 2x^3 - 3x^2 - 80$，$-1 \leqslant x \leqslant 4$；

（2）$y = x^4 - 8x^2$，$-1 \leqslant x \leqslant 3$；

（3）$y = x + \sqrt{1-x}$，$-5 \leqslant x \leqslant 1$.

2. 讨论下列函数的最大值和最小值.

（1）$y = x^2 - 2x - 1$，$-\infty < x < +\infty$；

（2）$y = 2x - 5x^2$，$-\infty < x < +\infty$.

3. 求下列经济应用问题中的最大值或最小值.

（1）某工厂在一个月内生产某产品 Q 件时的总成本函数为 $C(Q) = 5Q + 200$，得到的收益为 $R(Q) = 10Q - 0.01Q^2$，问一个月生产多少件产品时可获得最大利润.

（2）假设价格函数为 $P = 15e^{-\frac{x}{3}}$，其中 x 为产量，求最大收益时的产量、价格和收益.

（3）假设生产某商品的总成本函数为 $C(x) = 10\,000 + 50x + x^2$，其中 x 为产量，试问当产量为多少时，每件产品的平均成本最低.

第五节　泰勒公式

在微分一节中曾利用微分作函数值的近似计算，即如果 $f(x)$ 在 x_0 可微，当 $|x - x_0|$ 很小时，$f(x) \approx f(x_0) + f'(x_0)(x - x_0)$，误差为 $o(x - x_0)$. 也就是说，在 x_0 附近可以用一次多项式 $f(x_0) + f'(x_0)(x - x_0)$ 作为 $f(x)$ 的近似表达式，这里产生的误差是 $(x - x_0)$ 的高阶无穷小. 可是在实际问题中，用一次多项式 $f(x_0) + f'(x_0)(x - x_0)$ 作为 $f(x)$ 的近似表达式无法达到精度要求，并且不能具体估算出误差的大小. 下面给出用关于 $(x - x_0)$ 的高阶多项式近似函数 $f(x)$ 来提高精度的方法，即泰勒中值定理.

一、泰勒中值定理

定理 4−11（泰勒中值定理 1） 如果函数 $f(x)$ 在 x_0 处具有直到 n 阶的导数，则对于该邻域内的任一 x，有

$$f(x) = f(x_0) + f'(x_0)(x - x_0) + \frac{f''(x_0)}{2!}(x - x_0)^2 + \cdots + \frac{f^{(n)}(x_0)}{n!}(x - x_0)^n + R_n(x)$$

其中 $R_n(x) = o((x - x_0)^n)$ 称为皮亚诺余项. 该公式被称为函数 $f(x)$ 在 x_0 处［或按 $(x - x_0)$ 的幂展开］的带有皮亚诺余项的 n 阶泰勒公式. n 次多项式 $P_n(x) = f(x_0) + f'(x_0)(x - x_0) + \frac{f''(x_0)}{2!}(x - x_0)^2 + \cdots + \frac{f^{(n)}(x_0)}{n!}(x - x_0)^n$ 称为函数 $f(x)$ 在 x_0 处的 n 次泰勒多项式.

推论 4−3 在泰勒公式中，取 $x_0 = 0$，则有带有皮亚诺余项的 n 阶麦克劳林公式

$$f(x) = f(0) + f'(0)x + \frac{f''(0)}{2!}x^2 + \cdots + \frac{f^{(n)}(0)}{n!}x^n + o(x^n).$$

定理 4−12（泰勒中值定理 2） 如果函数 $f(x)$ 在含 x_0 的某个开区间 (a,b) 内具有 $(n+1)$ 阶导数，则对于任一 $x \in (a,b)$，有

$$f(x) = f(x_0) + f'(x_0)(x - x_0) + \frac{f''(x_0)}{2!}(x - x_0)^2 + \cdots + \frac{f^{(n)}(x_0)}{n!}(x - x_0)^n + R_n(x),$$

其中 $R_n(x) = \frac{f^{(n+1)}(\xi)}{(n+1)!}(x - x_0)^{n+1}$（$\xi$ 在 x_0 与 x 之间）称为拉格朗日型余项. 该公式称为函数 $f(x)$ 在 x_0 处［或按 $(x - x_0)$ 的幂展开］的带有拉格朗日型余项的 n 阶泰勒公式.

推论 4−4 在泰勒公式中，取 $x_0 = 0$，那么 ξ 在 0 与 x 之间. 因此，可以令 $\xi = \theta x$ $(0 < \theta < 1)$，从而有带有拉格朗日型余项的 n 阶麦克劳林公式

$$f(x) = f(0) + f'(0)x + \frac{f''(0)}{2!}x^2 + \cdots + \frac{f^{(n)}(0)}{n!}x^n + \frac{f^{(n+1)}(\theta x)}{(n+1)!}x^{n+1} \quad (0 < \theta < 1)$$

注 当 $n = 0$ 时，泰勒公式是拉格朗日公式，即

$$f(x) = f(x_0) + f'(\xi)(x - x_0)，\quad \xi \text{ 在 } x_0 \text{ 与 } x \text{ 之间}.$$

泰勒中值定理是拉格朗日中值定理的推广.

例 4−32 写出函数 $f(x) = e^x$ 在点 $x_0 = 0$ 的带有拉格朗日余项的 n 阶泰勒公式.

解 函数在点 $x_0 = 0$ 的泰勒公式即是麦克劳林公式，由于

$$f(x) = f'(x) = f''(x) = \cdots = f^{(n)}(x) = f^{(n+1)}(x) = e^x,$$

故 $\qquad f(0) = f'(0) = f''(0) = \cdots = f^{(n)}(0) = 1, f^{(n+1)}(\xi) = e^\xi,$

则 $\qquad e^x = 1 + x + \frac{x^2}{2!} + \frac{x^3}{3!} + \cdots + \frac{x^n}{n!} + R_n(x), \quad x \in (-\infty, +\infty),$

其中拉格朗日余项 $R_n(x) = \frac{e^{\theta x}}{(n+1)!}x^{n+1}, \quad 0 < \theta < 1.$

若计算 e 的近似值，可以用 e^x 的 n 次泰勒多项式近似代替，即

$$e^x \approx 1 + x + \frac{x^2}{2!} + \frac{x^3}{3!} + \cdots + \frac{x^n}{n!} .$$

若取 $x = 1$ 可得

$$e \approx 1 + 1 + \frac{1}{2!} + \frac{1}{3!} + \cdots + \frac{1}{n!} ,$$

其误差 $|R_n(x)| = \dfrac{e^\theta}{(n+1)!} < \dfrac{3}{(n+1)!}$, $0 < \theta < 1$.

例如，取 $n = 6$ ， $e \approx 1 + 1 + \dfrac{1}{2!} + \dfrac{1}{3!} + \cdots + \dfrac{1}{6!} \approx 2.718$ ，其误差小于 0.595×10^{-3}.

例 4 - 33 写出函数 $f(x) = \sin x$ 在点 $x_0 = 0$ 的带有拉格朗日余项的 n 阶麦克劳林公式.

解 由于 $f'(x) = \cos x$, $f''(x) = -\sin x$, $f'''(x) = -\cos x, \cdots$ 所以有 $f^{(n)}(x) = \sin\left(x + n\dfrac{\pi}{2}\right)$ ，
$n = 1, 2, 3, \cdots$ ，则

$$f(0) = 0, f'(0) = 1, f''(0) = 0, f'''(0) = -1, f^{(4)}(0) = 0, \cdots$$

令 $n = 2m$ ，于是有

$$\sin x = x - \frac{x^3}{3!} + \frac{x^5}{5!} - \cdots + (-1)^{m-1} \frac{x^{2m-1}}{(2m-1)!} + R_{2m}(x), \quad x \in (-\infty, +\infty) ,$$

其中

$$R_{2m}(x) = \frac{\sin\left[\theta x + (2m+1)\dfrac{\pi}{2}\right]}{(2m+1)!} x^{2m+1} , \quad 0 < \theta < 1.$$

利用类似的方法还可以得到函数 $\cos x$, $\ln(1+x)$, $(1+x)^m$ 的麦克劳林公式.

二、常用初等函数的麦克劳林公式

（1） $\dfrac{1}{1-x} = 1 + x + x^2 + x^3 + \cdots + x^n + R_n(x), \ x \in (-1, 1)$.

其中 $R_n(x) = \dfrac{1}{(1-\theta x)^{n+2}} x^{n+1}$, $0 < \theta < 1$ ，以下公式中 θ 均符合此条件.

（2） $e^x = 1 + x + \dfrac{x^2}{2!} + \dfrac{x^3}{3!} + \cdots + \dfrac{x^n}{n!} + R_n(x), \quad x \in (-\infty, +\infty)$.

其中 $R_n(x) = \dfrac{e^{\theta x}}{(n+1)!} x^{n+1}$.

（3） $\sin x = x - \dfrac{x^3}{3!} + \dfrac{x^5}{5!} - \cdots + (-1)^{n-1} \dfrac{x^{2n-1}}{(2n-1)!} + R_{2n}(x), \quad x \in (-\infty, +\infty)$.

其中 $R_{2n}(x) = \dfrac{\sin\left[\theta x + (2n+1)\dfrac{\pi}{2}\right]}{(2n+1)!} x^{2n+1}$.

（4） $\cos x = 1 - \dfrac{x^2}{2!} + \dfrac{x^4}{4!} - \cdots + (-1)^n \dfrac{x^{2n}}{(2n)!} + R_{2n+1}(x)$, $x \in (-\infty, +\infty)$.

其中 $R_{2n+1}(x) = \dfrac{\cos\left[\theta x + (n+1)\pi\right]}{(2n+2)!} x^{2n+2}$.

（5） $\ln(1+x) = x - \dfrac{x^2}{2} + \dfrac{x^3}{3} - \cdots + (-1)^{n-1} \dfrac{x^n}{n} + R_n(x)$, $x \in (-1, +\infty)$.

其中 $R_n(x) = \dfrac{(-1)^n}{(n+1)(1+\theta x)^{n+1}} x^{n+1}$.

（6） $(1+x)^m = 1 + mx + \dfrac{m(m-1)}{2!} x^2 + \cdots + \dfrac{m(m-1)\cdots(m-n+1)}{n!} x^n + R_n(x)$, $|x| < 1$.

其中 $R_n(x) = \dfrac{m(m-1)\cdots(m-n+1)(m-n)}{(n+1)!} (1+\theta x)^{m-n-1} x^{n+1}$.

注 以上公式中的余项也可以写成皮亚诺型.

一般情况下，求函数的泰勒公式需求出函数的各阶导数，过程复杂烦琐. 因此，通常会选用间接方法去求函数的泰勒公式.

例 4-34 求出函数 $f(x) = \dfrac{1}{x-3}$ 在点 $x = -1$ 处的带有皮亚诺型余项的 n 阶泰勒公式.

解 上述的常用初等函数的麦克劳林公式（1）写成带有皮亚诺型余项的 n 阶麦克劳林公式为

$$\frac{1}{1-x} = 1 + x + x^2 + x^3 + \cdots + x^n + o(x^n), \quad |x| < 1.$$

下面将函数 $f(x) = \dfrac{1}{x-3}$ 适当变形，然后基于上面的公式间接展开，从而可得到 $f(x)$ 在点 $x = -1$ 处的 n 阶泰勒公式.

首先变形 $f(x)$ 为

$$f(x) = \frac{1}{x-3} = \frac{1}{-4 + (x+1)} = -\frac{1}{4} \frac{1}{1 - \dfrac{x+1}{4}},$$

然后将 $\dfrac{1}{1 - \dfrac{x+1}{4}}$ 中的 $\dfrac{x+1}{4}$ 代入 $\dfrac{1}{1-x}$ 的带有皮亚诺型余项的 n 阶麦克劳林公式可得

$$\frac{1}{1 - \dfrac{x+1}{4}} = 1 + \frac{x+1}{4} + \left(\frac{x+1}{4}\right)^2 + \cdots + \left(\frac{x+1}{4}\right)^n + o(x+1)^n, \quad \left|\frac{x+1}{4}\right| < 1$$

于是，$f(x)$ 在点 $x = -1$ 处的带有皮亚诺型余项的 n 阶泰勒公式为

$$f(x) = \frac{1}{x-3} = -\frac{1}{4}\left(1 + \frac{x+1}{4} + \left(\frac{x+1}{4}\right)^2 + \cdots + \left(\frac{x+1}{4}\right)^n + o(x+1)^n\right)$$

$$= -\frac{1}{4} - \frac{x+1}{4^2} - \frac{(x+1)^2}{4^3} - \cdots - \frac{(x+1)^n}{4^{n+1}} + o(x+1)^n, \quad -5 < x < 3.$$

例 4-35 设 $f(x)$ 在 $[a,b]$ 上二阶可导，且 $f'(a) = f'(b) = 0$，证明：存在 $\xi \in (a,b)$，使得

$$|f''(\xi)| \geqslant 4\frac{|f(b) - f(a)|}{(b-a)^2}.$$

证 由泰勒公式可知

$$f(x) = f(a) + f'(a)(x-a) + \frac{f''(\xi_1)}{2!}(x-a)^2,$$

$$f(x) = f(b) + f'(b)(x-b) + \frac{f''(\xi_2)}{2!}(x-b)^2,$$

其中 ξ_1 介于 x 与 a 之间，ξ_2 介于 x 与 b 之间，在上两式中令 $x = \frac{a+b}{2}$，得

$$f\left(\frac{a+b}{2}\right) = f(a) + \frac{f''(\xi_1)}{8}(b-a)^2,$$

$$f\left(\frac{a+b}{2}\right) = f(b) + \frac{f''(\xi_2)}{8}(b-a)^2,$$

两式相减，从而有

$$f(b) - f(a) = \frac{(b-a)^2}{8}(f''(\xi_1) - f''(\xi_2)).$$

故

$$|f(b) - f(a)| \leqslant \frac{(b-a)^2}{8}(|f''(\xi_1)| + |f''(\xi_2)|) \leqslant \frac{(b-a)^2}{4}\max(|f''(\xi_1)|, |f''(\xi_2)|) = \frac{(b-a)^2}{4}|f''(\xi)|,$$

从而存在 $\xi \in (a,b)$，使得

$$|f''(\xi)| \geqslant 4\frac{|f(b) - f(a)|}{(b-a)^2}.$$

习 题 4-5

1. 将多项式函数 $x^4 - 5x^3 + x^2 - 3x + 4$ 按 $(x-4)$ 的幂展开成 n 阶泰勒公式.

2. 求下列函数的麦克劳林公式.

（1）$f(x) = xe^{-x}$；　　　　　　　　　　（2）$f(x) = x\ln(1-x^2)$.

3. 利用泰勒公式计算极限 $\lim\limits_{x \to 0} \dfrac{\sin x - x}{x\ln(1+x^2)}$.

4. 设 $f(x)$ 在 (a,b) 内二阶可导，且 $f''(x) \geqslant 0$. 证明对于 (a,b) 内任意两点 x_1，x_2 及 $0 < t < 1$，有 $f[(1-t)x_1 + tx_2] \leqslant (1-t)f(x_1) + tf(x_2)$.

本 章 习 题

1.（1）函数 $y = xe^{-x}$ 的极值点为_____，它的图形的拐点为_____.

（2）已知函数 $y = ax^2 + 2x + b$ 在点 $x = 1$ 处取得极大值 2，则 $a =$ _____，$b =$ _____.

2. 用洛必达法则求下列极限.

（1）$\lim\limits_{x \to 0} \dfrac{\ln(2x^2 + 1)}{x^2}$；

（2）$\lim\limits_{x \to 0} \dfrac{e^x - 1}{xe^x + e^x - 1}$；

（3）$\lim\limits_{x \to \frac{\pi}{4}} \dfrac{\sin x - \cos x}{\tan^2 x - 1}$；

（4）$\lim\limits_{x \to +\infty} \dfrac{e^x + e^{-x}}{e^x - e^{-x}}$；

（5）$\lim\limits_{x \to 1} \left(\dfrac{x}{x - 1} - \dfrac{1}{\ln x} \right)$；

（6）$\lim\limits_{x \to 0} (\cos x)^{\frac{1}{\sin^2 x}}$.

3. 确定下列函数的单调区间.

（1）$f(x) = \ln(x + \sqrt{1 + x^2})$；

（2）$f(x) = \arctan \dfrac{1 - x}{1 + x}$；

（3）$f(x) = x^3 - 6x^2 + 9x + 2$；

（4）$f(x) = 2x - \ln x$.

4. 已知函数 $y(x)$ 由方程 $x^3 + y^3 - 3x + 3y - 2 = 0$ 确定，求 $y(x)$ 的极值.

5. 设 $f(x)$ 在 $[0, 1]$ 上连续，在 $(0, 1)$ 内可导，且 $f(0) = f(1) = 0$，证明对任意实数 λ，方程 $f'(x) + \lambda f(x) = 0$ 在 $(0, 1)$ 内都至少有一实根.

6. 求下列曲线的凹凸区间及拐点.

（1）$y = x^3 - 5x^2 + 3x + 5$；

（2）$y = e^{\arctan x}$.

7. 若函数 $y = f(x)$ 在 **R** 上可导且不等式 $xf'(x) > -f(x)$ 恒成立，常数 a，b 满足 $a > b$，证明：$af(a) > bf(b)$.

8. 求函数 $f(x) = 2x^3 - 9x^2 + 12x$ 在闭区间 $[1, 3]$ 上的最大值和最小值.

9. 假设某种商品的需求量 Q 是价格 P（单位：元）的函数 $Q = 16\,000 - 80P$，商品的总成本 C（单位：元）是需求量 Q 的函数 $C = 30\,000 + 50Q$，每单位商品需纳税 2 元，试求使销售利润最大的商品价格和利润.

10. 已知厂商的总收益函数和总成本函数分别为 $R = \alpha Q - \beta Q^2$ $(\alpha > 0, \beta > 0)$，$C = aQ^2 + bQ + c$ $(a > 0, b > 0, c > 0)$. 厂商追求最大利润，政府对厂商征收销售税：

（1）确定税率 t，使政府征收产品税额最大；

（2）试说明当税率 t 增加时，产品的价格随之增加，而产量随之下降；

（3）当政府征收销售税额最大时，税率 t 由消费者和厂商分担，确定各分担多少.

第五章 不 定 积 分

前面介绍了一元函数微分学的知识，主要讨论了如何求一个函数的导数或微分. 在实际问题中，常要讨论它的逆问题，即已知一个函数的导数或微分，求这个函数，这是积分学中的一个基本问题. 本章讨论：求导的逆运算——不定积分.

第一节　不定积分的概念与性质

一、原函数与不定积分的概念

定义 5-1　设 $f(x)$ 是定义在区间 I 上的函数，若存在一个可导函数 $F(x)$，使得对任一 $x \in I$，总有

$$F'(x) = f(x) \quad \text{或} \quad \mathrm{d}F(x) = f(x)\mathrm{d}x$$

成立，则称 $F(x)$ 为 $f(x)$ 在区间 I 上的一个原函数.

例如，$(\sin x)' = \cos x$，则称 $\sin x$ 是 $\cos x$ 的一个原函数.

例 5-1　设函数 $f(x)$ 的一个原函数为 $\ln x$，求 $f'(x)$.

解　由原函数的定义，$f(x) = (\ln x)' = \dfrac{1}{x}$，所以 $f'(x) = \left(\dfrac{1}{x}\right)' = -\dfrac{1}{x^2}$.

下面考虑两个问题：原函数什么时候存在？若一个函数的原函数存在，那么原函数能否统一表示出来？

定理 5-1（原函数存在定理）若 $f(x)$ 在区间 I 上连续，则在区间 I 上存在可导函数 $F(x)$，使得对任一 $x \in I$，总有 $F'(x) = f(x)$. 即**连续函数必定存在原函数**.

证明见第六章第二节.

定理 5-2　若 $F(x)$ 为 $f(x)$ 的一个原函数，则 $F(x) + C$ 是 $f(x)$ 的全体原函数，其中 C 为任意常数.

证　（1）$F(x)$ 为 $f(x)$ 的一个原函数，所以 $F'(x) = f(x)$，而 $[F(x) + C]' = F'(x) = f(x)$，所以 $F(x) + C$ 为 $f(x)$ 的原函数.

（2）设 $G(x)$ 为 $f(x)$ 的任一个原函数，则 $G'(x) = f(x)$，又

$$[G(x) - F(x)]' = G'(x) - F'(x) = f(x) - f(x) = 0.$$

所以，$G(x) - F(x) = C$，即 $G(x) = F(x) + C$（其中 C 为任意常数）.

由（1）（2）可得，$f(x)$ 的全体原函数为 $F(x) + C$.

定义 5-2　函数 $f(x)$ 在区间 I 上的全体原函数，称为 $f(x)$ 在区间 I 上的**不定积分**. 记为

$$\int f(x)\mathrm{d}x.$$

其中 "$\int$" 称为**积分号**，$f(x)$ 称为**被积函数**，x 称为**积分变量**，$f(x)\mathrm{d}x$ 称为**被积表达式**.

若 $F(x)$ 是 $f(x)$ 的一个原函数，则

$$\int f(x)\mathrm{d}x = F(x) + C \quad （C \text{ 为任意常数}）.$$

注 求不定积分 $\int f(x)\mathrm{d}x$，只要求出 $f(x)$ 的一个原函数 $F(x)$，再加上任意常数 C 即可.

例 5-2 求下列不定积分.

（1）$\int x^5\mathrm{d}x$；（2）$\int \dfrac{1}{\sqrt{1-x^2}}\mathrm{d}x$.

解 （1）因为 $\left(\dfrac{x^6}{6}\right)' = x^5$，所以 $\dfrac{x^6}{6}$ 为 x^5 的一个原函数，因此 $\int x^5\mathrm{d}x = \dfrac{x^6}{6} + C$.

（2）因为 $(\arcsin x)' = \dfrac{1}{\sqrt{1-x^2}}$，所以 $\int \dfrac{1}{\sqrt{1-x^2}}\mathrm{d}x = \arcsin x + C$.

例 5-3 证明 $\int \dfrac{1}{x}\mathrm{d}x = \ln|x| + C$.

证 $\ln|x| = \begin{cases} \ln x & x > 0 \\ \ln(-x) & x < 0 \end{cases}$.

当 $x > 0$ 时，$[\ln x]' = \dfrac{1}{x}$；当 $x < 0$ 时，$[\ln(-x)]' = \dfrac{1}{-x}(-x)' = \dfrac{1}{x}$. 所以 $\ln|x|$ 为 $\dfrac{1}{x}$ 的一个原函数，$\int \dfrac{1}{x}\mathrm{d}x = \ln|x| + C$.

二、不定积分的几何意义

例 5-4 已知曲线在任一点处的斜率为 $2x$，且曲线过（0,1）点，求曲线的方程.

解 设曲线方程为 $y = f(x)$，因为

$$\frac{\mathrm{d}y}{\mathrm{d}x} = 2x,$$

所以

$$y = \int 2x\mathrm{d}x = x^2 + C.$$

又曲线过（0,1）点，代入得 $C = 1$，所以曲线方程为 $y = x^2 + 1$.

在例 5-4 中，不定积分 $\int 2x\mathrm{d}x = x^2 + C$，因为 C 可以取任意值，所以 $y = x^2 + C$ 在几何上表示由曲线 $y = x^2$ 上下平移得到的一簇曲线（见图 5-1）.

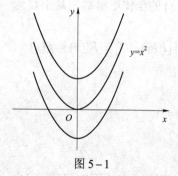

图 5-1

一般地，不定积分 $\int f(x)\mathrm{d}x = F(x) + C$，对确定值 C_0，$y = F(x) + C_0$ 的图形是一条曲线，称为 $f(x)$ 的积分曲线. 当 C 取不同的数值时就得到一簇曲线，称为 $f(x)$ 的积分曲线族.

三、基本积分表

由导数公式可以相应地得到积分公式，下面把一些基本的积分公式列成一个表，这个表

通常叫作**基本积分表**.

（1）$\int k\mathrm{d}x = kx + C$ （k 为常数）；

（2）$\int x^{\mu}\mathrm{d}x = \dfrac{1}{\mu+1}x^{\mu+1} + C$ （$\mu \neq -1$）；

（3）$\int \dfrac{1}{x}\mathrm{d}x = \ln|x| + C$；

（4）$\int a^{x}\mathrm{d}x = \dfrac{1}{\ln a}a^{x} + C$ （$a>0$且$a \neq 1$）；

（5）$\int \mathrm{e}^{x}\mathrm{d}x = \mathrm{e}^{x} + C$；

（6）$\int \sin x\mathrm{d}x = -\cos x + C$；

（7）$\int \cos x\mathrm{d}x = \sin x + C$；

（8）$\int \dfrac{1}{\cos^2 x}\mathrm{d}x = \int \sec^2 x\mathrm{d}x = \tan x + C$；

（9）$\int \dfrac{1}{\sin^2 x}\mathrm{d}x = \int \csc^2 x\mathrm{d}x = -\cot x + C$；

（10）$\int \sec x \tan x\, \mathrm{d}x = \sec x + C$；

（11）$\int \csc x \cot x\, \mathrm{d}x = -\csc x + C$；

（12）$\int \dfrac{1}{1+x^2}\mathrm{d}x = \arctan x + C$；

（13）$\int \dfrac{1}{\sqrt{1-x^2}}\mathrm{d}x = \arcsin x + C$.

以上 13 个基本积分公式，是求不定积分的基础，必须熟记.

例 5−5 求 $\int \dfrac{1}{x^2\sqrt{x}}\mathrm{d}x$.

解 $\int \dfrac{1}{x^2\sqrt{x}}\mathrm{d}x = \int x^{-\frac{5}{2}}\mathrm{d}x = \dfrac{1}{-\dfrac{5}{2}+1}x^{-\frac{5}{2}+1} + C = -\dfrac{2}{3}x^{-\frac{3}{2}} + C$.

四、不定积分的性质

性质 5−1 $\left[\int f(x)\mathrm{d}x\right]' = f(x)$ 或 $\mathrm{d}\left[\int f(x)\mathrm{d}x\right] = f(x)\mathrm{d}x$；

$$\int F'(x)\mathrm{d}x = F(x) + C \text{ 或 } \int \mathrm{d}F(x) = F(x) + C.$$

证 设 $F'(x) = f(x)$，则 $\left[\int f(x)\mathrm{d}x\right]' = [F(x)+C]' = f(x)$，$\mathrm{d}\left[\int f(x)\mathrm{d}x\right] = f(x)\mathrm{d}x$.

$$\int F'(x)\mathrm{d}x = \int f(x)\mathrm{d}x = F(x) + C，\quad \int \mathrm{d}F(x) = F(x) + C.$$

性质 5−1 表明，一个函数先求不定积分再求导，结果不变；一个函数先求导再求不定积分，结果差一个常数.

性质 5−2（线性性质）

（1）函数的和（或差）的不定积分，等于它们的不定积分的和（或差），即

$$\int [f(x) \pm g(x)]\mathrm{d}x = \int f(x)\mathrm{d}x \pm \int g(x)\mathrm{d}x.$$

证　$\left[\int f(x)\mathrm{d}x \pm \int g(x)\mathrm{d}x\right]' = \left[\int f(x)\mathrm{d}x\right]' \pm \left[\int g(x)\mathrm{d}x\right]' = f(x) \pm g(x).$

（2）被积函数中不为零的常数因子，可以移到积分号的前面.

$$\int k f(x)\mathrm{d}x = k\int f(x)\mathrm{d}x \quad (k \text{ 为常数且 } k \neq 0).$$

（1）（2）合起来，即为

$$\int [\alpha f(x) + \beta g(x)]\mathrm{d}x = \alpha\int f(x)\mathrm{d}x + \beta\int g(x)\mathrm{d}x,$$

其中 α, β 为不同时为零的常数.

利用不定积分的性质及基本积分公式求不定积分的方法称为**直接积分法**.这是积分常用的方法之一.有时，被积函数需要先进行恒等变形之后，再利用积分表求解.

例 5−6　求 $\int \left(2^x + 3\cos x - \dfrac{4}{x} + 5\right)\mathrm{d}x.$

解　$\displaystyle\int \left(2^x + 3\cos x - \frac{4}{x} + 5\right)\mathrm{d}x$

$= \displaystyle\int 2^x \mathrm{d}x + 3\int \cos x\mathrm{d}x - 4\int \frac{1}{x}\mathrm{d}x + 5\int \mathrm{d}x$

$= \dfrac{1}{\ln 2} 2^x + 3\sin x - 4\ln|x| + 5x + C.$

例 5−7　求 $\displaystyle\int \frac{1}{x^2(1+x^2)}\mathrm{d}x.$

解　$\displaystyle\int \frac{1}{x^2(1+x^2)}\mathrm{d}x = \int \frac{1+x^2-x^2}{x^2(1+x^2)}\mathrm{d}x$

$= \displaystyle\int \left(\frac{1}{x^2} - \frac{1}{1+x^2}\right)\mathrm{d}x$

$= -\dfrac{1}{x} - \arctan x + C.$

例 5−7 中被积函数采用拆项法，再逐项积分.

例 5−8　求 $\displaystyle\int \frac{1}{1+\cos 2x}\mathrm{d}x.$

解　$\displaystyle\int \frac{1}{1+\cos 2x}\mathrm{d}x = \int \frac{1}{2\cos^2 x}\mathrm{d}x$

$= \dfrac{1}{2}\displaystyle\int \sec^2 x\mathrm{d}x$

$= \dfrac{1}{2}\tan x + C.$

例 5-8 中被积函数通过三角恒等式变形后，再用积分表计算.

习 题 5-1

1. 已知 $f(x)$ 的一个原函数是 $\cos x$，则 $f(x)$ 是_____.

    A. $-\cos x$ B. $\cos x$ C. $-\sin x$ D. $\sin x$

2. 设 $F(x)$ 为函数 $f(x)$ 的一个原函数，则下式正确的是_____.

    A. $\mathrm{d}F(x) = f(x)\mathrm{d}x$ B. $\int f(x)\mathrm{d}x = F(x)$

    C. $\mathrm{d}\int f(x)\mathrm{d}x = f(x)$ D. $\dfrac{\mathrm{d}}{\mathrm{d}x}\int f(x)\mathrm{d}x = F(x)+C$

3. 若 $\int f(x)\mathrm{d}x = x\ln x + C$，则 $f(x) = $_____.

    A. $\ln x$ B. x C. $\ln x + 1$ D. $x + 1$

4. 求下列不定积分.

（1）$\displaystyle\int (x^2 - 2\mathrm{e}^x + 3\sin x)\mathrm{d}x$；
        （2）$\displaystyle\int\left(\dfrac{3}{1+x^2} - \dfrac{2}{\sqrt{1-x^2}}\right)\mathrm{d}x$；

（3）$\displaystyle\int (\sqrt{x}+1)\left(x - \dfrac{1}{\sqrt{x}}\right)\mathrm{d}x$；
        （4）$\displaystyle\int \dfrac{(x-2)^2}{x^3}\mathrm{d}x$；

（5）$\displaystyle\int \dfrac{3t^4 + 3t^2 + 1}{t^2 + 1}\mathrm{d}t$；
        （6）$\displaystyle\int \dfrac{3\times 5^x + 2^x}{5^x}\mathrm{d}x$；

（7）$\displaystyle\int \cos^2 \dfrac{x}{2}\mathrm{d}x$；
        （8）$\displaystyle\int \dfrac{\cos 2x}{\cos x - \sin x}\mathrm{d}x$；

（9）$\displaystyle\int \cot^2 x\mathrm{d}x$；
        （10）$\displaystyle\int \sec x(\sec x - \tan x)\mathrm{d}x$.

5. 已知某曲线在点 $(x, f(x))$ 处的切线斜率为 $\sec^2 x + \sin x$，且曲线与 y 轴的交点为 $(0,5)$，求此曲线的方程.

6. 设某企业的边际收益是 $R'(Q) = 100 - 0.02Q$（其中 Q 为产品的销售量），试求收益函数 $R(Q)$.

第二节 换元积分法

把复合函数的微分法反过来用于求不定积分，利用中间变量的代换，得到复合函数的积分方法称为换元积分法，简称换元法. 这是求不定积分非常重要的方法. 换元法分为两类，首先讨论第一类换元积分法.

一、第一类换元法（凑微分法）

定理 5-3 设 $F(u)$ 是 $f(u)$ 的一个原函数，且 $u = \varphi(x)$ 可导，那么 $F[\varphi(x)]$ 是 $f(\varphi(x))\varphi'(x)$ 的原函数，即有换元公式

$$\int f(\varphi(x))\varphi'(x)\mathrm{d}x = \left[\int f(u)\mathrm{d}u\right]_{u=\varphi(x)} = \left[F(u)+C\right]_{u=\varphi(x)} = F(\varphi(x))+C.$$

证 因为 $[F(\varphi(x))+C]' = F'(\varphi(x))\varphi'(x) = f(\varphi(x))\varphi'(x)$，所以

$$\int f(\varphi(x))\varphi'(x)\mathrm{d}x = F(\varphi(x))+C.$$

注 计算积分 $\int f(\varphi(x))\varphi'(x)\mathrm{d}x$，可将 $\varphi'(x)\mathrm{d}x$ 看作函数 $u=\varphi(x)$ 的微分，即 $\varphi'(x)\mathrm{d}x = \mathrm{d}\varphi(x)$. 从而 $\int f(\varphi(x))\varphi'(x)\mathrm{d}x = \int f(\varphi(x))\mathrm{d}\varphi(x) = \left[\int f(u)\mathrm{d}u\right]_{u=\varphi(x)}$，转化为 u 的不定积分. 因此，第一类换元法也称为凑微分法. 什么时候运用此法呢？当计算的积分不易用直接积分法求解，且被积函数有 $f(\varphi(x))\varphi'(x)$ 的特征.

例 5–9 求 $\int \sin^2 x \cos x \mathrm{d}x$.

解 由 $\cos x \mathrm{d}x = \mathrm{d}\sin x$ 得

$$\int \sin^2 x \cos x \mathrm{d}x = \int \sin^2 x \cdot \cos x \mathrm{d}x = \int \sin^2 x \mathrm{d}\sin x$$

$$= \left[\int u^2 \mathrm{d}u\right]_{u=\sin x} = \frac{u^3}{3}+C$$

$$= \frac{1}{3}\sin^3 x + C.$$

例 5–10 求 $\int x^3 \mathrm{e}^{x^4} \mathrm{d}x$.

解 由 $x^3 \mathrm{d}x = \frac{1}{4}\mathrm{d}x^4$ 得

$$\int x^3 \mathrm{e}^{x^4}\mathrm{d}x = \int \mathrm{e}^{x^4}\cdot x^3 \mathrm{d}x = \frac{1}{4}\int \mathrm{e}^{x^4}\mathrm{d}x^4 = \left[\frac{1}{4}\int \mathrm{e}^u \mathrm{d}u\right]_{u=x^4} = \frac{1}{4}\mathrm{e}^u + C = \frac{1}{4}\mathrm{e}^{x^4}+C.$$

注 凑微分法的步骤如下：

① 观察积分形式，$\int f(\varphi(x))\varphi'(x)\mathrm{d}x$，即被积函数是整体 $\varphi(x)$ 的函数与其导数 $\varphi'(x)$ 的乘积；

② 凑微分，$\int f(\varphi(x))\mathrm{d}\varphi(x) = \int f(u)\mathrm{d}u$，其中 $u=\varphi(x)$，凑的目的是把被积函数的中间变量与积分变量在形式上保持相同，进而原积分转化为对中间变量 u 的积分；

③ 计算 u 的积分，$\int f(u)\mathrm{d}u = F(u)+C$；

④ 变量回代，将 $u=\varphi(x)$ 代入，得结果 $F(\varphi(x))+C$.

当变量代换熟练之后，可以不用写中间变量 u. 如：

$$\int x^3 \mathrm{e}^{x^4}\mathrm{d}x = \frac{1}{4}\int \mathrm{e}^{x^4}\mathrm{d}x^4 = \frac{1}{4}\mathrm{e}^{x^4}+C.$$

例 5–11 求 $\int \frac{1}{5x+3}\mathrm{d}x$.

解 由 $\mathrm{d}x = \frac{1}{5}\mathrm{d}(5x+3)$ 得

$$\int \frac{1}{5x+3} dx = \frac{1}{5} \int \frac{1}{5x+3} d(5x+3) = \frac{1}{5} \ln|5x+3| + C.$$

2. 常用的凑微分类型

（1） $dx = \frac{1}{a} d(ax+b)$ $(a \neq 0)$；

（2） $x^{n-1} dx = \frac{1}{n} d(x^n)$ $(n \neq 0)$， $\frac{1}{\sqrt{x}} dx = 2d(\sqrt{x})$， $\frac{1}{x^2} dx = -d\left(\frac{1}{x}\right)$；

（3） $e^x dx = d(e^x)$， $\quad\quad\quad \frac{1}{x} dx = d(\ln|x|) = \ln a \, d(\log_a|x|)$ $(a > 0 \text{且} a \neq 1)$；

（4） $\cos x dx = d(\sin x)$， $\quad\quad \sin x dx = -d(\cos x)$；

（5） $\sec^2 x dx = d(\tan x)$， $\quad\quad \csc^2 x dx = -d(\cot x)$；

（6） $\tan x \sec x dx = d(\sec x)$， $\quad \cot x \csc x dx = -d(\csc x)$；

（7） $\frac{1}{\sqrt{1-x^2}} dx = d(\arcsin x) = -d(\arccos x)$；

（8） $\frac{1}{1+x^2} dx = d(\arctan x) = -d(\operatorname{arccot} x)$.

以上常用的凑微分公式要熟练掌握.

例 5－12 求下列不定积分.

（1） $\int \sqrt{3-2x} dx$；（2） $\int \frac{1}{\sqrt{a^2-x^2}} dx$ $(a > 0)$；（3） $\int \frac{1}{a^2+x^2} dx$ $(a \neq 0)$.

解（1） $\int \sqrt{3-2x} dx = -\frac{1}{2} \int (3-2x)^{\frac{1}{2}} d(3-2x) = -\frac{1}{3} (3-2x)^{\frac{3}{2}} + C$.

（2） $\int \frac{1}{\sqrt{a^2-x^2}} dx = \int \frac{1}{a} \cdot \frac{1}{\sqrt{1-\left(\frac{x}{a}\right)^2}} dx = \int \frac{1}{\sqrt{1-\left(\frac{x}{a}\right)^2}} d\left(\frac{x}{a}\right) = \arcsin \frac{x}{a} + C$.

（3） $\int \frac{1}{a^2+x^2} dx = \int \frac{1}{a^2} \cdot \frac{1}{1+\left(\frac{x}{a}\right)^2} dx = \frac{1}{a} \int \frac{1}{1+\left(\frac{x}{a}\right)^2} d\left(\frac{x}{a}\right) = \frac{1}{a} \arctan \frac{x}{a} + C$.

例 5－13 求 $\int \tan x dx$.

解 $\int \tan x dx = \int \frac{\sin x}{\cos x} dx = -\int \frac{1}{\cos x} d\cos x = -\ln|\cos x| + C$.

同理 $\int \cot x dx = \ln|\sin x| + C$.

例 5－14 求 $\int \left(\frac{\operatorname{arccot} x}{1+x^2} + \frac{\sin \sqrt{x}}{\sqrt{x}}\right) dx$.

解 $\displaystyle\int\left(\frac{\operatorname{arc\,cot}x}{1+x^2}+\frac{\sin\sqrt{x}}{\sqrt{x}}\right)\mathrm{d}x=\int\frac{\operatorname{arc\,cot}x}{1+x^2}\mathrm{d}x+\int\frac{\sin\sqrt{x}}{\sqrt{x}}\mathrm{d}x$

$$=\int\operatorname{arc\,cot}x\cdot\frac{1}{1+x^2}\mathrm{d}x+\int\sin\sqrt{x}\cdot\frac{1}{\sqrt{x}}\mathrm{d}x$$

$$=-\int\operatorname{arc\,cot}x\mathrm{d}\operatorname{arc\,cot}x+2\int\sin\sqrt{x}\mathrm{d}\sqrt{x}$$

$$=-\frac{1}{2}(\operatorname{arccot}x)^2-2\cos\sqrt{x}+C.$$

例 5–15 求 $\displaystyle\int\frac{1}{x^2-a^2}\mathrm{d}x\quad(a\neq0)$.

解 $\displaystyle\int\frac{1}{x^2-a^2}\mathrm{d}x=\int\frac{1}{2a}\left(\frac{1}{x-a}-\frac{1}{x+a}\right)\mathrm{d}x$

$$=\frac{1}{2a}\left[\int\frac{1}{x-a}\mathrm{d}x-\int\frac{1}{x+a}\mathrm{d}x\right]$$

$$=\frac{1}{2a}[\ln|x-a|-\ln|x+a|]+C$$

$$=\frac{1}{2a}\ln\left|\frac{x-a}{x+a}\right|+C.$$

例 5–16 求 $\displaystyle\int\frac{1}{x(1+3\ln x)}\mathrm{d}x$.

解 $\displaystyle\int\frac{1}{x(1+3\ln x)}\mathrm{d}x=\int\frac{1}{1+3\ln x}\cdot\frac{1}{x}\mathrm{d}x$

$$=\int\frac{1}{1+3\ln x}\mathrm{d}(\ln x)$$

$$=\frac{1}{3}\int\frac{1}{1+3\ln x}\mathrm{d}(1+3\ln x)$$

$$=\frac{1}{3}\ln|1+3\ln x|+C.$$

在例 5–16 中进行一次凑微分后 $\displaystyle\int\frac{1}{1+3\ln x}\mathrm{d}(\ln x)=\int\frac{1}{1+3u}\mathrm{d}u$，不能直接利用基本积分公式，需要再次凑微分. 而积分 $\displaystyle\int\frac{1}{1+3\ln x}\mathrm{d}(1+3\ln x)=\int\frac{1}{v}\mathrm{d}v\ (v=1+3\ln x)$，可以直接利用基本积分公式. 在运用凑微分的过程中，中间变量虽不写，心中要清楚积分的形式，注意以上两式的区别. 此外，计算不定积分时多次凑微分经常用到.

例 5–17 求 $\displaystyle\int x^2\cos(2x^3+5)\mathrm{d}x$.

解 $\displaystyle\int x^2\cos(2x^3+5)\mathrm{d}x=\frac{1}{3}\int\cos(2x^3+5)\mathrm{d}x^3$

$$= \frac{1}{6} \int \cos(2x^3 + 5) d(2x^3 + 5)$$

$$= \frac{1}{6} \sin(2x^3 + 5) + C .$$

例 5-18　求 $\int \dfrac{1 - \sin x}{x + \cos x} dx$.

分析　观察被积函数的特点，分子 $1 - \sin x = (x + \cos x)'$，可将两项进行联合凑微分，即 $(1 - \sin x)dx = (x + \cos x)'dx = d(x + \cos x).$

解　$\displaystyle \int \frac{1 - \sin x}{x + \cos x} dx = \int \frac{1}{x + \cos x} \cdot (1 - \sin x)dx$

$$= \int \frac{1}{x + \cos x} d(x + \cos x)$$

$$= \ln |x + \cos x| + C .$$

例 5-19　求 $\int \sec x \, dx$.

解　$\displaystyle \int \sec x \, dx = \int \frac{\sec x (\sec x + \tan x)}{\sec x + \tan x} dx$

$$= \int \frac{\sec^2 x + \sec x \tan x}{\sec x + \tan x} dx$$

$$= \int \frac{d(\sec x + \tan x)}{\sec x + \tan x}$$

$$= \ln |\sec x + \tan x| + C .$$

类似可证 $\displaystyle \int \csc x \, dx = \ln |\csc x - \cot x| + C$.

例 5-20　求 $\int \sin^2 x \cdot \cos^3 x \, dx$ 和 $\int \sin^2 x \, dx$.

解　$\displaystyle \int \sin^2 x \cdot \cos^3 x \, dx = \int \sin^2 x \cdot \cos^2 x \cdot \cos x \, dx$

$$= \int \sin^2 x \cdot (1 - \sin^2 x) d\sin x$$

$$= \int (\sin^2 x - \sin^4 x) d\sin x$$

$$= \frac{1}{3} \sin^3 x - \frac{1}{5} \sin^5 x + C .$$

$$\int \sin^2 x \, dx = \int \left(\frac{1 - \cos 2x}{2} \right) dx$$

$$= \frac{1}{2} \int (1 - \cos 2x) dx$$

$$= \frac{1}{2} \left[\int 1 dx - \int \cos 2x \, dx \right]$$

$$= \frac{1}{2} x - \frac{1}{4} \sin 2x + C .$$

例 5-21　求 $\int \sec^4 x \, dx$.

分析 利用切割函数之间的关系：$1+\tan^2 x = \sec^2 x$ ，$\sec^2 x dx = d \tan x$.

解 $\int \sec^4 x dx = \int \sec^2 x \cdot \sec^2 x dx$

$$= \int (1 + \tan^2 x) d(\tan x)$$

$$= \tan x + \frac{\tan^3 x}{3} + C .$$

例 5 - 22 求 $\int \sin 4x \cos 2x dx$.

分析 被积函数利用积化和差公式变形，$\sin 4x \cos 2x = \frac{1}{2}(\sin 6x + \sin 2x)$.

解 $\int \sin 4x \cos 2x dx = \frac{1}{2} \int (\sin 6x + \sin 2x) dx$

$$= \frac{1}{2} \int \sin 6x dx + \frac{1}{2} \int \sin 2x dx$$

$$= \frac{1}{12} \int \sin 6x d(6x) + \frac{1}{4} \int \sin 2x d(2x)$$

$$= -\frac{1}{12} \cos 6x - \frac{1}{4} \cos 2x + C .$$

第一类换元法（凑微分法）灵活多变，技巧性较强，需要熟练掌握基本积分公式、常见的凑微分类型，观察被积函数的特点，找出合适的方法. 要想掌握好第一类换元法，必须要多做练习才行.

前面例题中有几个积分是以后经常遇到的，将其增加到基本积分表中，可作为公式直接使用（常数 $a > 0$ ）.

（1）$\int \tan x dx = -\ln |\cos x| + C$ ；

（2）$\int \cot x dx = \ln |\sin x| + C$ ；

（3）$\int \sec x dx = \ln |\sec x + \tan x| + C$ ；

（4）$\int \csc x dx = \ln |\csc x - \cot x| + C$ ；

（5）$\int \frac{1}{\sqrt{a^2 - x^2}} dx = \arcsin \frac{x}{a} + C$ ；

（6）$\int \frac{1}{a^2 + x^2} dx = \frac{1}{a} \arctan \frac{x}{a} + C$ ；

（7）$\int \frac{1}{x^2 - a^2} dx = \frac{1}{2a} \ln \left| \frac{x-a}{x+a} \right| + C$.

例 5 - 23 求 $\int \frac{1}{\sin x \cos x} dx$.

解 （法 1）倍角公式 $\sin 2x = 2 \sin x \cos x$.

$$\int \frac{dx}{\sin x \cos x} = \int \frac{2dx}{\sin 2x} = \int \csc 2x d2x = \ln |\csc 2x - \cot 2x| + C .$$

（**法 2**）利用三角公式 $\sin^2 x + \cos^2 x = 1$ 变形，然后凑微分．

$$\int \frac{dx}{\sin x \cos x} = \int \frac{\sin^2 x + \cos^2 x}{\sin x \cos x} dx = \int \frac{\sin x}{\cos x} dx + \int \frac{\cos x}{\sin x} dx = \int \tan x dx + \int \cot x dx$$
$$= -\ln|\cos x| + \ln|\sin x| + C = \ln|\tan x| + C.$$

（**法 3**）将被积函数凑出 $\tan x$ 的函数和 $\tan x$ 的导数．

$$\int \frac{dx}{\sin x \cos x} = \int \frac{\cos x}{\sin x \cos^2 x} dx = \int \frac{1}{\tan x} \sec^2 x dx = \int \frac{1}{\tan x} d\tan x = \ln|\tan x| + C.$$

注 可以采用多种方法计算不定积分，虽然它们的结果在形式上可能不同，但经过求导运算容易验证所得的结果都是正确的．即对已求出的不定积分 $\int f(x)dx = F(x) + C$，可通过 $F'(x) = f(x)$ 来检验正确性．

二、第二类换元法

第二类换元法是通过变量代换 $x = \varphi(t)$，将 $\int f(x)dx$ 化为较易求解的积分 $\int f[\varphi(t)]\varphi'(t)dt$，求出关于 t 的积分后，再用 $x = \varphi(t)$ 的反函数 $t = \varphi^{-1}(x)$ 变量回代．从而需要 $x = \varphi(t)$ 的反函数存在且可导．于是，有以下定理．

定理 5-4 设 $x = \varphi(t)$ 单调、可导且 $\varphi'(t) \neq 0$，又 $f(\varphi(t))\varphi'(t)$ 具有原函数 $F(t)$，则有换元公式

$$\int f(x)dx = \left\{ \int f(\varphi(t))\varphi'(t)dt \right\}_{t=\varphi^{-1}(x)} = F(\varphi^{-1}(x)) + C,$$

其中 $t = \varphi^{-1}(x)$ 是 $x = \varphi(t)$ 的反函数．

证 $f(\varphi(t))\varphi'(t)$ 具有原函数 $F(t)$，则 $\dfrac{dF(t)}{dt} = f(\varphi(t))\varphi'(t)$．由复合函数求导法则和反函数求导法则得

$$\frac{dF(\varphi^{-1}(x))}{dx} = \frac{dF}{dt} \cdot \frac{dt}{dx} = f(\varphi(t))\varphi'(t) \cdot \frac{1}{\varphi'(t)} = f(\varphi(t)) = f(x).$$

所以 $\int f(x)dx = F(\varphi^{-1}(x)) + C.$

下面介绍几种常见的代换：根式代换、倒代换、三角代换．

1. 根式代换

对于被积函数含有 $\sqrt[n]{ax+b}$ 或 $\sqrt[n]{\dfrac{ax+b}{cx+d}}$ 的不定积分，为了消去根号，一般可采用根式代换，令 $t = \sqrt[n]{ax+b}$ 或 $t = \sqrt[n]{\dfrac{ax+b}{cx+d}}$．

例 5-24 求 $\int x\sqrt{x+2}dx$．

解 设 $t = \sqrt{x+2}$，，则 $x = t^2 - 2$，$dx = 2tdt$，所以

$$\int x\sqrt{x+2}dx = \int (t^2 - 2)t \cdot 2t \, dt$$
$$= \int (2t^4 - 4t^2)dt$$
$$= \frac{2}{5}t^5 - \frac{4}{3}t^3 + C$$

$$= \frac{2}{5}(\sqrt{x+2})^5 - \frac{4}{3}(\sqrt{x+2})^3 + C.$$

注 第二类换元法的步骤如下：

① 选择变量代换并求微分，令 $x = \varphi(t)$，则 $\mathrm{d}x = \varphi'(t)\mathrm{d}t$；

② 转化为计算 t 的不定积分 $\int f[\varphi(t)]\varphi'(t)\mathrm{d}t$，注意被积函数与积分变量要同时作改变；

③ 变量回代，将②的结果表示为 x 的表达式.

例 5-25 求 $\int \dfrac{1}{\sqrt{x}(1+\sqrt[3]{x})}\mathrm{d}x$.

分析 被积函数中同时含有 $\sqrt{x}$ 和 $\sqrt[3]{x}$，取 2 和 3 的最小公倍数，令 $t = \sqrt[6]{x}$.

解 设 $t = \sqrt[6]{x}$，则 $x = t^6$，$\mathrm{d}x = 6t^5\mathrm{d}t$，所以

$$\int \frac{1}{\sqrt{x}(1+\sqrt[3]{x})}\mathrm{d}x = \int \frac{1}{t^3(1+t^2)} \cdot 6t^5\mathrm{d}t = 6\int \frac{t^2}{1+t^2}\mathrm{d}t = 6\int \frac{t^2+1-1}{1+t^2}\mathrm{d}t$$

$$= 6\int \left(1 - \frac{1}{1+t^2}\right)\mathrm{d}t = 6(t - \arctan t) + C$$

$$= 6(\sqrt[6]{x} - \arctan \sqrt[6]{x}) + C.$$

2. 倒代换

当被积函数中分母幂指数大于分子幂指数时，可以尝试倒代换，令 $x = \dfrac{1}{t}$.

例 5-26 求 $\int \dfrac{1}{x(x^7+1)}\mathrm{d}x$.

解 令 $x = \dfrac{1}{t}$，则 $\mathrm{d}x = -\dfrac{1}{t^2}\mathrm{d}t$，所以

$$\int \frac{1}{x(x^7+1)}\mathrm{d}x = \int \frac{t}{\left(\frac{1}{t}\right)^7 + 1} \cdot \left(-\frac{1}{t^2}\right)\mathrm{d}t$$

$$= -\int \frac{t^6}{1+t^7}\mathrm{d}t$$

$$= -\frac{1}{7}\ln|1+t^7| + C$$

$$= -\frac{1}{7}\ln\left|1 + \frac{1}{x^7}\right| + C.$$

思考 此题还有其他解法吗？

3. 三角代换

对于被积函数含有根式 $\sqrt{a^2-x^2}$，$\sqrt{a^2+x^2}$ 和 $\sqrt{x^2-a^2}$ 的不定积分，当利用直接积分法和凑微分法不能解决时，可以用三角换元去掉根式. 依据的三角恒等式有：

$$\sin^2 t + \cos^2 t = 1, \quad 1 + \tan^2 t = \sec^2 t.$$

例 5-27　求$\int\sqrt{4-x^2}\mathrm{d}x$.

分析　根式代换不能化掉根号，为消除根式$\sqrt{4-x^2}$，结合恒等式$1-\sin^2 t=\cos^2 t$，可设$x=2\sin t$.

解　设$x=2\sin t, \left(-\dfrac{\pi}{2}<t<\dfrac{\pi}{2}\right)$，则$\mathrm{d}x=2\cos t\mathrm{d}t$，所以

$$\begin{aligned}\int\sqrt{4-x^2}\mathrm{d}x&=\int 2\cos t\cdot 2\cos t\,\mathrm{d}t=4\int\cos^2 t\,\mathrm{d}t\\&=2\int(1+\cos 2t)\,\mathrm{d}t\\&=2t+\sin 2t+C\\&=2t+2\sin t\cos t+C.\end{aligned}$$

为还原变量x，可借助辅助三角形. 画直角三角形如图 5-2 所示，有

$$\sin t=\frac{x}{2},\quad t=\arcsin\frac{x}{2},\quad \cos t=\frac{\sqrt{4-x^2}}{2},$$

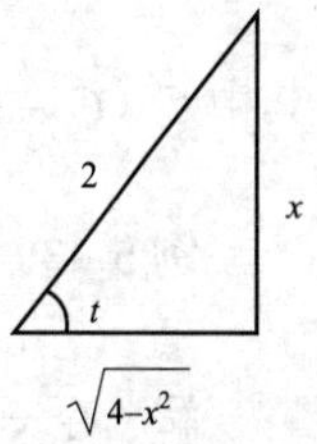

图 5-2

从而

$$\int\sqrt{4-x^2}\mathrm{d}x=2t+2\sin t\cos t+C=2\arcsin\frac{x}{2}+\frac{x\sqrt{4-x^2}}{2}+C.$$

注　在利用三角代换时，默认其反函数在主值范围且在被积函数的定义域内.

例 5-28　求$\int x^3\sqrt{1-x^2}\,\mathrm{d}x$.

解　设$x=\sin t, \left(-\dfrac{\pi}{2}<t<\dfrac{\pi}{2}\right)$，则$\mathrm{d}x=\cos t\mathrm{d}t$，所以

$$\begin{aligned}\int x^3\sqrt{1-x^2}\,\mathrm{d}x&=\int\sin^3 t\cos t\cdot\cos t\mathrm{d}t=\int\sin^3 t\cos^2 t\mathrm{d}t\\&=-\int(1-\cos^2 t)\cos^2 t\mathrm{d}\cos t\\&=-\int(\cos^2 t-\cos^4 t)\mathrm{d}\cos t\\&=-\frac{\cos^3 t}{3}+\frac{\cos^5 t}{5}+C.\end{aligned}$$

借助辅助三角形，如图 5-3 所示，有$\cos t=\sqrt{1-x^2}$，从而

$$\int x^3\sqrt{1-x^2}\,\mathrm{d}x=-\frac{1}{3}(1-x^2)^{\frac{3}{2}}+\frac{1}{5}(1-x^2)^{\frac{5}{2}}+C.$$

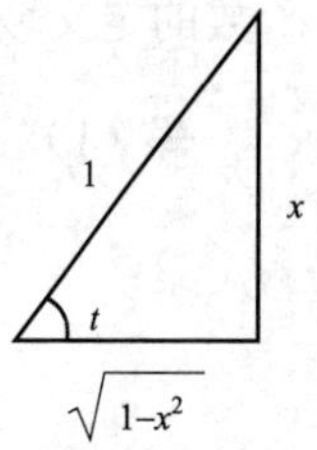

图 5-3

例 5-29　求$\int\dfrac{\mathrm{d}x}{\sqrt{a^2+x^2}}\quad(a>0)$.

分析　为消除根式$\sqrt{a^2+x^2}$，结合恒等式$1+\tan^2 t=\sec^2 t$，可设$x=a\tan t$.

解　设$x=a\tan t, \left(-\dfrac{\pi}{2}<t<\dfrac{\pi}{2}\right)$，则$\mathrm{d}x=a\sec^2 t\,\mathrm{d}t$，所以

$$\int \frac{\mathrm{d}x}{\sqrt{a^2+x^2}} = \int \frac{1}{a\sec t} \cdot a\sec^2 t\,\mathrm{d}t$$

$$= \int \sec t\,\mathrm{d}t = \ln|\tan t + \sec t| + C_1.$$

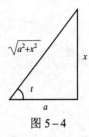

图 5-4

借助辅助三角形，如图 5-4 所示，有 $\tan t = \dfrac{x}{a}$ ， $\sec t = \dfrac{\sqrt{a^2+x^2}}{a}$ ，从而

$$\int \frac{\mathrm{d}x}{\sqrt{a^2+x^2}} = \ln|\tan t + \sec t| + C_1$$

$$= \ln\left|\frac{x}{a} + \frac{\sqrt{a^2+x^2}}{a}\right| + C_1$$

$$= \ln|x + \sqrt{a^2+x^2}| + C,$$

其中 $C = C_1 - \ln a$.

例 5-30 求 $\int \dfrac{\sqrt{1+x^2}}{x^4}\mathrm{d}x$.

解 令 $x = \tan t, t \in \left(-\dfrac{\pi}{2}, \dfrac{\pi}{2}\right)$ ，则 $\mathrm{d}x = \sec^2 t\,\mathrm{d}t$. 所以

$$\int \frac{\sqrt{1+x^2}}{x^4}\mathrm{d}x = \int \frac{\sqrt{1+\tan^2 t}}{\tan^4 t} \cdot \sec^2 t\,\mathrm{d}t = \int \frac{\sec^3 t}{\tan^4 t}\mathrm{d}t = \int \frac{\cos t}{\sin^4 t}\mathrm{d}t$$

$$= \int \frac{1}{\sin^4 t}\mathrm{d}\sin t = -\frac{1}{3}\frac{1}{\sin^3 t} + C,$$

借助辅助三角形，如图 5-5 所示，有 $\sin t = \dfrac{x}{\sqrt{1+x^2}}$ ，从而

$$\int \frac{\sqrt{1+x^2}}{x^4}\mathrm{d}x = -\frac{1}{3}\frac{(\sqrt{1+x^2})^3}{x^3} + C.$$

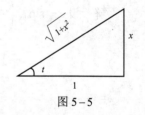

图 5-5

例 5-31 求 $\int \dfrac{\mathrm{d}x}{\sqrt{x^2-a^2}}$ $(a>0)$.

分析 为消除根式 $\sqrt{x^2-a^2}$ ，结合恒等式 $\sec^2 t - 1 = \tan^2 t$ ，可设 $x = a\sec t$. 注意到被积函数的定义域为 $x>a$ 或 $x<-a$ ，在这两个区间上分别求不定积分.

解（1）当 $x>a$ 时，设 $x = a\sec t$ $\left(0<t<\dfrac{\pi}{2}\right)$ ， $\mathrm{d}x = a\sec t\tan t\,\mathrm{d}t$.

$$\int \frac{\mathrm{d}x}{\sqrt{x^2-a^2}} = \int \frac{1}{a\tan t} \cdot a\sec t\tan t\,\mathrm{d}t = \int \sec t\,\mathrm{d}t = \ln|\sec t + \tan t| + C_1,$$

借助辅助三角形，如图 5-6 所示，有 $\tan t = \dfrac{\sqrt{x^2-a^2}}{a}$ ， $\sec t = \dfrac{x}{a}$ ，从而

$$\int \frac{\mathrm{d}x}{\sqrt{x^2-a^2}} = \ln\left|\frac{x}{a} + \frac{\sqrt{x^2-a^2}}{a}\right| + C_1 = \ln|x + \sqrt{x^2-a^2}| + C,$$

其中 $C = C_1 - \ln a$.

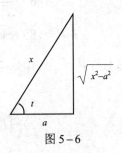

图 5-6

（2）当 $x < -a$ 时，设 $t = -x$，则 $\mathrm{d}x = -\mathrm{d}t$，

$$\int \frac{\mathrm{d}x}{\sqrt{x^2 - a^2}} = -\int \frac{\mathrm{d}t}{\sqrt{t^2 - a^2}}.$$

此时 $t > a$，利用（1）的结果有

$$\int \frac{\mathrm{d}x}{\sqrt{x^2 - a^2}} = -\int \frac{\mathrm{d}t}{\sqrt{t^2 - a^2}} = -\ln|t + \sqrt{t^2 - a^2}| + C_2 = -\ln|-x + \sqrt{x^2 - a^2}| + C_2$$

$$= -\ln\left|\frac{a^2}{x + \sqrt{x^2 - a^2}}\right| + C_2 = \ln\left|\frac{x + \sqrt{x^2 - a^2}}{a^2}\right| + C_2 = \ln|x + \sqrt{x^2 - a^2}| + C,$$

其中 $C = C_2 - 2\ln a$.

综合（1）（2）可得，$\displaystyle\int \frac{\mathrm{d}x}{\sqrt{x^2 - a^2}} = \ln|x + \sqrt{x^2 - a^2}| + C$.

三角代换介绍了正弦代换、正切代换和正割代换，需要根据被积函数的特点进行选择. 当被积函数含有根式 $\sqrt{a^2 - x^2}$，令 $x = a\sin t$；当被积函数含有根式 $\sqrt{a^2 + x^2}$，令 $x = a\tan t$；当被积函数含有根式 $\sqrt{x^2 - a^2}$，令 $x = a\sec t$. 不过，未必含有上述特征的积分一定采用三角代换计算，如 $\displaystyle\int \frac{\mathrm{d}x}{\sqrt{4 - x^2}}$ 与 $\displaystyle\int x\sqrt{1 + x^2}\,\mathrm{d}x$，均可直接凑微分计算.

最后，将前面例题中的两个常用积分增加到基本积分表中，可作为公式直接使用.

（1）$\displaystyle\int \frac{\mathrm{d}x}{\sqrt{x^2 + a^2}} = \ln|x + \sqrt{x^2 + a^2}| + C$；

（2）$\displaystyle\int \frac{\mathrm{d}x}{\sqrt{x^2 - a^2}} = \ln|x + \sqrt{x^2 - a^2}| + C$.

习　题　5-2

1. 填空题.

（1）$\mathrm{d}x = \underline{\qquad} \mathrm{d}(4x)$；

（2）$\cos(x - 7)\mathrm{d}x = \mathrm{d}\ (\underline{\qquad})$；

（3）$x^3\mathrm{d}x = \underline{\qquad} \mathrm{d}(x^4 + 1)$；

（4）$\dfrac{1}{\sqrt{x}}\mathrm{d}x = \mathrm{d}\ (\underline{\qquad})$；

（5）$\dfrac{1}{x}dx = $＿＿＿＿$d(10\ln x)$；

（6）$\dfrac{1}{x^2}dx = d\ ($＿＿＿＿$)$；

（7）$e^{7x}dx = $＿＿＿＿$d(e^{7x})$；

（8）$\csc^2 xdx = d\ ($＿＿＿＿$)$；

（9）$2x\sin(3x^2)dx = $＿＿＿＿$d\cos(3x^2)$；

（10）$\dfrac{2\arctan x}{1+x^2}dx = d\ ($＿＿＿＿$)$．

2. 求下列不定积分.

（1）$\displaystyle\int \sin 6xdx$；

（2）$\displaystyle\int (2x+3)^9\,dx$；

（3）$\displaystyle\int \dfrac{dx}{\sqrt[3]{1+x}}$；

（4）$\displaystyle\int xe^{x^2}dx$；

（5）$\displaystyle\int \dfrac{4x^3}{1-x^4}dx$；

（6）$\displaystyle\int \dfrac{x}{\sqrt{1-x^2}}dx$；

（7）$\displaystyle\int \dfrac{\cos(2\sqrt{x}+3)}{\sqrt{x}}dx$；

（8）$\displaystyle\int \dfrac{1}{x(1+x^3)}dx$；

（9）$\displaystyle\int \dfrac{dx}{x^2\cos^2\left(\dfrac{1}{x}\right)}$；

（10）$\displaystyle\int \dfrac{\sin x}{\cos^3 x}dx$；

（11）$\displaystyle\int \cos^3 x\sin^4 xdx$；

（12）$\displaystyle\int \cos^4 xdx$；

（13）$\displaystyle\int \dfrac{(\ln x+1)^2}{x}dx$；

（14）$\displaystyle\int \dfrac{e^x}{1+e^{2x}}dx$；

（15）$\displaystyle\int \tan^{10} x\sec^2 xdx$；

（16）$\displaystyle\int \sqrt{1+\cot x}\cdot\csc^2 xdx$；

（17）$\displaystyle\int \dfrac{10^{\arcsin x}}{\sqrt{1-x^2}}dx$；

（18）$\displaystyle\int \dfrac{1}{9x^2-6x+2}dx$；

（19）$\displaystyle\int \dfrac{1-x}{\sqrt{9-4x^2}}dx$；

（20）$\displaystyle\int \dfrac{x^3}{9+x^2}dx$；

（21）$\displaystyle\int \sin 5x\sin 7xdx$；

（22）$\displaystyle\int \dfrac{dx}{x\ln x\ln\ln x}$；

（23）$\displaystyle\int \dfrac{\arctan\sqrt{x}}{\sqrt{x}(1+x)}dx$；

（24）$\displaystyle\int \tan\sqrt{1+x^2}\dfrac{xdx}{\sqrt{1+x^2}}$；

（25）$\displaystyle\int \dfrac{\sin x+\cos x}{\sqrt[3]{\sin x-\cos x}}dx$；

（26）$\displaystyle\int \dfrac{1+\ln x}{(x\ln x)^2}dx$．

3. 已知 $f'(\sin^2 x)=\cos^2 x+\tan^2 x$，求 $f(x)$．

4. 求下列不定积分.

（1）$\displaystyle\int \dfrac{1}{1+\sqrt{2x}}dx$；

（2）$\displaystyle\int \dfrac{\sqrt{x-1}}{x}dx$；

（3）$\displaystyle\int \dfrac{\sqrt{x}}{1+\sqrt[4]{x^3}}dx$；

（4）$\displaystyle\int \dfrac{1}{x(1+x^5)}dx$；

（5）$\displaystyle\int\frac{1}{x^2\sqrt{x^2+1}}\mathrm{d}x$；

（6）$\displaystyle\int\frac{x^2}{\sqrt{9-x^2}}\mathrm{d}x$；

（7）$\displaystyle\int\frac{\mathrm{d}x}{\sqrt{(x^2+1)^3}}$；

（8）$\displaystyle\int\sqrt{5-4x-x^2}\mathrm{d}x$；

（9）$\displaystyle\int\frac{\sqrt{x^2-9}}{x}\mathrm{d}x$；

（10）$\displaystyle\int\frac{x}{(x+1)^9}\mathrm{d}x$；

（11）$\displaystyle\int\frac{\sqrt{a^2-x^2}}{x^4}\mathrm{d}x(a>0)$．

第三节　分部积分法

基于两函数乘积的求导公式，本节研究函数乘积的积分方法．

设 $u=u(x),v=v(x)$ 有连续的导函数，根据乘积函数的求导公式，有

$$\left[u(x)v(x)\right]'=u'(x)v(x)+u(x)v'(x)．$$

移项得

$$u(x)v'(x)=\left[u(x)v(x)\right]'-u'(x)v(x)，$$

两边积分，得

$$\int u(x)v'(x)\mathrm{d}x=u(x)v(x)-\int u'(x)v(x)\mathrm{d}x$$

或

$$\int u(x)\mathrm{d}v(x)=u(x)v(x)-\int v(x)\mathrm{d}u(x)．$$

定理 5-5　设 $u=u(x)$ 和 $v=v(x)$ 具有连续的导数，则

$$\int uv'\mathrm{d}x=uv-\int u'v\mathrm{d}x \tag{5-1}$$

或

$$\int u\mathrm{d}v=uv-\int v\mathrm{d}u． \tag{5-2}$$

式（5-1）与式（5-2）称为不定积分的**分部积分公式**．利用分部积分公式求不定积分的方法称为**分部积分法**．

注　（1）分部积分法往往用来解决两类不同性质函数乘积的积分．例如，$\int x^m\ln^n x\mathrm{d}x$，$\int x^m\mathrm{e}^{ax}\mathrm{d}x$，$\int x^m\sin ax\mathrm{d}x$，$\int x^m\cos ax\mathrm{d}x$，$\int\mathrm{e}^{ax}\sin bx\mathrm{d}x$，$\int\mathrm{e}^{ax}\cos bx\mathrm{d}x$，$\int x^m\arcsin x\mathrm{d}x$，$\int x^m\arctan x\mathrm{d}x$ 等．

（2）运用分部积分公式的关键是正确选择 u 和 v'，使得 $v'\mathrm{d}x=\mathrm{d}v$ 容易，并且右侧积分 $\int u'v\mathrm{d}x$ 比左侧积分 $\int uv'\mathrm{d}x$ 容易．一般可以按照反函数、对数函数、幂函数、三角函数、指数函数的顺序，即"反、对、幂、三、指"，把排序靠前的函数选作 u，排序靠后的函数选作 v'．

（3）分部积分的一般步骤为：

① 将积分 $\int f(x)dx$ 写成 $\int u dv$ 的形式，可借鉴"反、对、幂、三、指"的经验法则；

② 代入公式 $\int uv' dx = \int u dv = uv - \int u'v dx$；

③ 计算右侧积分 $\int u'v dx$.

例 5-32 求 $\int x^5 \ln x \, dx$.

分析 被积函数是幂函数 x^5 与对数函数 $\ln x$ 的乘积，按照"反、对、幂、三、指"的经验法则，选择幂函数为 v'，根据 v' 凑出公式中的 dv，即 $x^5 dx = \dfrac{1}{6} d(x^6)$.

解 设 $u = \ln x$，$dv = x^5 dx = \dfrac{1}{6} d(x^6)$，从而

$$\int x^5 \ln x \, dx = \frac{1}{6} \int \ln x d(x^6)$$

$$= \frac{1}{6} x^6 \ln x - \frac{1}{6} \int (\ln x)' x^6 dx$$

$$= \frac{1}{6} x^6 \ln x - \frac{1}{6} \int x^5 dx$$

$$= \frac{1}{6} x^6 \ln x - \frac{1}{36} x^6 + C.$$

例 5-33 求 $\int x \cos 2x dx$.

分析 被积函数是幂函数 x 与三角函数 $\cos 2x$ 的乘积，按照"反、对、幂、三、指"的经验法则，选择三角函数为 v'，根据 v' 凑出公式中的 dv，即 $\cos 2x dx = \dfrac{1}{2} d(\sin 2x)$.

解 设 $u = x$，$dv = \cos 2x dx = \dfrac{1}{2} d(\sin 2x)$，从而

$$\int x \cos 2x dx = \frac{1}{2} \int x d(\sin 2x)$$

$$= \frac{1}{2} x \sin 2x - \frac{1}{2} \int \sin 2x dx$$

$$= \frac{1}{2} x \sin 2x + \frac{1}{4} \cos 2x + C.$$

例 5-34 求 $\int x^2 \arctan x \, dx$.

解 设 $u = \arctan x$，$dv = x^2 dx = \dfrac{1}{3} d(x^3)$，从而

$$\int x^2 \arctan x \, dx = \frac{1}{3} \int \arctan x d(x^3)$$

$$= \frac{1}{3} x^3 \arctan x - \frac{1}{3} \int \frac{1}{1+x^2} \cdot x^3 dx$$

$$= \frac{1}{3} x^3 \arctan x - \frac{1}{3} \int \frac{x^3}{1+x^2} dx$$

$$= \frac{1}{3}x^3 \arctan x - \frac{1}{3}\int \left(x - \frac{x}{1+x^2} \right) \mathrm{d}x$$

$$= \frac{1}{3}x^3 \arctan x - \frac{1}{3} \times \frac{1}{2}x^2 + \frac{1}{3} \times \frac{1}{2}\int \frac{1}{1+x^2}\mathrm{d}(1+x^2)$$

$$= \frac{1}{3}x^3 \arctan x - \frac{1}{6}x^2 + \frac{1}{6}\ln(1+x^2) + C.$$

例 5 - 35　求 $\int \arcsin x \, \mathrm{d}x$.

分析　将 $\int \arcsin x \, \mathrm{d}x$ 看作 $\int u \mathrm{d}v$，其中 $u = \arcsin x$，$\mathrm{d}v = \mathrm{d}x$，$v = x$，采用分部积分法.

解　设 $u = \arcsin x$，$\mathrm{d}v = \mathrm{d}x$，从而

$$\int \arcsin x \, \mathrm{d}x = x \arcsin x - \int (\arcsin x)' x \, \mathrm{d}x$$

$$= x \arcsin x - \int \frac{x}{\sqrt{1-x^2}} \mathrm{d}x$$

$$= x \arcsin x + \frac{1}{2}\int \frac{1}{\sqrt{1-x^2}} \mathrm{d}(1-x^2)$$

$$= x \arcsin x + \sqrt{1-x^2} + C.$$

例 5 - 36　求 $\int x^2 \mathrm{e}^x \, \mathrm{d}x$.

解　设 $u = x^2$，$\mathrm{d}v = \mathrm{e}^x \mathrm{d}x = \mathrm{d}(\mathrm{e}^x)$，从而

$$\int x^2 \mathrm{e}^x \, \mathrm{d}x = \int x^2 \mathrm{d}(\mathrm{e}^x) = x^2 \mathrm{e}^x - \int (x^2)' \mathrm{e}^x \, \mathrm{d}x$$

$$= x^2 \mathrm{e}^x - 2\int x \mathrm{e}^x \, \mathrm{d}x = x^2 \mathrm{e}^x - 2\int x \mathrm{d}(\mathrm{e}^x)$$

$$= x^2 \mathrm{e}^x - 2[x \mathrm{e}^x - \int \mathrm{e}^x \, \mathrm{d}x] = x^2 \mathrm{e}^x - 2x \mathrm{e}^x + 2\mathrm{e}^x + C.$$

例 5 - 36 中，在使用了一次分部积分公式后，右侧积分 $\int x \mathrm{e}^x \, \mathrm{d}x$ 比左侧积分 $\int x^2 \mathrm{e}^x \, \mathrm{d}x$ 容易，说明分部积分法运用正确. 而 $\int x \mathrm{e}^x \, \mathrm{d}x$ 需要再次运用分部积分法. 综合前 5 个例题不难看出，运用分部积分公式后，计算积分的方法要结合具体情况灵活选择.

例 5 - 37　求 $\int \mathrm{e}^x \sin x \mathrm{d}x$.

解　设 $u = \sin x$，$\mathrm{d}v = \mathrm{e}^x \mathrm{d}x = \mathrm{d}(\mathrm{e}^x)$，从而

$$\int \mathrm{e}^x \sin x \mathrm{d}x = \int \sin x \mathrm{d}(\mathrm{e}^x)$$

$$= \mathrm{e}^x \sin x - \int (\sin x)' \mathrm{e}^x \mathrm{d}x$$

$$= \mathrm{e}^x \sin x - \int \mathrm{e}^x \cos x \mathrm{d}x$$

$$= \mathrm{e}^x \sin x - \int \cos x \mathrm{d}(\mathrm{e}^x)$$

$$= \mathrm{e}^x \sin x - \mathrm{e}^x \cos x + \int (\cos x)' \mathrm{e}^x \mathrm{d}x$$

$$= \mathrm{e}^x \sin x - \mathrm{e}^x \cos x - \int \mathrm{e}^x \sin x \mathrm{d}x,$$

即
$$\int e^x \sin x dx = e^x \sin x - e^x \cos x - \int e^x \sin x dx.$$

移项，得
$$\int e^x \sin x dx = \frac{1}{2}(e^x \sin x - e^x \cos x) + C.$$

例 5-37 中，在使用了两次分部积分法之后，等式右侧出现了题目要求的不定积分，移项可求解. 要注意的是，等式两边均为不定积分，最后结果中的任意常数 C 要加上. 一般地，当被积函数是指数函数与正弦（或余弦）函数的乘积时，解法和本例类似，称其为**循环法**.

当多次使用分部积分法时，每次 v' 选择的类型要保持一致. 依据"反、对、幂、三、指"的经验法则，在例 5-37 中两次都选择的是指数函数. 另外，有的课本采用的经验法则是"反、对、幂、指、三"，从而每次都选择三角函数也是对的.

例 **5-38** 求 $\int \sec^3 x dx$.

解
$$\int \sec^3 x dx = \int \sec x \cdot \sec^2 x dx$$
$$= \int \sec x d(\tan x) = \sec x \cdot \tan x - \int \tan^2 x \sec x dx$$
$$= \sec x \cdot \tan x - \int \sec^3 x dx + \int \sec x dx$$
$$= \sec x \cdot \tan x + \ln|\sec x + \tan x| - \int \sec^3 x dx,$$

移项，得
$$\int \sec^3 x dx = \frac{1}{2}(\sec x \cdot \tan x + \ln|\sec x + \tan x|) + C.$$

例 **5-39** 求 $\int \sin \sqrt{x} dx$.

解 设 $\sqrt{x} = t$，则 $x = t^2$，$dx = 2t dt$，所以
$$\int \sin \sqrt{x} dx = \int \sin t \cdot 2t dt = -2 \int t d(\cos t)$$
$$= -2t \cos t + 2 \int \cos t dt$$
$$= -2t \cos t + 2 \sin t + C$$
$$= -2\sqrt{x} \cos \sqrt{x} + 2 \sin \sqrt{x} + C.$$

例 **5-40** 求 $I_n = \int \dfrac{dx}{(x^2 + a^2)^n}$，其中 n 为正整数.

解 设 $u = \dfrac{1}{(x^2 + a^2)^n}$，$dv = dx$，则 $u' = \dfrac{-2nx}{(x^2 + a^2)^{n+1}}$，所以
$$I_n = \frac{x}{(x^2 + a^2)^n} + 2n \int \frac{x^2}{(x^2 + a^2)^{n+1}} dx$$
$$= \frac{x}{(x^2 + a^2)^n} + 2n \int \frac{(x^2 + a^2) - a^2}{(x^2 + a^2)^{n+1}} dx$$
$$= \frac{x}{(x^2 + a^2)^n} + 2n I_n - 2n a^2 I_{n+1},$$

得递推公式

$$I_{n+1} = \frac{1}{2na^2} \frac{x}{(x^2+a^2)^n} + \frac{2n-1}{2na^2} I_n .$$

当 $n=1$ 时，$I_1 = \displaystyle\int \frac{\mathrm{d}x}{x^2+a^2} = \frac{1}{a} \arctan \frac{x}{a} + C$.

由递推公式，可以由 I_1 开始依次算出 I_n.

习 题 5-3

1. 求下列不定积分.

(1) $\displaystyle\int x\mathrm{e}^{2x}\mathrm{d}x$；

(2) $\displaystyle\int x\cos x\mathrm{d}x$；

(3) $\displaystyle\int \ln x\mathrm{d}x$；

(4) $\displaystyle\int \frac{x^2}{x^2+1} \arctan x\mathrm{d}x$；

(5) $\displaystyle\int \frac{x}{\cos^2 x}\mathrm{d}x$；

(6) $\displaystyle\int x\sin^2 x\mathrm{d}x$；

(7) $\displaystyle\int x\tan^2 x\mathrm{d}x$；

(8) $\displaystyle\int x\ln(x+1)\mathrm{d}x$；

(9) $\displaystyle\int \ln^2 x\mathrm{d}x$；

(10) $\displaystyle\int \mathrm{e}^{-x}\cos 2x\mathrm{d}x$；

(11) $\displaystyle\int \mathrm{e}^{\sqrt[3]{x}}\mathrm{d}x$；

(12) $\displaystyle\int \frac{x\arccos x}{\sqrt{1-x^2}}\mathrm{d}x$.

2. 已知 $f(x)$ 的一个原函数是 e^{-x^2}，求 $\displaystyle\int xf'(x)\mathrm{d}x$.

第四节 有理函数的积分

定义 5-3 有理函数是指由两个多项式的商所表示的函数，即形如

$$\frac{P_n(x)}{Q_m(x)} = \frac{a_n x^n + a_{n-1} x^{n-1} + \cdots + a_1 x + a_0}{b_m x^m + b_{m-1} x^{m-1} + \cdots + b_1 x + b_0},$$

其中 m,n 为正整数，$a_0, a_1, a_2, \cdots, a_n$ 及 $b_0, b_1, b_2, \cdots, b_m$ 都是实数，并且 $a_n \neq 0$，$b_m \neq 0$. 假定 $P_n(x)$ 与 $Q_m(x)$ 没有公因式，当 $n < m$ 时，称为**有理真分式**，否则称为**有理假分式**.

例如：$\dfrac{x^2+2x}{x^3+1}$，$\dfrac{1}{x^2+1}$ 为有理真分式；$\dfrac{x^3}{x^2+1}$，$\dfrac{2x^2-1}{x^2+1}$ 为有理假分式.

通过多项式除法，任何有理假分式都可以写成多项式与有理真分式之和. 如

$$\frac{x^3}{x^2+1} = x - \frac{x}{x^2+1}, \quad \frac{2x^2-1}{x^2+1} = 2 - \frac{3}{x^2+1}.$$

多项式的积分易求，接下来讨论有理真分式的不定积分.

由代数学可知，有理真分式的分母在实数范围内总能分解成一次因式和不可分解因式的

二次因式的乘积. 依据分母 $Q_m(x)$ 中的因式情况, 有理真分式可以写成以下部分分式的形式, 具体如下.

（1）若有理真分式的分母 $Q_m(x)$ 中含有因式 $(x-a)^k$, 则分解后有 k 个部分分式之和：

$$\frac{A_1}{x-a} + \frac{A_2}{(x-a)^2} + \cdots + \frac{A_k}{(x-a)^k}.$$

其中 $A_1, A_2, \cdots, A_k$ 是常数.

（2）若有理真分式的分母 $Q_m(x)$ 中含有因式 $(x^2+px+q)^k$, 其中 $p^2-4q<0$, 则分解后有 k 个部分分式之和：

$$\frac{M_1 x+N_1}{x^2+px+q} + \frac{M_2 x+N_2}{(x^2+px+q)^2} + \cdots + \frac{M_k x+N_k}{(x^2+px+q)^k}.$$

其中 $M_1, M_2, \cdots, M_k, N_1, N_2, \cdots, N_k$ 是常数.

例如，$\dfrac{1}{(1+2x)^3(1+x^2)^2} = \dfrac{A}{1+2x} + \dfrac{B}{(1+2x)^2} + \dfrac{C}{(1+2x)^3} + \dfrac{Dx+E}{1+x^2} + \dfrac{Fx+G}{(1+x^2)^2}.$

因此, 有理真分式的不定积分则转化为部分分式的不定积分. 而部分分式分子中的常数可以通过待定系数法或赋值法求出. 下面来看几个例子.

例 5-41　求 $\displaystyle\int \frac{2x-1}{x^2-5x+6}\mathrm{d}x$.

分析　被积函数为有理真分式, 先将分母进行因式分解, 转化为部分分式的形式.

解　$\dfrac{2x-1}{x^2-5x+6} = \dfrac{2x-1}{(x-2)(x-3)}$，可设

$$\frac{2x-1}{x^2-5x+6} = \frac{A}{x-2} + \frac{B}{x-3} = \frac{A(x-3)+B(x-2)}{x^2-5x+6},$$

$$2x-1 = A(x-3)+B(x-2) = (A+B)x+(-3A-2B).$$

从而 $\begin{cases} A+B=2 \\ 3A+2B=1 \end{cases}$，解得 $\begin{cases} A=-3 \\ B=5 \end{cases}$. 所以，

$$\int \frac{2x-1}{x^2-5x+6}\mathrm{d}x = \int\left(\frac{-3}{x-2} + \frac{5}{x-3}\right)\mathrm{d}x = -3\ln|x-2| + 5\ln|x-3| + C.$$

例 5-42　求 $\displaystyle\int \frac{1}{x(x-1)^2}\mathrm{d}x$.

解　设 $\dfrac{1}{x(x-1)^2} = \dfrac{A}{x} + \dfrac{B}{x-1} + \dfrac{C}{(x-1)^2} = \dfrac{A(x-1)^2 + Bx(x-1) + Cx}{x(x-1)^2}$，

$$1 = A(x-1)^2 + Bx(x-1) + Cx = (A+B)x^2 + (-2A-B+C)x + A.$$

从而 $\begin{cases} A+B=0 \\ -2A-B+C=0 \\ A=1 \end{cases}$，解得 $\begin{cases} A=1 \\ B=-1 \\ C=1 \end{cases}$. 所以，

$$\int \frac{1}{x(x-1)^2} dx = \int \left[\frac{1}{x} - \frac{1}{x-1} + \frac{1}{(x-1)^2} \right] dx$$

$$= \int \frac{1}{x} dx - \int \frac{1}{x-1} dx + \int \frac{1}{(x-1)^2} dx$$

$$= \ln|x| - \ln|x-1| - \frac{1}{x-1} + C.$$

注　有时为了避免解方程组，可用赋值法求出待定常数. 对等式

$$1 = A(x-1)^2 + Bx(x-1) + Cx$$

取特殊值，令 $x=0$，得 $A=1$；令 $x=1$，得 $C=1$；令 $x=2$，得 $B=-1$.

例 5-43　求 $\int \dfrac{5}{(x^2+1)(x+2)} dx$.

解　设 $\dfrac{5}{(x^2+1)(x+2)} = \dfrac{A}{x+2} + \dfrac{Bx+C}{x^2+1} = \dfrac{(A+B)x^2 + (2B+C)x + A+2C}{(x^2+1)(x+2)}$，

$$5 = (A+B)x^2 + (2B+C)x + A+2C.$$

从而 $\begin{cases} A+B=0 \\ 2B+C=0 \\ A+2C=5 \end{cases}$，解得 $\begin{cases} A=1 \\ B=-1 \\ C=2 \end{cases}$. 所以，

$$\int \frac{5}{(x^2+1)(x+2)} dx = \int \left(\frac{1}{x+2} + \frac{-x+2}{x^2+1} \right) dx$$

$$= \int \frac{1}{x+2} dx - \int \frac{x}{x^2+1} dx + 2 \int \frac{1}{x^2+1} dx$$

$$= \ln|x+2| - \frac{1}{2} \ln(x^2+1) + 2\arctan x + C.$$

例 5-44　求 $\int \dfrac{2x+7}{x^2+4x+5} dx$.

分析　被积函数为有理真分式，但分母不能分解因式，可用配方法.

解　$\dfrac{2x+7}{x^2+4x+5} = \dfrac{2x+4}{x^2+4x+5} + \dfrac{3}{x^2+4x+5}$，所以

$$\int \frac{2x+7}{x^2+4x+5} dx = \int \left(\frac{2x+4}{x^2+4x+5} + \frac{3}{x^2+4x+5} \right) dx$$

$$= \int \frac{2x+4}{x^2+4x+5} dx + 3 \int \frac{1}{x^2+4x+5} dx$$

$$= \int \frac{1}{x^2+4x+5} d(x^2+4x+5) + 3 \int \frac{1}{(x+2)^2+1} d(x+2)$$

$$= \ln(x^2+4x+5) + 3\arctan(x+2) + C.$$

例 5-45　求 $\int \dfrac{1}{x(x^5+2)} dx$.

分析 将有理真分式写成部分分式的和，按照待定系数法求解比较烦琐，可根据具体题目的特点灵活选择方法，本题采用拆项法.

解 $\displaystyle\int\frac{1}{x(x^5+2)}dx=\frac{1}{2}\int\frac{2+x^5-x^5}{x(x^5+2)}dx$

$$=\frac{1}{2}\int\frac{1}{x}dx-\frac{1}{2}\int\frac{x^4}{x^5+2}dx$$

$$=\frac{1}{2}\ln|x|-\frac{1}{10}\ln\left|x^5+2\right|+C.$$

最后指出，根据原函数存在定理，初等函数在其连续区间上一定有原函数，但很多函数的原函数不一定是初等函数，如 $\displaystyle\int e^{-x^2}dx$，$\displaystyle\int\frac{\sin x}{x}dx$，$\displaystyle\int\frac{1}{\ln x}dx$，$\displaystyle\int\frac{1}{\sqrt{x^4+1}}dx$ 等，都不是初等函数.

习 题 5-4

求下列不定积分.

（1）$\displaystyle\int\frac{1}{x^2+4x+3}dx$；

（2）$\displaystyle\int\frac{x^2+x-6}{x^3-x}dx$；

（3）$\displaystyle\int\frac{x^2+2x+2}{(1+2x)(x^2+1)}dx$；

（4）$\displaystyle\int\frac{x^3+1}{x^2-1}dx$；

（5）$\displaystyle\int\frac{x+1}{x^2-2x+5}dx$；

（6）$\displaystyle\int\frac{x^2}{x^3+1}dx$；

（7）$\displaystyle\int\frac{1}{x^2-9}dx$；

（8）$\displaystyle\int\frac{-4x+2}{x^3-3x^2+2x}dx$.

本 章 习 题

一、选择题

1. 已知函数 $(x+1)^2$ 为 $f(x)$ 的一个原函数，则下列函数中_____ 是 $f(x)$ 的原函数.

A. x^2-1 B. x^2+1 C. x^2-2x D. x^2+2x

2. 设 $F(x)$ 是 e^{-x^2} 的一个原函数，则 $dF(\sin x)=$_____.

A. $e^{-x^2}dx$ B. $\cos xe^{-\sin^2 x}dx$

C. $e^{-\sin^2 x}dx$ D. $-2\sin xe^{-\sin^2 x}dx$

3. 下列等式不成立的是_____.

A. $e^x dx=d(e^x)$ B. $-\sin xdx=d(\cos x)$

C. $\dfrac{1}{2\sqrt{x}}dx=d\sqrt{x}$ D. $\ln xdx=d\left(\dfrac{1}{x}\right)$

4. 设 $f(x)$ 为可导函数，则 $\int \left[f(x)\right]' \mathrm{d}x =$ _____.

    A. $f'(x)$ B. $f'(x)+C$ C. $f(x)$ D. $f(x)+C$

5. $\int \left(\dfrac{1}{\cos^2 x} + \cos x + 1\right)\mathrm{d}(\cos x) =$ _____.

    A. $-\dfrac{1}{\cos x} + \sin x + x + C$ B. $\dfrac{1}{\sin x} + \sin x + x + C$

    C. $-\dfrac{1}{\cos x} + \dfrac{1}{2}\cos^2 x + \cos x + C$ D. $\dfrac{1}{\cos x} + \sin x + \cos x + C$

6. $\int \dfrac{3x^4 + 2x^2}{1+x^2}\,\mathrm{d}x =$ _____.

    A. $x^3 - x + \arctan x$ B. $x^3 - x + \arcsin x + C$

    C. $x^3 - x + \arctan x + C$ D. $x^3 - x + \operatorname{arc\,cot} x + C$

7. $\int \dfrac{1+2x}{\sqrt{x^2+1}}\,\mathrm{d}x =$ _____.

    A. $\ln(x+\sqrt{x^2+1}) + \sqrt{x^2+1} + C$ B. $\ln(x+\sqrt{x^2+1}) + 2\sqrt{x^2+1} + C$

    C. $\arctan x + \sqrt{x^2+1} + C$ D. $\arcsin x + 2\sqrt{x^2+1} + C$

8. $\int x f''(x)\mathrm{d}x =$ _____.

    A. $x f'(x) - f(x) + C$ B. $x f'(x) + f(x) + C$

    C. $x f'(x) - f'(x) + C$ D. $x f''(x) + f'(x) + C$

二、填空题

1. $\int \dfrac{1}{1+4x^2}\,\mathrm{d}x =$ _____.

2. $\int (10^x + 2\sec x \tan x - \sqrt{x})\mathrm{d}x =$ _____.

3. 已知 $\left(\int f(x)\mathrm{d}x\right)' = \sqrt{1+x^2}$，则 $f'(1) =$ _____.

4. 已知 $f(x)$ 的一个原函数是 x^x，则 $\int x f'(x)\mathrm{d}x =$ _____.

5. 在积分曲线族 $\int \dfrac{\mathrm{d}x}{x\sqrt{x}}$ 中，过 $(1,2)$ 点的积分曲线是 $y =$ _____.

6. 设 $\int x f(x)\mathrm{d}x = \arcsin x + C$，则 $\int \dfrac{1}{f(x)}\,\mathrm{d}x =$ _____.

7. $f'(\ln x) = 1 + x$，则 $f(x) =$ _____.

8. 已知在生产某商品 x 单位时，边际收益函数为 $R'(x) = 300 - \dfrac{x}{100}$，则生产这种产品 200 单位时的平均单位收益为_____.

三、计算题

1. 计算下列各题.

（1）$\int (2x+7)^{99} dx$；

（2）$\int \tan^5 x \sec^3 x \, dx$；

（3）$\int \dfrac{1}{e^x + e^{-x}} dx$；

（4）$\int (x+1) \ln x \, dx$；

（5）$\int \dfrac{x^3}{x+3} dx$；

（6）$\int \dfrac{1-\dfrac{1}{x^2}}{x^2 + \dfrac{1}{x^2} + 2} dx$；

（7）$\int \dfrac{dx}{(\arcsin x)^2 \sqrt{1-x^2}}$；

（8）$\int (x^2-1) \sin 2x \, dx$；

（9）$\int \dfrac{1}{x} \sqrt{\dfrac{1+x}{x}} dx$；

（10）$\int \cos \ln x \, dx$；

（11）$\int x \arcsin x \, dx$.

2. 已知 $f'(e^x) = x e^{-x}$，且 $f(1) = 0$，求 $f(x)$.

3. 设某商店每周生产 x 单位时边际成本为 $0.3x + 8$（元/单位），固定成本为 100 元，求

（1）总成本函数 $C(x)$；

（2）若该商品的需求函数为 $x = 320 - 4P$，求利润函数 $L(x)$；

（3）每周生产多少单位可获得最大利润？最大利润是多少？

4. 设某商品的需求量 Q 对价格 P 的弹性为 $-\dfrac{6P + 2P^2}{Q}$，又知当该商品价格为 10 时的需求量为 400，求需求函数 $Q = f(P)$.

第六章 定积分及其应用

第五章讨论了一元函数积分学的一个基本问题，本章将讨论另一个基本问题，即定积分问题. 本章首先介绍定积分的概念和性质，其次导出微积分基本公式——牛顿–莱布尼茨公式，此公式建立起定积分和原函数的关系，接着讨论定积分的计算方法，最后研究定积分在几何、经济中的应用.

第一节 定积分的概念与性质

一、引例

1. 曲边梯形的面积问题

设 $y=f(x)$ 在区间 $[a,b]$ 上非负、连续. 由直线 $x=a$、$x=b$、x 轴及曲线 $y=f(x)$ 所围成的平面图形（见图 $6-1$）称为曲边梯形，其中曲线弧称为曲边. 求曲边梯形的面积 A.

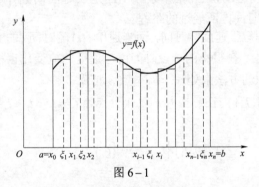

图 $6-1$

我们知道，矩形的面积为底乘高，而曲边梯形的高度 $f(x)$ 是随着底边上 x 的变化而变化的，不能直接用矩形的面积公式计算. 又由 $y=f(x)$ 的连续性可知，在一个相当小的区间上，$f(x)$ 值变化很小. 从而，把区间 $[a,b]$ 划分成许多小区间，相应地，曲边梯形被分割成许多小的窄曲边梯形. 每个窄曲边梯形的面积可用窄矩形面积来近似，把所有窄矩形的面积相加，则得到所求曲边梯形面积的近似值. 并且分割越细，近似程度就越高. 当无限细分时，即可得到曲边梯形面积的精确值. 具体步骤如下.

（1）分割：在区间 $[a,b]$ 内任意插入 $n-1$ 个分点，$a=x_0<x_1<x_2<\cdots<x_{n-1}<x_n=b$，把区间 $[a,b]$ 分成 n 个小区间：

$$[x_0,x_1],[x_1,x_2],\cdots,[x_{n-1},x_n],$$

其长度依次记为

$$\Delta x_1=x_1-x_0,\Delta x_2=x_2-x_1,\cdots,\Delta x_n=x_n-x_{n-1}.$$

过每一个分点，做垂直于 x 轴的直线段，把曲边梯形分割成 n 个窄曲边梯形，各个窄曲边梯

形的面积依次记为 $\Delta A_1, \Delta A_2, \cdots, \Delta A_n$.

（2）近似：在每个小区间 $[x_{i-1}, x_i]$ 内任取一点 ξ_i，用以 Δx_i 为底、$f(\xi_i)$ 为高的窄矩形近似代替第 i 个窄曲边梯形，因此，第 i 个窄曲边梯形的面积

$$\Delta A_i \approx f(\xi_i)\,\Delta x_i \quad (i=1,2,\cdots,n).$$

（3）求和：把 n 个窄矩形的面积相加，得到所求曲边梯形面积的近似值，即

$$A \approx f(\xi_1)\Delta x_1 + f(\xi_2)\Delta x_2 + \cdots + f(\xi_n)\Delta x_n = \sum_{i=1}^{n} f(\xi_i)\Delta x_i.$$

（4）取极限：为保证区间 $[a,b]$ 无限细分，每个小区间的长度都无限缩小，设 λ 为所有小区间的长度最大者，即 $\lambda = \max\{\Delta x_1, \Delta x_2, \cdots, \Delta x_n\}$，则当 $\lambda \to 0$ 时，每个小区间的长度也趋于零. 取和式 $\displaystyle\sum_{i=1}^{n} f(\xi_i)\Delta x_i$ 的极限，就得到了曲边梯形的面积，即

$$A = \lim_{\lambda \to 0} \sum_{i=1}^{n} f(\xi_i)\Delta x_i.$$

2. 变速直线运动的路程

设某物体做变速直线运动，已知速度 $v=v(t)$ 是在时间间隔 $[T_1, T_2]$ 内的连续函数，且 $v(t) \geqslant 0$，求物体在这段时间内所经过的路程 s.

匀速直线运动的路程等于速度乘时间，而当速度 $v(t)$ 随时间 t 的变化而变化时，不能直接计算. 由 $v=v(t)$ 的连续性，在很小的一段时间内，速度的值变化也很小，可近似为匀速. 采用类似于求曲边梯形面积的方法来处理. 具体步骤如下.

（1）分割：在区间 $[T_1, T_2]$ 内任意插入 $n-1$ 个分点，$T_1 = t_0 < t_1 < t_2 < \cdots < t_{n-1} < t_n = T_2$，把区间 $[T_1, T_2]$ 分成 n 个小区间：

$$[t_0, t_1], [t_1, t_2], \cdots, [t_{n-1}, t_n],$$

其长度依次记为

$$\Delta t_1 = t_1 - t_0, \Delta t_2 = t_2 - t_1, \cdots, \Delta t_n = t_n - t_{n-1}.$$

相应地，将各个时间段内物体经过的路程依次记为 $\Delta s_1, \Delta s_2, \cdots, \Delta s_n$.

（2）近似：在每个时间段 $[t_{i-1}, t_i]$ 内任取一个时刻 τ_i，以此刻的速度 $v(\tau_i)$ 近似代替 $[t_{i-1}, t_i]$ 内各时刻的速度，因此，在 $[t_{i-1}, t_i]$ 内经过的路程为

$$\Delta s_i \approx v(\tau_i)\,\Delta t_i \quad (i=1,2,\cdots,n).$$

（3）求和：把 n 个时间段的路程相加，得到所求变速直线运动路程的近似值，即

$$s \approx v(\tau_1)\Delta t_1 + v(\tau_2)\Delta t_2 + \cdots + v(\tau_n)\Delta t_n = \sum_{i=1}^{n} v(\tau_i)\Delta t_i.$$

（4）取极限：设 $\lambda = \max\{\Delta t_1, \Delta t_2, \cdots, \Delta t_n\}$，则当 $\lambda \to 0$ 时，取和式 $\displaystyle\sum_{i=1}^{n} v(\tau_i)\Delta t_i$ 的极限，就得到了变速直线运动的路程，即

$$s = \lim_{\lambda \to 0} \sum_{i=1}^{n} v(\tau_i) \Delta t_i .$$

3. 收益问题

设某商品的价格 P 是销售量 x 的函数，$P = P(x)$ 在区间 $[a,b]$ 内连续，求销售量从 a 增长到 b 时商品的收益 R.

当价格不变时，商品的收益等于价格乘销售量. 由价格 $P(x)$ 的连续性，在一个很小的区间上，价格可近似不变. 采用类似于前面两个问题的解决方法，具体步骤如下.

（1）分割：在区间 $[a,b]$ 内任意插入 $n-1$ 个分点，$a = x_0 < x_1 < x_2 < \cdots < x_{n-1} < x_n = b$，得到 n 个小销售量段：

$$[x_0, x_1], [x_1, x_2], \cdots, [x_{n-1}, x_n] ,$$

每个小销售量段上的销售量为

$$\Delta x_1 = x_1 - x_0, \Delta x_2 = x_2 - x_1, \cdots, \Delta x_n = x_n - x_{n-1} .$$

各小销售量段上商品的收益依次记为 $\Delta R_1, \Delta R_2, \cdots, \Delta R_n$.

（2）近似：在小销售量段 $[x_{i-1}, x_i]$ 内任取一点 ξ_i，以 $P(\xi_i)$ 近似代替此段内的价格，因此，第 i 个小销售量段的收益

$$\Delta R_i \approx P(\xi_i) \Delta x_i \quad (i = 1, 2, \cdots, n) .$$

（3）求和：把 n 个小销售量段的收益相加，得到所求收益的近似值，即

$$R \approx P(\xi_1) \Delta x_1 + P(\xi_2) \Delta x_2 + \cdots + P(\xi_n) \Delta x_n = \sum_{i=1}^{n} P(\xi_i) \Delta x_i .$$

（4）取极限：设 $\lambda = \max\{\Delta x_1, \Delta x_2, \cdots, \Delta x_n\}$，则

$$R = \lim_{\lambda \to 0} \sum_{i=1}^{n} P(\xi_i) \Delta x_i .$$

前面 3 个例子一个是几何量、一个是物理量、一个是经济量，虽然实际意义各不相同，但是它们解决问题的思路和方法是一致的，概括为"分割、近似、求和、取极限"，并且最后归结为同一个结构：特定乘积和式的极限.

二、定积分的定义

定义 6 – 1 设函数 $f(x)$ 在区间 $[a,b]$ 上有界. 在 $[a,b]$ 内任意插入 $n-1$ 个分点，

$$a = x_0 < x_1 < x_2 < \cdots < x_{n-1} < x_n = b ,$$

把区间 $[a,b]$ 分成 n 个小区间：

$$[x_0, x_1], [x_1, x_2], \cdots, [x_{n-1}, x_n] ,$$

把每个小区间的长度依次记为

$$\Delta x_1 = x_1 - x_0, \Delta x_2 = x_2 - x_1, \cdots, \Delta x_n = x_n - x_{n-1} .$$

在每个小区间 $[x_{i-1}, x_i]$ 内任取一点 ξ_i $(x_{i-1} \leqslant \xi_i \leqslant x_i)$，作乘积 $f(\xi_i)\Delta x_i$ $(i = 1, 2, \cdots, n)$，并求和

$$S = \sum_{i=1}^{n} f(\xi_i) \Delta x_i ,$$

记 $\lambda = \max\{\Delta x_1, \Delta x_2, \cdots, \Delta x_n\}$，如果不论对区间 $[a,b]$ 采用何种分法及小区间 $[x_{i-1}, x_i]$ 内点 ξ_i 如何选择，只要当 $\lambda \to 0$ 时，和 S 总趋于确定的极限 I，则称 $f(x)$ 在区间 $[a,b]$ 上可积，并称这个极限值 I 为 $f(x)$ 在区间 $[a,b]$ 上的**定积分**，记作 $\int_a^b f(x)\mathrm{d}x$，即

$$\int_a^b f(x)\mathrm{d}x = I = \lim_{\lambda \to 0}\sum_{i=1}^n f(\xi_i)\Delta x_i.$$

其中，符号 $\int$ 称为积分号，$f(x)$ 称为被积函数，$f(x)\mathrm{d}x$ 称为被积表达式，x 称为积分变量，a，b 分别称为积分下限和积分上限，$[a,b]$ 称为积分区间，和式 $\sum_{i=1}^n f(\xi_i)\Delta x_i$ 称为 $f(x)$ 的积分和.

根据定积分的定义，引例中的 3 个问题可用定积分表示，分别为：

曲边梯形的面积

$$A = \lim_{\lambda \to 0}\sum_{i=1}^n f(\xi_i)\Delta x_i = \int_a^b f(x)\mathrm{d}x.$$

变速直线运动的路程

$$s = \lim_{\lambda \to 0}\sum_{i=1}^n v(\tau_i)\Delta t_i = \int_{T_1}^{T_2} v(t)\mathrm{d}t.$$

收益问题

$$R = \lim_{\lambda \to 0}\sum_{i=1}^n P(\xi_i)\Delta x_i = \int_a^b P(x)\mathrm{d}x.$$

注 ① 定积分是一个和式的极限，是一个具体的数值；

② 定积分 $\int_a^b f(x)\mathrm{d}x$ 的值仅与被积函数 $f(x)$ 及积分区间 $[a,b]$ 有关，而与积分变量的字母无关. 即有

$$\int_a^b f(x)\mathrm{d}x = \int_a^b f(t)\mathrm{d}t = \int_a^b f(u)\mathrm{d}u.$$

③ 区间 $[a,b]$ 划分的细密程度不能仅由分点个数的多少或 n 的大小来确定. 因为尽管 n 很大，每一个子区间的长不一定都很小. 所以在求和式的极限时，必须要求最大子区间的长度 $\lambda \to 0$，这时当然 $n \to \infty$.

④ 关于 $f(x)$ 在 $[a,b]$ 上可积的充分条件，本书不加证明地给出以下两个结论：

定理 6-1 设 $f(x)$ 在区间 $[a,b]$ 上连续，则 $f(x)$ 在 $[a,b]$ 上可积.

定理 6-2 设 $f(x)$ 在区间 $[a,b]$ 上有界，且只有有限个间断点，则 $f(x)$ 在 $[a,b]$ 上可积.

例 6-1 利用定义计算定积分 $\int_0^1 x^2 \mathrm{d}x$.

解 被积函数 $f(x) = x^2$ 为连续函数，在区间 $[0,1]$ 上可积，所以积分与区间的分法及点 ξ_i 的取法无关. 为了便于计算，现取特殊的划分，即将区间 $[0,1]$ 进行 n 等分，分点为 $x_i = \dfrac{i}{n}, i = 1, \cdots, n$，每一个小区间的长度为 $\Delta x_i = \dfrac{1}{n}$，在每个小区间内取右端点，即 $\xi_i = \dfrac{i}{n}$ $(i=1,2,\cdots,n)$. 由定积

分的定义得

$$\int_0^1 x^2 \mathrm{d}x = \lim_{\lambda \to 0} \sum_{i=1}^n f(\xi_i) \Delta x_i = \lim_{\lambda \to 0} \sum_{i=1}^n \xi_i^2 \Delta x_i = \lim_{n \to \infty} \sum_{i=1}^n \left(\frac{i}{n}\right)^2 \frac{1}{n} = \lim_{n \to \infty} \frac{1}{n^3} \sum_{i=1}^n i^2$$

$$= \lim_{n \to \infty} \frac{1^2 + 2^2 + \cdots + n^2}{n^3} = \lim_{n \to \infty} \frac{1}{n^3} \cdot \frac{n(n+1)(2n+1)}{6} = \lim_{n \to \infty} \frac{1}{6}\left(1 + \frac{1}{n}\right)\left(2 + \frac{1}{n}\right) = \frac{1}{3}.$$

三、定积分的几何意义

若在区间 $[a,b]$ 上 $f(x) \geqslant 0$，则定积分 $\int_a^b f(x)\mathrm{d}x$ 在几何上表示由曲线 $y = f(x)$，直线 $x = a$，$x = b$ 及 x 轴所围成的曲边梯形的面积 A，即

$$\int_a^b f(x)\mathrm{d}x = A.$$

若在区间 $[a,b]$ 上 $f(x) \leqslant 0$，此时由曲线 $y = f(x)$，直线 $x = a$，$x = b$ 及 x 轴所围成的曲边梯形位于 x 轴的下方，则定积分 $\int_a^b f(x)\mathrm{d}x$ 在几何上表示上述曲边梯形的面积的相反数，即

$$\int_a^b f(x)\mathrm{d}x = -A.$$

若在区间 $[a,b]$ 上 $f(x)$ 既可取正值又可取负值，即函数图像某些部分在 x 轴上方，而其他部分在 x 轴下方，此时定积分 $\int_a^b f(x)\mathrm{d}x$ 表示 x 轴上方图像面积与 x 轴下方图像面积之差。例如，当函数 $f(x)$ 如图 6-2 所示时，有

$$\int_a^b f(x)\mathrm{d}x = A_1 - A_2 + A_3 - A_4 + A_5.$$

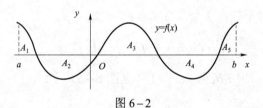

图 6-2

例 6-2　利用定积分的几何意义求 $\int_0^2 \sqrt{4-x^2}\,\mathrm{d}x$.

解　被积函数 $y = \sqrt{4-x^2}$，表示以点 $(0,0)$ 为圆心，以 2 为半径的上半圆. 注意到积分区间为 $[0,2]$，根据定积分的几何意义，$\int_0^2 \sqrt{4-x^2}\,\mathrm{d}x$ 表示四分之一圆的面积（见图 6-3），所以

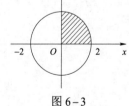

图 6-3

$$\int_0^2 \sqrt{4-x^2}\,\mathrm{d}x = \frac{1}{4} \times \pi \times 2^2 = \pi.$$

四、定积分的性质

定积分的定义是在积分限 $a < b$ 情况下给出的，对 $a = b$，$a > b$ 的情况，补充以下规定：

（1）当 $a = b$ 时，$\int_a^b f(x)\mathrm{d}x = 0$；

（2）当 $a > b$ 时，$\displaystyle\int_a^b f(x)\mathrm{d}x = -\int_b^a f(x)\mathrm{d}x$.

下面讨论定积分的性质，假设各性质中所列出的定积分都是存在的，积分上下限的大小如无特殊说明，均不加限制.

性质 6-1（线性性质）

（1）函数的和（或差）的定积分，等于它们的定积分的和（或差），即

$$\int_a^b [f(x) \pm g(x)]\mathrm{d}x = \int_a^b f(x)\mathrm{d}x \pm \int_a^b g(x)\mathrm{d}x.$$

证　$\displaystyle\int_a^b [f(x) \pm g(x)]\mathrm{d}x = \lim_{\lambda \to 0}\sum_{i=1}^n [f(\xi_i) \pm g(\xi_i)]\Delta x_i$

$$= \lim_{\lambda \to 0}\sum_{i=1}^n f(\xi_i)\Delta x_i \pm \lim_{\lambda \to 0}\sum_{i=1}^n g(\xi_i)\Delta x_i = \int_a^b f(x)\mathrm{d}x \pm \int_a^b g(x)\mathrm{d}x.$$

（2）被积函数中的常数因子可以提到积分号的前面，即

$$\int_a^b k f(x)\mathrm{d}x = k\int_a^b f(x)\mathrm{d}x \quad (k\text{ 是常数}).$$

（1）（2）合起来，即为

$$\int_a^b [\alpha f(x) + \beta g(x)]\mathrm{d}x = \alpha\int_a^b f(x)\mathrm{d}x + \beta\int_a^b g(x)\mathrm{d}x$$

其中 α, β 为常数.

性质 6-2（区间可加性） 设 $a < c < b$（见图 6-4），则

$$\int_a^b f(x)\mathrm{d}x = \int_a^c f(x)\mathrm{d}x + \int_c^b f(x)\mathrm{d}x.$$

同时可证明得到，对于任意 3 个常数 a, b, c，总有等式

$$\int_a^b f(x)\mathrm{d}x = \int_a^c f(x)\mathrm{d}x + \int_c^b f(x)\mathrm{d}x.$$

性质 6-3 如果在区间 $[a,b]$ 上 $f(x) \equiv 1$（见图 6-5），则

$$\int_a^b 1\mathrm{d}x = \int_a^b \mathrm{d}x = b - a.$$

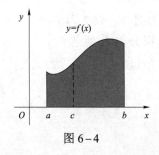

图 6-4

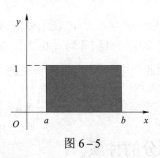

图 6-5

性质 6-4 如果在 $[a,b]$ 上 $f(x) \geqslant 0$，则 $\displaystyle\int_a^b f(x)\mathrm{d}x \geqslant 0 \ (a < b)$（见图 6-6）.

推论 6-1 如果在 $[a,b]$ 上 $f(x) \leqslant g(x)$，则 $\displaystyle\int_a^b f(x)\mathrm{d}x \leqslant \int_a^b g(x)\mathrm{d}x \ (a < b)$.

证　$g(x)-f(x) \geqslant 0$，所以 $\int_a^b [g(x)-f(x)]\mathrm{d}x = \int_a^b g(x)\mathrm{d}x - \int_a^b f(x)\mathrm{d}x \geqslant 0$，即 $\int_a^b f(x)\mathrm{d}x \leqslant \int_a^b g(x)\mathrm{d}x$．

推论 6-2　$\left| \int_a^b f(x)\mathrm{d}x \right| \leqslant \int_a^b |f(x)|\mathrm{d}x \quad (a<b)$．

例 6-3　比较定积分 $\int_1^e \ln x\mathrm{d}x$ 与 $\int_1^e (\ln x)^2\mathrm{d}x$ 的大小．

解　当 $1 \leqslant x \leqslant e$ 时，$0 \leqslant \ln x \leqslant 1$，$\ln x \geqslant (\ln x)^2$，所以 $\int_1^e \ln x\mathrm{d}x \geqslant \int_1^e (\ln x)^2\mathrm{d}x$．

性质 6-5（估值定理）　设 m,M 分别是函数 $f(x)$ 在 $[a,b]$ 上的最小值和最大值（见图 6-7），则

$$m(b-a) \leqslant \int_a^b f(x)\mathrm{d}x \leqslant M(b-a)．$$

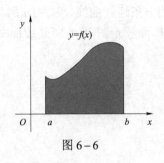

图 6-6

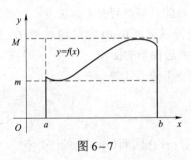

图 6-7

例 6-4　估计定积分 $\int_0^\pi \dfrac{1}{3+\sin^3 x}\mathrm{d}x$ 的值．

解　被积函数 $\dfrac{1}{3+\sin^3 x}$ 在 $[0,\pi]$ 上的最小值 $m=\dfrac{1}{4}$，最大值 $M=\dfrac{1}{3}$．由定积分的估值定理得

$$\frac{\pi}{4} \leqslant \int_0^\pi \frac{1}{3+\sin^3 x}\mathrm{d}x \leqslant \frac{\pi}{3}．$$

性质 6-6（定积分中值定理）　如果函数 $f(x)$ 在区间 $[a,b]$ 上连续，则至少存在一点 $\xi \in [a,b]$（见图 6-8），使得

$$\int_a^b f(x)\mathrm{d}x = f(\xi)(b-a)．$$

这个公式叫作**定积分中值公式**．

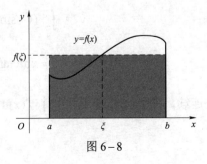

图 6-8

证 设函数 $f(x)$ 在区间 $[a,b]$ 上的最小值、最大值分别为 m,M，由定积分的估值定理得

$$m(b-a) \leqslant \int_a^b f(x)\mathrm{d}x \leqslant M(b-a),$$

不等式两边各除以 $b-a$，则

$$m \leqslant \frac{1}{b-a} \int_a^b f(x)\mathrm{d}x \leqslant M.$$

上式说明，$\frac{1}{b-a}\int_a^b f(x)\mathrm{d}x$ 为介于函数 $f(x)$ 的最大值和最小值之间的一个常数. 由闭区间上连续函数的性质可知，至少存在一点 $\xi \in [a,b]$，使得

$$\int_a^b f(x)\mathrm{d}x = f(\xi)(b-a).$$

显然，当 $a>b$ 时，定积分中值定理仍然成立.

这个性质的几何解释是：如果 $y=f(x)$ 是 $[a,b]$ 上的一条连续曲线，则在 $[a,b]$ 上至少存在一点 ξ，使得以区间 $[a,b]$ 为底边、以 $f(\xi)$ 为高的矩形面积恰好等于同底边而曲边为曲线 $y=f(x)$ 的曲边梯形的面积.

按定积分中值公式得

$$f(\xi) = \frac{1}{b-a} \int_a^b f(x)\mathrm{d}x,$$

称其为函数 $f(x)$ 在区间 $[a,b]$ 上的平均值.

习 题 6-1

1. 利用定积分的几何意义计算下列定积分.

（1）$\int_{-2}^4 |x|\mathrm{d}x$；

（2）$\int_{-\sqrt{2}}^{\sqrt{2}} \sqrt{2-x^2}\mathrm{d}x$；

（3）$\int_{-\pi}^{\pi} \sin x\mathrm{d}x$；

（4）$\int_0^1 \sqrt{2x-x^2}\mathrm{d}x$.

2. 比较下列定积分的大小.

（1）$\int_0^1 x^2\mathrm{d}x$ 与 $\int_0^1 x^3\mathrm{d}x$；（2）$\int_e^{e^2} \ln x\mathrm{d}x$ 与 $\int_e^{e^2} \ln^2 x\mathrm{d}x$；（3）$\int_0^1 x\mathrm{d}x$ 与 $\int_0^1 \ln(1+x)\mathrm{d}x$.

3. 估计下列各积分值.

（1）$\int_0^2 \sqrt{x^3+1}\mathrm{d}x$；

（2）$\int_{\frac{\pi}{4}}^{\frac{5\pi}{4}} (1+\sin^2 x)\mathrm{d}x$；

（3）$\int_{-1}^1 \mathrm{e}^{-x^3+5x}\mathrm{d}x$；

（4）$\int_{\frac{\sqrt{3}}{3}}^{\sqrt{3}} x\arctan x\mathrm{d}x$.

4. 设函数 $f(x)$ 在 $[0,1]$ 上连续，在 $(0,1)$ 内可导，且 $3\int_{\frac{2}{3}}^1 f(x)\mathrm{d}x = f(0)$，证明在 $(0,1)$ 内存在一点 c，使 $f'(c)=0$.

第二节 微积分基本公式

通过定积分的定义计算定积分不仅麻烦而且困难，需要寻求新的方法来计算定积分. 下面先从变速直线运动的问题开始探索.

在本章第一节的引例中，速度为 $v(t)$ 的物体做变速直线运动，求其在时间间隔 $[T_1,T_2]$ 内经过的路程 s. 一方面，可用定积分表示 $s=\int_{T_1}^{T_2}v(t)\mathrm{d}t$. 另一方面，设路程函数 $s=s(t)$，则所求路程 $s=s(T_2)-s(T_1)$（见图 6-9）.

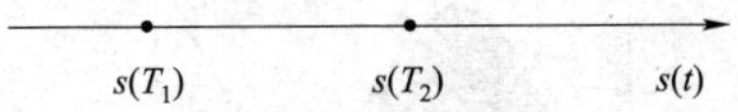

图 6-9

于是

$$\int_{T_1}^{T_2}v(t)\mathrm{d}t = s(T_2)-s(T_1).$$

已知路程函数的导数为速度，即 $s'(t)=v(t)$，称 $s(t)$ 是 $v(t)$ 的一个原函数，从而定积分 $s=\int_{T_1}^{T_2}v(t)\mathrm{d}t$ 的值等于被积函数的一个原函数在其上限的值减去下限的值.

将得到的结论推广到一般是否成立？下面进行讨论.

一、积分上限函数及其导数

设函数 $f(x)$ 在区间 $[a,b]$ 上连续，x 为 $[a,b]$ 上的一点，下面来考查定积分

$$\int_a^x f(x)\mathrm{d}x.$$

首先，由于 $f(x)$ 在 $[a,x]$ 上连续，从而此定积分存在. 其次，注意到这里的 x 既是积分变量又是积分上限，因积分值与积分变量的符号无关，为明确起见，将积分变量的 x 换为 t，即

$$\int_a^x f(t)\mathrm{d}t.$$

当上限 x 在 $[a,b]$ 上每取定一个值，则有一个确定的值定积分 $\int_a^x f(t)\mathrm{d}t$ 与之对应，这样就定义了一个函数关系，记作 $\Phi(x)$，即

$$\Phi(x)=\int_a^x f(t)\mathrm{d}t \quad (a\leqslant x\leqslant b),$$

称它为**积分上限函数**. 这个函数具有下面的重要性质.

定理 6-3 如果函数 $f(x)$ 在 $[a,b]$ 上连续，则积分上限函数 $\Phi(x)=\int_a^x f(t)\mathrm{d}t$ 在区间 $[a,b]$ 上可导，并且

$$\Phi'(x)=\frac{\mathrm{d}}{\mathrm{d}x}\int_a^x f(t)\mathrm{d}t = f(x) \quad (a\leqslant x\leqslant b). \tag{6-1}$$

证 若 $x\in(a,b)$，设 x 获得增量 Δx，其绝对值足够小，使得 $x+\Delta x\in(a,b)$. 按照导数的

定义 $\Phi'(x)=\lim\limits_{\Delta x\to 0}\dfrac{\Delta\Phi}{\Delta x}$ 来计算.

$$\Delta\Phi=\Phi(x+\Delta x)-\Phi(x)=\int_a^{x+\Delta x}f(t)\mathrm{d}t-\int_a^x f(t)\mathrm{d}t$$

$$=\int_a^{x+\Delta x}f(t)\mathrm{d}t+\int_x^a f(t)\mathrm{d}t=\int_x^{x+\Delta x}f(t)\mathrm{d}t.$$

由定积分中值定理可知，$\Delta\Phi=\int_x^{x+\Delta x}f(t)\mathrm{d}t=f(\xi)\Delta x$（见图 6−10），其中 ξ 介于 x 与 $x+\Delta x$ 之间.

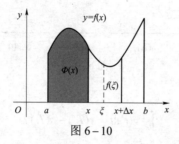

图 6−10

于是，

$$\Phi'(x)=\lim\limits_{\Delta x\to 0}\dfrac{\Delta\Phi}{\Delta x}=\lim\limits_{\Delta x\to 0}\dfrac{f(\xi)\Delta x}{\Delta x}=\lim\limits_{\Delta x\to 0}f(\xi).$$

当 $\Delta x\to 0$ 时，$\xi\to x$，而 $f(x)$ 在 $[a,b]$ 上连续，所以

$$\lim\limits_{\Delta x\to 0}f(\xi)=f(x)，\quad 即\ \Phi'(x)=f(x).$$

若 $x=a$，取 $\Delta x>0$，则同理可证 $\Phi'_+(a)=f(a)$；若 $x=b$，取 $\Delta x<0$，则同理可证 $\Phi'_-(b)=f(b)$.

定理 6−4 如果 $f(x)$ 在 $[a,b]$ 上连续，则 $\Phi(x)=\int_a^x f(t)\mathrm{d}t$ 是 $f(x)$ 在 $[a,b]$ 上的一个原函数.

这个定理肯定了连续函数的原函数是存在的，而且初步揭示了定积分与原函数之间的联系. 因此，就有可能通过原函数来计算定积分.

下面举几个应用式（6−1）的例子.

例 6−5 计算下列导数.

（1）$\dfrac{\mathrm{d}}{\mathrm{d}x}\int_1^x\dfrac{\sin t}{t}\mathrm{d}t$；（2）$\dfrac{\mathrm{d}}{\mathrm{d}x}\int_1^{x^2}\mathrm{e}^{-t^2}\mathrm{d}t$；（3）$\dfrac{\mathrm{d}}{\mathrm{d}x}\int_{x^5}^2\ln(1+t)\mathrm{d}t$.

解（1）$\dfrac{\mathrm{d}}{\mathrm{d}x}\int_1^x\dfrac{\sin t}{t}\mathrm{d}t=\dfrac{\sin x}{x}$.

（2）积分上限是 x^2，它是 x 的函数，所以 $\int_1^{x^2}\mathrm{e}^{-t^2}\mathrm{d}t$ 是复合函数，由复合函数求导法则，得

$$\dfrac{\mathrm{d}}{\mathrm{d}x}\int_1^{x^2}\mathrm{e}^{-t^2}\mathrm{d}t=\mathrm{e}^{-(x^2)^2}\cdot(x^2)'=2x\mathrm{e}^{-x^4}$$

（3）由复合函数求导法则，得

$$\dfrac{\mathrm{d}}{\mathrm{d}x}\int_{x^5}^2\ln(1+t)\mathrm{d}t=-\dfrac{\mathrm{d}}{\mathrm{d}x}\int_2^{x^5}\ln(1+t)\mathrm{d}t=-\ln(1+x^5)\cdot(x^5)'=-5x^4\ln(1+x^5).$$

注　设 $f(x)$ 连续，$a(x)$、$b(x)$ 可导，由复合函数求导法则，得

$$\frac{\mathrm{d}}{\mathrm{d}x}\int_a^{b(x)}f(t)\mathrm{d}t = f(b(x))b'(x).$$

因为 $\int_{a(x)}^b f(t)\mathrm{d}t = -\int_b^{a(x)}f(t)\mathrm{d}t$，所以

$$\frac{\mathrm{d}}{\mathrm{d}x}\int_{a(x)}^b f(t)\mathrm{d}t = -f(a(x))a'(x).$$

因为 $\int_{a(x)}^{b(x)}f(t)\mathrm{d}t = \int_{a(x)}^c f(t)\mathrm{d}t + \int_c^{b(x)}f(t)\mathrm{d}t = -\int_c^{a(x)}f(t)\mathrm{d}t + \int_c^{b(x)}f(t)\mathrm{d}t$，所以

$$\frac{\mathrm{d}}{\mathrm{d}x}\int_{a(x)}^{b(x)}f(t)\mathrm{d}t = f(b(x))b'(x) - f(a(x))a'(x).$$

例 6-6　求 $\dfrac{\mathrm{d}}{\mathrm{d}x}\displaystyle\int_{x^2}^{x^3}\sqrt{1+t^2}\,\mathrm{d}t$.

解　$\dfrac{\mathrm{d}}{\mathrm{d}x}\displaystyle\int_{x^2}^{x^3}\sqrt{1+t^2}\,\mathrm{d}t = \sqrt{1+(x^3)^2}\cdot(x^3)' - \sqrt{1+(x^2)^2}\cdot(x^2)' = 3x^2\sqrt{1+x^6} - 2x\sqrt{1+x^4}.$

例 6-7　求 $\displaystyle\lim_{x\to0}\frac{\int_0^{\sin x}te^t\mathrm{d}t}{x^2}$.

分析　所求极限为 $\dfrac{0}{0}$ 型未定式，可用洛必达法则求解.

解　$\displaystyle\lim_{x\to0}\frac{\int_0^{\sin x}te^t\mathrm{d}t}{x^2} = \lim_{x\to0}\frac{\sin x e^{\sin x}\cdot\cos x}{2x} = \lim_{x\to0}\frac{e^{\sin x}\cos x}{2} = \frac{1}{2}.$

二、牛顿–莱布尼茨公式

下面用定理 6-4 来证明一个重要定理，它给出了用原函数计算定积分的公式.

定理 6-5　如果函数 $F(x)$ 是连续函数 $f(x)$ 在区间 $[a,b]$ 上的一个原函数，则

$$\int_a^b f(x)\mathrm{d}x = F(b) - F(a). \tag{6-2}$$

上述公式称为**牛顿–莱布尼茨公式**，也称为**微积分基本公式**.

证　已知 $F(x)$ 是 $f(x)$ 的一个原函数，由定理 6-4 知道 $\varPhi(x) = \int_a^x f(t)\mathrm{d}t$ 也是 $f(x)$ 的一个原函数，所以两者的差为一个常数，即

$$F(x) - \varPhi(x) = C \ (a\leqslant x\leqslant b).$$

令 $x=a$，得 $F(a) - \varPhi(a) = C$；令 $x=b$，得 $F(b) - \varPhi(b) = C$，所以

$$F(a) - \varPhi(a) = F(b) - \varPhi(b).$$

因为 $\varPhi(b) = \int_a^b f(x)\mathrm{d}x$，$\varPhi(a) = \int_a^a f(x)\mathrm{d}x = 0$，所以

$$\int_a^b f(x)\mathrm{d}x = \varPhi(b) = F(b) - F(a) + \varPhi(a) = F(b) - F(a).$$

显然，式（6-2）对于 $a>b$ 的情形同样成立.此外，为了方便起见，$F(b)-F(a)$ 常记为 $\left[F(x)\right]_a^b$，于是式（6-2）也可以写成

$$\int_a^b f(x)\mathrm{d}x = \left[F(x)\right]_a^b = F(b) - F(a).$$

牛顿－莱布尼茨公式揭示了定积分与原函数之间的内在联系，同时，它给出了计算定积分的一个有效的简便方法：连续函数 $f(x)$ 在区间 $[a,b]$ 上的定积分等于它的任意一个原函数在积分上限的值减去在积分下限的值.

例 6-8 求下列定积分.

(1) $\displaystyle\int_0^{\frac{\pi}{2}} (2\cos x + \sin x)\mathrm{d}x$; (2) $\displaystyle\int_{-\frac{1}{2}}^{\frac{\sqrt{3}}{2}} \frac{1}{\sqrt{1-x^2}}\mathrm{d}x$; (3) $\displaystyle\int_{-2}^4 |x|\mathrm{d}x$.

解 (1) $\displaystyle\int_0^{\frac{\pi}{2}} (2\cos x + \sin x)\mathrm{d}x = \left[2\sin x - \cos x\right]_0^{\frac{\pi}{2}}$

$$= \left(2\sin\frac{\pi}{2} - \cos\frac{\pi}{2}\right) - (2\sin 0 - \cos 0) = 3.$$

(2) $\displaystyle\int_{-\frac{1}{2}}^{\frac{\sqrt{3}}{2}} \frac{1}{\sqrt{1-x^2}}\mathrm{d}x = \left[\arcsin x\right]_{-\frac{1}{2}}^{\frac{\sqrt{3}}{2}} = \arcsin\frac{\sqrt{3}}{2} - \arcsin\left(-\frac{1}{2}\right) = \frac{\pi}{3} - \left(-\frac{\pi}{6}\right) = \frac{\pi}{2}.$

(3) $\displaystyle\int_{-2}^4 |x|\mathrm{d}x = \int_{-2}^0 (-x)\mathrm{d}x + \int_0^4 x\mathrm{d}x = \left[-\frac{x^2}{2}\right]_{-2}^0 + \left[\frac{x^2}{2}\right]_0^4 = 2 + 8 = 10.$

注 当定积分的被积函数含有绝对值时，可通过拆分积分区间去掉绝对值.

例 6-9 设 $f(x) = \begin{cases} 3x^2 & 0 \leqslant x \leqslant 1 \\ 5 & 1 < x \leqslant 3 \end{cases}$ ，求 $\displaystyle\int_0^3 f(x)\mathrm{d}x$.

分析 在积分区间 $[0,3]$ 上，被积函数 $f(x)$ 为分段函数，因此，先由积分的区间可加性，将积分区间拆成与之对应的区间，再分别计算.

解 $\displaystyle\int_0^3 f(x)\mathrm{d}x = \int_0^1 f(x)\mathrm{d}x + \int_1^3 f(x)\mathrm{d}x = \int_0^1 3x^2\mathrm{d}x + \int_1^3 5\mathrm{d}x$

$$= \left[x^3\right]_0^1 + [5x]_1^3 = 11.$$

习 题 6-2

1. 求下列导数.

(1) $\displaystyle\frac{\mathrm{d}}{\mathrm{d}x}\int_2^x \mathrm{e}^{-t^2}\mathrm{d}t$;

(2) $\displaystyle\frac{\mathrm{d}}{\mathrm{d}x}\int_0^{\sin x} \sqrt{1+t^4}\mathrm{d}t$;

(3) $\displaystyle\frac{\mathrm{d}}{\mathrm{d}x}\int_{x^3}^0 t\cos t^2\mathrm{d}t$;

(4) $\displaystyle\frac{\mathrm{d}}{\mathrm{d}x}\int_{x^2}^{\sqrt{x}} t\ln(1+t^2)\mathrm{d}t$.

2. 求下列极限.

(1) $\displaystyle\lim_{x\to 0} \frac{\int_0^x (1+\cos 2t)\,\mathrm{d}t}{x}$;

(2) $\displaystyle\lim_{x\to 0} \frac{\int_x^0 \arctan t^2\,\mathrm{d}t}{x\ln(1+x^2)}$;

(3) $\displaystyle\lim_{x\to 0} \frac{\int_0^{x^2} t^{\frac{3}{2}}\mathrm{d}t}{\int_0^x t^2(1-\cos t)\mathrm{d}t}$;

(4) $\displaystyle\lim_{x\to 0} \frac{\left(\int_0^x \sin t^2\mathrm{d}t\right)^2}{\int_0^x t^3\sin t^2\mathrm{d}t}$.

3. 求由方程 $\int_0^y \mathrm{e}^t \mathrm{d}t + \int_0^x \cos t \mathrm{d}t = 0$ 确定的隐函数的导数 $\dfrac{\mathrm{d}y}{\mathrm{d}x}$.

4. 计算下列定积分.

（1）$\displaystyle\int_1^2 (3x^2 + \dfrac{4}{x} + 2)\mathrm{d}x$；

（2）$\displaystyle\int_1^4 \sqrt{x}\,\mathrm{d}x$；

（3）$\displaystyle\int_0^1 \dfrac{1}{1+x^2}\mathrm{d}x$；

（4）$\displaystyle\int_{-\mathrm{e}-1}^{-2} \dfrac{1}{1+x}\mathrm{d}x$；

（5）$\displaystyle\int_0^{\frac{\sqrt{2}}{2}} \dfrac{1}{\sqrt{1-x^2}}\mathrm{d}x$；

（6）$\displaystyle\int_0^{\frac{\pi}{4}} \tan^2 \theta \mathrm{d}\theta$；

（7）$\displaystyle\int_0^{2\pi} |\sin x|\,\mathrm{d}x$；

（8）$\displaystyle\int_0^{\pi} \sqrt{1+\cos 2x}\,\mathrm{d}x$.

5. 计算 $I = \displaystyle\int_0^2 f(x)\mathrm{d}x$，其中 $f(x) = \begin{cases} x+1 & x \leqslant 1 \\ \dfrac{1}{2}x^2 & x > 1 \end{cases}$.

第三节　定积分的换元积分法和分部积分法

牛顿－莱布尼茨公式表明，在被积函数连续的条件下，定积分的计算可转化为求被积函数的原函数问题. 在第五章不定积分中，原函数的计算有换元积分法和分部积分法，本节讨论将这些方法应用到定积分的情况.

一、换元积分法

1. 凑微分

利用不定积分的凑微分法可以求出被积函数的一个原函数，若不改变积分变量，则定积分的值等于原函数在积分上限的值减去在积分下限的值. 即

$$\int_a^b f(\varphi(x))\varphi'(x)\,\mathrm{d}x = \int_a^b f(\varphi(x))\mathrm{d}\varphi(x) = \big[F(\varphi(x))\big]_a^b = \big[F(\varphi(b))\big] - \big[F(\varphi(a))\big],$$

其中 $F(u)$ 为 $f(u)$ 的一个原函数.

例 6-10 计算下列定积分.

（1）$\displaystyle\int_0^{\frac{\pi}{2}} \cos^3 x \sin x\,\mathrm{d}x$；（2）$\displaystyle\int_0^1 \dfrac{\arctan x}{1+x^2}\mathrm{d}x$；（3）$\displaystyle\int_1^{\mathrm{e}} \dfrac{1}{x\sqrt{1+3\ln x}}\mathrm{d}x$.

解　（1）$\displaystyle\int_0^{\frac{\pi}{2}} \cos^3 x \sin x\,\mathrm{d}x = -\int_0^{\frac{\pi}{2}} \cos^3 x\,\mathrm{d}\cos x = -\dfrac{1}{4}\Big[\cos^4 x\Big]_0^{\frac{\pi}{2}} = \dfrac{1}{4}$.

（2）$\displaystyle\int_0^1 \dfrac{\arctan x}{1+x^2}\mathrm{d}x = \int_0^1 \arctan x\,\mathrm{d}\arctan x = \left[\dfrac{\arctan^2 x}{2}\right]_0^1 = \dfrac{1}{2}(\arctan 1)^2 - 0 = \dfrac{\pi^2}{32}$.

（3）$\displaystyle\int_1^{\mathrm{e}} \dfrac{1}{x\sqrt{1+3\ln x}}\mathrm{d}x = \int_1^{\mathrm{e}} \dfrac{1}{\sqrt{1+3\ln x}}\mathrm{d}\ln x = \dfrac{1}{3}\int_1^{\mathrm{e}} \dfrac{1}{\sqrt{1+3\ln x}}\mathrm{d}(1+3\ln x)$

$$= \left[\dfrac{2}{3}\sqrt{1+3\ln x}\right]_1^{\mathrm{e}} = \dfrac{4}{3} - \dfrac{2}{3} = \dfrac{2}{3}.$$

2. 换元公式

定理 6-6 设 $f(x)$ 在区间 $[a,b]$ 上连续，函数 $x = \varphi(t)$ 满足条件：

（1）$\varphi(\alpha) = a, \varphi(\beta) = b$；

（2）$\varphi(t)$ 在 $[\alpha,\beta]$（或 $[\beta,\alpha]$）上具有连续导数，且其值域为 $[a,b]$，则有

$$\int_a^b f(x)\mathrm{d}x = \int_\alpha^\beta f[\varphi(t)]\varphi'(t)\mathrm{d}t .$$

上述公式称为**定积分的换元公式**.

证 设 $F(x)$ 是 $f(x)$ 的一个原函数，则

$$\int_a^b f(x)\mathrm{d}x = F(b) - F(a) .$$

另外，因为 $\{F[\varphi(t)]\}' = f[\varphi(t)]\varphi'(t)$，可知 $F[\varphi(t)]$ 是 $f[\varphi(t)]\varphi'(t)$ 的一个原函数，从而

$$\int_\alpha^\beta f[\varphi(t)]\varphi'(t)\mathrm{d}t = \left[F(\varphi(t))\right]_\alpha^\beta = F[\varphi(\beta)] - F[\varphi(\alpha)] = F(b) - F(a) .$$

所以 $\int_a^b f(x)\mathrm{d}x = \int_\alpha^\beta f[\varphi(t)]\varphi'(t)\mathrm{d}t$ 成立.

注 ① 定积分的换元公式左侧的积分变量为 x，右侧的积分变量为 t，求定积分的值只需要计算右侧关于 t 的定积分即可.

② 虽然 $\int_a^b f(x)\,\mathrm{d}x$ 是整体记号，但按换元公式进行计算时，令 $x = \varphi(t)$，公式中等号右侧可看作 3 部分换元，分别是积分限、被积函数、微元 $\mathrm{d}x$. 其中，积分 x 的上下限对应变为 t 的上下限，即**换元必换限**；而 $\mathrm{d}x$ 可看作微分，通过 $\mathrm{d}x = \mathrm{d}\varphi(t) = \varphi'(t)\mathrm{d}t$ 变为 t 的微分.

例 6-11 计算 $\int_3^4 x\sqrt{4-x}\,\mathrm{d}x$.

解 令 $t = \sqrt{4-x}$，则 $x = 4 - t^2$，$\mathrm{d}x = -2t\mathrm{d}t$. 当 $x = 3$ 时，$t = 1$；当 $x = 4$ 时，$t = 0$，所以

$$\int_3^4 x\sqrt{4-x}\,\mathrm{d}x = \int_1^0 (4 - t^2) t \cdot (-2t)\mathrm{d}t$$

$$= \int_0^1 (8t^2 - 2t^4)\mathrm{d}t = \left[\frac{8}{3}t^3 - \frac{2}{5}t^5\right]_0^1 = \frac{34}{15} .$$

注 在定积分的换元公式中，要注意 x 的下限对应 t 的下限，x 的上限对应 t 的上限. 并且所求积分值等于公式中关于 t 的积分值，不需要还原变量.

例 6-12 计算 $\int_0^1 \dfrac{1}{\sqrt{(x^2+1)^3}}\mathrm{d}x$.

解 令 $x = \tan t$，则 $\mathrm{d}x = \sec^2 t\mathrm{d}t$. 当 $x = 0$ 时，$t = 0$；当 $x = 1$ 时，$t = \dfrac{\pi}{4}$，所以

$$\int_0^1 \frac{1}{\sqrt{(x^2+1)^3}}\mathrm{d}x = \int_0^{\frac{\pi}{4}} \frac{1}{\sqrt{(\tan^2 t + 1)^3}} \cdot \sec^2 t\mathrm{d}t$$

$$= \int_0^{\frac{\pi}{4}} \frac{1}{\sec^3 t} \cdot \sec^2 t\mathrm{d}t = \int_0^{\frac{\pi}{4}} \cos t\mathrm{d}t = \left[\sin t\right]_0^{\frac{\pi}{4}} = \frac{\sqrt{2}}{2} .$$

例 6-13　计算 $\int_{-2}^{-\sqrt{2}} \dfrac{\mathrm{d}x}{x\sqrt{x^2-1}}$.

解　令 $x = \sec t$，则 $\mathrm{d}x = \sec t \tan t \mathrm{d}t$. 当 $x = -2$ 时，$t = \dfrac{2\pi}{3}$；当 $x = -\sqrt{2}$ 时，$t = \dfrac{3\pi}{4}$，所以

$$\int_{-2}^{-\sqrt{2}} \frac{\mathrm{d}x}{x\sqrt{x^2-1}} = \int_{\frac{2\pi}{3}}^{\frac{3\pi}{4}} \frac{1}{\sec t \cdot |\tan t|} \sec t \cdot \tan t \mathrm{d}t = -\int_{\frac{2\pi}{3}}^{\frac{3\pi}{4}} \mathrm{d}t = -\frac{\pi}{12}.$$

3. 定积分的对称性

例 6-14　设 $f(x)$ 在 $[-a,a]$ 上连续，证明：

（1）当 $f(x)$ 为偶函数时，$\int_{-a}^{a} f(x)\mathrm{d}x = 2\int_{0}^{a} f(x)\mathrm{d}x$；

（2）当 $f(x)$ 为奇函数时，$\int_{-a}^{a} f(x)\mathrm{d}x = 0$.

证　因为

$$\int_{-a}^{a} f(x)\mathrm{d}x = \int_{-a}^{0} f(x)\mathrm{d}x + \int_{0}^{a} f(x)\mathrm{d}x,$$

令 $x = -t$，则 $\mathrm{d}x = -\mathrm{d}t$. 当 $x = -a$ 时，$t = a$；当 $x = 0$ 时，$t = 0$. 从而

$$\int_{-a}^{0} f(x)\mathrm{d}x = \int_{a}^{0} f(-t)(-\mathrm{d}t) = \int_{0}^{a} f(-t)\mathrm{d}t = \int_{0}^{a} f(-x)\mathrm{d}x.$$

所以　　$\displaystyle\int_{-a}^{a} f(x)\mathrm{d}x = \int_{-a}^{0} f(x)\mathrm{d}x + \int_{0}^{a} f(x)\mathrm{d}x = \int_{0}^{a} f(-x)\mathrm{d}x + \int_{0}^{a} f(x)\mathrm{d}x$

$$= \int_{0}^{a} [f(-x) + f(x)]\mathrm{d}x.$$

当 $f(x)$ 为偶函数时，$f(-x) + f(x) = 2f(x)$；当 $f(x)$ 为奇函数时，$f(-x) + f(x) = 0$. 所以

$$\int_{-a}^{a} f(x)\mathrm{d}x = \begin{cases} 2\displaystyle\int_{0}^{a} f(x)\mathrm{d}x & f(x)\text{是偶函数} \\ 0, & f(x)\text{是奇函数} \end{cases}.$$

注　奇函数、偶函数在对称区间的积分，具有偶倍奇零的性质. 利用这个性质往往可以简化对称区间上的积分计算.

例 6-15　计算 $\int_{-\frac{1}{2}}^{\frac{1}{2}} \dfrac{\arcsin^2 x + x^3 \cos x}{\sqrt{1-x^2}} \mathrm{d}x$.

解　$\displaystyle\int_{-\frac{1}{2}}^{\frac{1}{2}} \frac{\arcsin^2 x + x^3 \cos x}{\sqrt{1-x^2}} \mathrm{d}x = \int_{-\frac{1}{2}}^{\frac{1}{2}} \frac{\arcsin^2 x}{\sqrt{1-x^2}} \mathrm{d}x + \int_{-\frac{1}{2}}^{\frac{1}{2}} \frac{x^3 \cos x}{\sqrt{1-x^2}} \mathrm{d}x$

$$= 2\int_{0}^{\frac{1}{2}} \frac{\arcsin^2 x}{\sqrt{1-x^2}} \mathrm{d}x + 0$$

$$= 2\int_{0}^{\frac{1}{2}} \arcsin^2 x \mathrm{d}\arcsin x$$

$$= \left[\frac{2}{3}\arcsin^3 x\right]_{0}^{\frac{1}{2}}$$

$$= \frac{\pi^3}{324}.$$

例 6-16 若 $f(x)$ 在 $[0,1]$ 上连续，证明：

（1）$\int_0^{\frac{\pi}{2}} f(\sin x)\mathrm{d}x = \int_0^{\frac{\pi}{2}} f(\cos x)\mathrm{d}x$；

（2）$\int_0^{\pi} xf(\sin x)\mathrm{d}x = \dfrac{\pi}{2}\int_0^{\pi} f(\sin x)\mathrm{d}x$．

证 （1）令 $x = \dfrac{\pi}{2} - t$，则 $\mathrm{d}x = -\mathrm{d}t$．当 $x = 0$ 时，$t = \dfrac{\pi}{2}$；当 $x = \dfrac{\pi}{2}$ 时，$t = 0$．所以

$$\int_0^{\frac{\pi}{2}} f(\sin x)\mathrm{d}x = -\int_{\frac{\pi}{2}}^0 f\left(\sin\left(\frac{\pi}{2} - t\right)\right)\mathrm{d}t = \int_0^{\frac{\pi}{2}} f(\cos x)\mathrm{d}x．$$

（2）令 $x = \pi - t$，则 $\mathrm{d}x = -\mathrm{d}t$．当 $x = 0$ 时，$t = \pi$；当 $x = \pi$ 时，$t = 0$．所以

$$\int_0^{\pi} xf(\sin x)\mathrm{d}x = -\int_{\pi}^0 (\pi - t)f(\sin(\pi - t))\mathrm{d}t = \int_0^{\pi} (\pi - t)f(\sin t)\mathrm{d}t$$

$$= \int_0^{\pi} (\pi - x)f(\sin x)\mathrm{d}x = \pi\int_0^{\pi} f(\sin x)\mathrm{d}x - \int_0^{\pi} xf(\sin x)\mathrm{d}x，$$

移项，得
$$\int_0^{\pi} xf(\sin x)\mathrm{d}x = \frac{\pi}{2}\int_0^{\pi} f(\sin x)\mathrm{d}x．$$

利用上述结论，有

$$\int_0^{\pi} \frac{x\sin x}{1+\cos^2 x}\mathrm{d}x = \frac{\pi}{2}\int_0^{\pi} \frac{\sin x}{1+\cos^2 x}\mathrm{d}x = -\frac{\pi}{2}\int_0^{\pi} \frac{1}{1+\cos^2 x}\mathrm{d}(\cos x)$$

$$= -\frac{\pi}{2}\Big[\arctan(\cos x)\Big]_0^{\pi} = -\frac{\pi}{2}\big[\arctan(-1) - \arctan 1\big] = \frac{\pi^2}{4}．$$

二、分部积分法

定理 6-7 设 $u = u(x), v = v(x)$ 在 $[a,b]$ 上具有连续导数，则

$$\int_a^b uv'\mathrm{d}x = \big[uv\big]_a^b - \int_a^b u'v\mathrm{d}x，$$

或
$$\int_a^b u\mathrm{d}v = \big[uv\big]_a^b - \int_a^b v\mathrm{d}u．$$

这就是**定积分的分部积分公式**．

证 由函数乘积的导数公式 $\big[u(x)v(x)\big]' = u'(x)v(x) + u(x)v'(x)$，得

$$u(x)v'(x) = \big[u(x)v(x)\big]' - u'(x)v(x)．$$

上式两端在 $[a,b]$ 上分别作定积分，得

$$\int_a^b u(x)v'(x)\mathrm{d}x = \int_a^b \big[u(x)v(x)\big]'\mathrm{d}x - \int_a^b u'(x)v(x)\mathrm{d}x$$

$$= \big[u(x)v(x)\big]_a^b - \int_a^b u'(x)v(x)\mathrm{d}x．$$

例 6-17 计算 $\int_1^e \ln x\mathrm{d}x$．

解 令 $u = \ln x$，$\mathrm{d}v = \mathrm{d}x$，从而

$$\int_1^e \ln x\mathrm{d}x = \big[x\ln x\big]_1^e - \int_1^e \frac{1}{x}\cdot x\mathrm{d}x = e\ln e - \int_1^e 1\mathrm{d}x = e - (e - 1) = 1．$$

注　在定积分的分部积分公式中，每一项都有上下限，要注意和不定积分的区别.

例 6-18　计算 $\int_0^{\frac{\pi}{2}} x\cos 3x\mathrm{d}x$.

分析　被积函数为幂函数与三角函数的乘积，按照"反、对、幂、三、指"的经验法则，选择三角函数为 v'，接着凑微分 $\cos 3x\mathrm{d}x = \dfrac{1}{3}\mathrm{d}(\sin 3x)$，最后用分部积分公式计算.

解　令 $u = x$，$\mathrm{d}v = \cos 3x\mathrm{d}x = \dfrac{1}{3}\mathrm{d}(\sin 3x)$，从而

$$\int_0^{\frac{\pi}{2}} x\cos 3x\mathrm{d}x = \frac{1}{3}\int_0^{\frac{\pi}{2}} x\mathrm{d}\sin 3x$$

$$= \frac{1}{3}\Big[x\sin 3x\Big]_0^{\frac{\pi}{2}} - \frac{1}{3}\int_0^{\frac{\pi}{2}} \sin 3x\mathrm{d}x = -\frac{\pi}{6} - \frac{1}{3}\int_0^{\frac{\pi}{2}} \sin 3x\mathrm{d}x$$

$$= -\frac{\pi}{6} + \frac{1}{9}\Big[\cos 3x\Big]_0^{\frac{\pi}{2}} = -\frac{\pi}{6} - \frac{1}{9}.$$

例 6-19　计算 $\int_0^{\pi} \mathrm{e}^{2x}\sin x\mathrm{d}x$.

分析　被积函数是三角函数与指数函数的乘积，求解此类型的积分用循环法.

解　$\displaystyle\int_0^{\pi} \mathrm{e}^{2x}\sin x\mathrm{d}x = \frac{1}{2}\int_0^{\pi} \sin x\mathrm{d}(\mathrm{e}^{2x})$

$$= \frac{1}{2}\Big[\mathrm{e}^{2x}\sin x\Big]_0^{\pi} - \frac{1}{2}\int_0^{\pi} \mathrm{e}^{2x}\cos x\mathrm{d}x$$

$$= 0 - \frac{1}{4}\int_0^{\pi} \cos x\mathrm{d}(\mathrm{e}^{2x})$$

$$= -\frac{1}{4}\Big[\mathrm{e}^{2x}\cos x\Big]_0^{\pi} - \frac{1}{4}\int_0^{\pi} \mathrm{e}^{2x}\sin x\mathrm{d}x$$

$$= \frac{1}{4}(\mathrm{e}^{2\pi} + 1) - \frac{1}{4}\int_0^{\pi} \mathrm{e}^{2x}\sin x\mathrm{d}x.$$

所以　　　　　　　　$\displaystyle\int_0^{\pi} \mathrm{e}^{2x}\sin x\mathrm{d}x = \frac{1}{4}(\mathrm{e}^{2\pi} + 1) - \frac{1}{4}\int_0^{\pi} \mathrm{e}^{2x}\sin x\mathrm{d}x$，

移项，得　　　　　　$\displaystyle\int_0^{\pi} \mathrm{e}^{2x}\sin x\mathrm{d}x = \frac{1}{5}(\mathrm{e}^{2\pi} + 1)$.

注　当多次使用分部积分法时，选作 v' 的类型应相同.

例 6-20　证明定积分公式

$$I_n = \int_0^{\frac{\pi}{2}} \sin^n x\mathrm{d}x = \int_0^{\frac{\pi}{2}} \cos^n x\mathrm{d}x = \begin{cases} \dfrac{n-1}{n}\cdot\dfrac{n-3}{n-2}\cdot\cdots\cdot\dfrac{3}{4}\cdot\dfrac{1}{2}\cdot\dfrac{\pi}{2} & n\text{为正偶数} \\[3mm] \dfrac{n-1}{n}\cdot\dfrac{n-3}{n-2}\cdot\cdots\cdot\dfrac{4}{5}\cdot\dfrac{2}{3} & n\text{为大于1的正奇数} \end{cases}$$

证　$I_n = -\displaystyle\int_0^{\frac{\pi}{2}} \sin^{n-1} x\mathrm{d}\cos x$

$$= \left[-\sin^{n-1}x\cos x\right]_0^{\frac{\pi}{2}} + (n-1)\int_0^{\frac{\pi}{2}}\sin^{n-2}x\cos^2 x\mathrm{d}x$$

$$= (n-1)\int_0^{\frac{\pi}{2}}\sin^{n-2}x\mathrm{d}x - (n-1)\int_0^{\frac{\pi}{2}}\sin^n x\mathrm{d}x$$

$$= (n-1)I_{n-2} - (n-1)I_n,$$

移项，得递推公式 $I_n = \dfrac{n-1}{n}I_{n-2}$.

如果把 n 换成 $n-2$，就有 $I_{n-2} = \dfrac{n-3}{n-2}I_{n-4}$，于是一直递推到下标为 0 或 1，

$$I_{2m} = \frac{2m-1}{2m}\cdot\frac{2m-3}{2m-2}\cdot\cdots\cdot\frac{5}{6}\cdot\frac{3}{4}\cdot\frac{1}{2}\cdot I_0,$$

$$I_{2m+1} = \frac{2m}{2m+1}\cdot\frac{2m-2}{2m-1}\cdot\cdots\cdot\frac{6}{7}\cdot\frac{4}{5}\cdot\frac{2}{3}\cdot I_1 \ (m=1,2,\cdots).$$

而

$$I_0 = \int_0^{\frac{\pi}{2}}\mathrm{d}x = \frac{\pi}{2}, \quad I_1 = \int_0^{\frac{\pi}{2}}\sin x\mathrm{d}x = 1,$$

所以

$$I_{2m} = \frac{2m-1}{2m}\cdot\frac{2m-3}{2m-2}\cdot\cdots\cdot\frac{5}{6}\cdot\frac{3}{4}\cdot\frac{1}{2}\cdot\frac{\pi}{2},$$

$$I_{2m+1} = \frac{2m}{2m+1}\cdot\frac{2m-2}{2m-1}\cdot\cdots\cdot\frac{6}{7}\cdot\frac{4}{5}\cdot\frac{2}{3} \ (m=1,2,\cdots).$$

注 这个公式在定积分的计算中是很有用的，需要牢记. 例如，

$$\int_0^{\frac{\pi}{2}}\cos^6 x\mathrm{d}x = \frac{5}{6}\cdot\frac{3}{4}\cdot\frac{1}{2}\cdot\frac{\pi}{2} = \frac{5}{32}\pi, \qquad\qquad \int_0^{\frac{\pi}{2}}\sin^5 x\mathrm{d}x = \frac{4}{5}\cdot\frac{2}{3} = \frac{8}{15}.$$

例 6−21 计算 $\int_{-\frac{\pi}{2}}^{\frac{\pi}{2}}(1+x^5)\sin^4 x\mathrm{d}x$.

分析 对称区间的定积分，可以用"偶倍奇零"的性质简化.

解 $\int_{-\frac{\pi}{2}}^{\frac{\pi}{2}}(1+x^5)\sin^4 x\mathrm{d}x = \int_{-\frac{\pi}{2}}^{\frac{\pi}{2}}\sin^4 x\mathrm{d}x + \int_{-\frac{\pi}{2}}^{\frac{\pi}{2}}x^5\sin^4 x\mathrm{d}x$

$$= 2\int_0^{\frac{\pi}{2}}\sin^4 x\mathrm{d}x + 0 = 2\cdot\frac{3}{4}\cdot\frac{1}{2}\cdot\frac{\pi}{2} = \frac{3\pi}{8}.$$

习 题 6−3

1. 计算下列定积分.

（1）$\int_0^{\frac{\pi}{2}}\sin x\cos^3 x\mathrm{d}x$；

（2）$\int_1^e\dfrac{1+2\ln x}{x}\mathrm{d}x$；

（3）$\int_1^4\dfrac{\mathrm{e}^{3\sqrt{x}-3}}{\sqrt{x}}\mathrm{d}x$；

（4）$\int_{-\frac{1}{2}}^{\frac{\sqrt{3}}{2}}\dfrac{\arcsin x}{\sqrt{1-x^2}}\mathrm{d}x$；

（5）$\displaystyle\int_0^1 \frac{dx}{x^2+3x+2}$ ；

（6）$\displaystyle\int_0^1 \frac{1}{e^x+e^{-x}}dx$ ；

（7）$\displaystyle\int_{-\frac{\pi}{2}}^{\frac{\pi}{2}} \sqrt{\cos x-\cos^3 x}dx$ ；

（8）$\displaystyle\int_4^{25} \frac{1}{1+\sqrt{x}}dx$ ；

（9）$\displaystyle\int_0^4 \frac{x+2}{\sqrt{2x+1}}dx$ ；

（10）$\displaystyle\int_0^1 x^2\sqrt{1-x^2}dx$ ；

（11）$\displaystyle\int_0^2 \sqrt{4-x^2}dx$ ；

（12）$\displaystyle\int_1^2 \frac{\sqrt{x^2-1}}{x}dx$ ．

2. 利用积分的对称性，计算下列积分．

（1）$\displaystyle\int_{-3}^3 \frac{x\sin^2 x}{x^4+x^2+2}dx$ ；

（2）$\displaystyle\int_{-1}^1 (x^3\sqrt{1-x^2}+\sqrt{1-x^2})\,dx$ ；

（3）$\displaystyle\int_{-1}^1 \frac{1+x\cos x}{1+x^2}dx$ ；

（4）$\displaystyle\int_{-\pi}^{\pi} (x^2+x)\sin xdx$ ．

3. 计算下列定积分．

（1）$\displaystyle\int_0^{\frac{1}{2}} \arccos xdx$ ；

（2）$\displaystyle\int_0^1 xe^xdx$ ；

（3）$\displaystyle\int_0^{\pi} x\sin 2xdx$ ；

（4）$\displaystyle\int_0^{\frac{\pi}{4}} x\sec^2 xdx$ ；

（5）$\displaystyle\int_{\frac{1}{e}}^{e} |\ln x|dx$ ；

（6）$\displaystyle\int_0^1 e^{2x}(2x+3)dx$ ；

（7）$\displaystyle\int_0^{\pi} e^{2x}\sin xdx$ ；

（8）$\displaystyle\int_1^e \sin(\ln x)dx$ ．

4. 设 $f(x)=\begin{cases} \ln(1+x) & x\geqslant 0 \\ e^{-2x} & -1\leqslant x<0 \end{cases}$ ，求 $\displaystyle\int_0^2 f(x-1)dx$ ．

5. 设 $f(x)$ 的一个原函数为 $1+\sin x$ ，求 $\displaystyle\int_0^{\frac{\pi}{2}} xf'(x)dx$ ．

第四节 反常积分

前面讨论的定积分需满足两个基本要求：积分区间是有限区间和被积函数在积分区间上有界．而在一些实际问题中，会遇到不同于前面的情况，即积分区间是无穷区间或者被积函数为无界函数．因此，本节把定积分的概念加以推广，学习时请注意和前面定积分内容的异同．

一、无穷限的反常积分

1. 引例

求由曲线 $y=\dfrac{1}{x^2}$ ，直线 $x=1$ 和 x 轴所围成的图形在 $x\geqslant 1$ 部分的面积（见图 $6-11$）．

如图 $6-11$ 所示，在 x 轴上任取一点 $b\,(b>1)$，则由曲线 $y=\dfrac{1}{x^2}$，直线 $x=1$，$x=b$ 和 x 轴

所围成的曲边梯形面积为 $\int_1^b \frac{1}{x^2}\mathrm{d}x$. 随着 b 的改变，曲边梯形的面积也随之改变，从而所求图形的面积

$$A = \lim_{b\to+\infty}\int_1^b \frac{1}{x^2}\mathrm{d}x = \lim_{b\to+\infty}\left[-\frac{1}{x}\right]_1^b = \lim_{b\to+\infty}(1-\frac{1}{b}) = 1 .$$

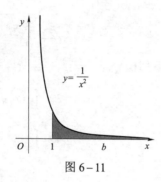

图 6-11

2. 定义

（1）设函数 $f(x)$ 在 $[a,+\infty)$ 上连续，取 $b>a$ ，则

$$\lim_{b\to+\infty}\int_a^b f(x)\mathrm{d}x$$

称为函数 $f(x)$ 在无穷区间 $[a,+\infty)$ 上的反常积分，记作 $\int_a^{+\infty} f(x)\mathrm{d}x$ ，即

$$\int_a^{+\infty} f(x)\mathrm{d}x = \lim_{b\to+\infty}\int_a^b f(x)\mathrm{d}x ,$$

若极限存在，则称反常积分 $\int_a^{+\infty} f(x)\mathrm{d}x$ 收敛；若极限不存在，则称反常积分 $\int_a^{+\infty} f(x)\mathrm{d}x$ 发散.

（2）类似地，连续函数 $f(x)$ 在无穷区间 $(-\infty,b]$ 上的反常积分定义为

$$\int_{-\infty}^b f(x)\mathrm{d}x = \lim_{a\to-\infty}\int_a^b f(x)\mathrm{d}x \quad (a<b) ,$$

若极限存在，则称反常积分 $\int_{-\infty}^b f(x)\mathrm{d}x$ 收敛；否则，称反常积分 $\int_{-\infty}^b f(x)\mathrm{d}x$ 发散.

（3）连续函数 $f(x)$ 在无穷区间 $(-\infty,+\infty)$ 上的反常积分定义为

$$\int_{-\infty}^{+\infty} f(x)\mathrm{d}x = \int_{-\infty}^0 f(x)\mathrm{d}x + \int_0^{+\infty} f(x)\mathrm{d}x ,$$

若上式右端的两个反常积分 $\int_{-\infty}^0 f(x)\mathrm{d}x$ 和 $\int_0^{+\infty} f(x)\mathrm{d}x$ 都收敛，则称反常积分 $\int_{-\infty}^{+\infty} f(x)\mathrm{d}x$ 收敛；否则称反常积分 $\int_{-\infty}^{+\infty} f(x)\mathrm{d}x$ 发散.

上述 3 种积分统称为无穷限的反常积分.

3. 计算

设 $F(x)$ 是 $f(x)$ 的一个原函数，记 $F(+\infty) = \lim_{x\to+\infty} F(x)$ ， $F(-\infty) = \lim_{x\to-\infty} F(x)$ ，则

$$\int_a^{+\infty} f(x)\mathrm{d}x = \lim_{b\to+\infty}\int_a^b f(x)\mathrm{d}x = \lim_{b\to+\infty} F(b) - F(a) = F(+\infty) - F(a) .$$

即

$$\int_a^{+\infty} f(x)\mathrm{d}x = \left[F(x)\right]_a^{+\infty} = F(+\infty) - F(a).$$

类似地，

$$\int_{-\infty}^b f(x)\mathrm{d}x = \left[F(x)\right]_{-\infty}^b = F(b) - F(-\infty);$$

$$\int_{-\infty}^{+\infty} f(x)\mathrm{d}x = \left[F(x)\right]_{-\infty}^{+\infty} = F(+\infty) - F(-\infty).$$

其中反常积分是否收敛取决于 $F(+\infty)$，$F(-\infty)$ 是否存在.最后一个式子，按照反常积分的定义，当两个极限都存在时才收敛，有一个极限不存在则发散.

例 6-22 计算下列反常积分.

（1）$\displaystyle\int_0^{+\infty} \frac{1}{1+x^2}\mathrm{d}x$；（2）$\displaystyle\int_0^{+\infty} \mathrm{e}^{3x}\mathrm{d}x$；（3）$\displaystyle\int_{-\infty}^{+\infty} \frac{x}{1+x^2}\mathrm{d}x$.

解 （1）$\displaystyle\int_0^{+\infty} \frac{1}{1+x^2}\mathrm{d}x = \left[\arctan x\right]_0^{+\infty} = \lim_{x\to+\infty} \arctan x - \arctan 0 = \frac{\pi}{2}$.

（2）$\displaystyle\int_0^{+\infty} \mathrm{e}^{3x}\mathrm{d}x = \frac{1}{3}\left[\mathrm{e}^{3x}\right]_0^{+\infty} = \lim_{x\to+\infty} \frac{1}{3}\mathrm{e}^{3x} - \frac{1}{3} = +\infty$，所以 $\displaystyle\int_0^{+\infty} \mathrm{e}^{3x}\mathrm{d}x$ 发散.

（3）$\displaystyle\int_{-\infty}^{+\infty} \frac{x}{1+x^2}\mathrm{d}x = \frac{1}{2}\int_{-\infty}^{+\infty} \frac{1}{1+x^2}\mathrm{d}(x^2+1) = \frac{1}{2}\ln(1+x^2)\Big|_{-\infty}^{+\infty} = \lim_{x\to+\infty} \frac{1}{2}\ln(1+x^2) - \lim_{x\to-\infty} \frac{1}{2}\ln(1+x^2)$，

因为 $\displaystyle\lim_{x\to+\infty} \frac{1}{2}\ln(1+x^2) = +\infty$ 不存在，所以 $\displaystyle\int_{-\infty}^{+\infty} \frac{x}{1+x^2}\mathrm{d}x$ 发散.

例 6-23 证明积分 $\displaystyle\int_1^{+\infty} \frac{1}{x^p}\mathrm{d}x$，当 $p>1$ 时收敛，当 $0<p\leqslant1$ 时发散.

证 当 $p=1$ 时，$\displaystyle\int_1^{+\infty} \frac{1}{x}\mathrm{d}x = \left[\ln x\right]_1^{+\infty} = \lim_{x\to+\infty} \ln x - \ln 1 = +\infty$；

当 $p\neq1$ 时，$\displaystyle\int_1^{+\infty} \frac{1}{x^p}\mathrm{d}x = \frac{1}{1-p}[x^{1-p}]_1^{+\infty} = \frac{1}{1-p}\left(\lim_{x\to+\infty} x^{1-p} - 1\right) = \begin{cases} \dfrac{1}{p-1} & p>1 \\ +\infty & p<1 \end{cases}$.

所以，当 $p>1$ 时，反常积分 $\displaystyle\int_1^{+\infty} \frac{1}{x^p}\mathrm{d}x$ 收敛；当 $0<p\leqslant1$ 时，反常积分 $\displaystyle\int_1^{+\infty} \frac{1}{x^p}\mathrm{d}x$ 发散.

注 例 6-23 的结论可以直接使用，如 $\displaystyle\int_1^{+\infty} \frac{1}{\sqrt{x}}\mathrm{d}x$ 发散，$\displaystyle\int_1^{+\infty} \frac{1}{x^2}\mathrm{d}x$ 收敛.

二、无界函数的反常积分

1. 引例

求由曲线 $y = \dfrac{1}{\sqrt{x}}$，直线 $x=1$，x 轴和 y 轴所围成的图形面积（见图 6-12）.

如图 6-12 所示，任取 $0<t<1$，则随着 t 的改变，由曲线 $y = \dfrac{1}{\sqrt{x}}$，直线 $x=t$，$x=1$ 和 x

轴所围成的曲边梯形的面积 $\displaystyle\int_t^1 \frac{1}{\sqrt{x}}\mathrm{d}x$ 也随之改变，从而所求图形的面积

$$A = \lim_{t \to 0^+} \int_t^1 \frac{1}{\sqrt{x}} dx = \lim_{t \to 0^+} \left[2\sqrt{x} \right]_t^1 = \lim_{t \to 0^+} (2 - 2\sqrt{t}) = 2.$$

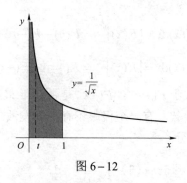

图 6-12

2. 定义

如果函数 $f(x)$ 在点 a 的任一邻域内都无界，则点 a 称为函数 $f(x)$ 的瑕点.

（1）设函数 $f(x)$ 在 $(a,b]$ 上连续，点 a 为 $f(x)$ 的瑕点，任取 $t > a$，则

$$\lim_{t \to a^+} \int_t^b f(x) dx$$

称为函数 $f(x)$ 在 $(a,b]$ 上的反常积分，记作 $\int_a^b f(x) dx$，即

$$\int_a^b f(x) dx = \lim_{t \to a^+} \int_t^b f(x) dx,$$

若极限存在，则称反常积分 $\int_a^b f(x) dx$ 收敛，极限为反常积分的值；若极限不存在，则称反常积分 $\int_a^b f(x) dx$ 发散.

（2）类似地，函数 $f(x)$ 在 $[a,b)$ 上连续，点 b 为 $f(x)$ 的瑕点，则反常积分定义为

$$\int_a^b f(x) dx = \lim_{t \to b^-} \int_a^t f(x) dx,$$

若极限存在，则称反常积分 $\int_a^b f(x) dx$ 收敛；若极限不存在，则称反常积分 $\int_a^b f(x) dx$ 发散.

（3）函数 $f(x)$ 在 $[a,b]$ 上除点 $c(a < c < b)$ 外连续，点 c 为 $f(x)$ 的瑕点，则反常积分定义为

$$\int_a^b f(x) dx = \int_a^c f(x) dx + \int_c^b f(x) dx,$$

若上式右端的两个反常积分 $\int_a^c f(x) dx$ 和 $\int_c^b f(x) dx$ 都收敛，则称反常积分 $\int_a^b f(x) dx$ 收敛；否则，称反常积分 $\int_a^b f(x) dx$ 发散.

上述 3 种积分统称为**无界函数的反常积分**，又称为**瑕积分**.

3. 计算

设 $F(x)$ 是 $f(x)$ 的一个原函数，则当点 a 为 $f(x)$ 的瑕点时，有

$$\int_a^b f(x) dx = \lim_{t \to a^+} \int_t^b f(x) dx = F(b) - \lim_{t \to a^+} F(t) = F(b) - F(a^+),$$

即

$$\int_a^b f(x)\mathrm{d}x = \left[F(x)\right]_a^b = F(b) - F(a^+) ;$$

类似地，当点 b 为 $f(x)$ 的瑕点时，有

$$\int_a^b f(x)\mathrm{d}x = \left[F(x)\right]_a^b = F(b^-) - F(a) ;$$

当点 c $(a < c < b)$ 为 $f(x)$ 的瑕点时，有

$$\int_a^b f(x)\mathrm{d}x = \int_a^c f(x)\mathrm{d}x + \int_c^b f(x)\mathrm{d}x = F(c^-) - F(a) + F(b) - F(c^+) .$$

前两个反常积分是否收敛取决于 $F(a^+)$，$F(b^-)$ 是否存在. 对于最后一个式子，按照反常积分的定义，当两个极限都存在时才收敛，有一个极限不存在则发散.

例 6-24 计算下列反常积分.

（1）$\displaystyle\int_0^1 \frac{1}{\sqrt{1-x^2}}\mathrm{d}x$；（2）$\displaystyle\int_0^1 \frac{1}{x}\mathrm{d}x$；（3）$\displaystyle\int_{-1}^1 \frac{1}{x^2}\mathrm{d}x$.

解 （1）$x = 1$ 是瑕点，$\displaystyle\int_0^1 \frac{1}{\sqrt{1-x^2}}\mathrm{d}x = \left[\arcsin x\right]_0^1 = \lim_{x \to 1^-}\arcsin x - \arcsin 0 = \frac{\pi}{2}$.

（2）$x = 0$ 是瑕点，$\displaystyle\int_0^1 \frac{1}{x}\mathrm{d}x = \left[\ln|x|\right]_0^1 = \ln 1 - \lim_{x \to 0^+}\ln|x| = +\infty$，所以 $\displaystyle\int_0^1 \frac{1}{x}\mathrm{d}x$ 发散.

（3）$x = 0$ 是瑕点，$\displaystyle\int_{-1}^1 \frac{1}{x^2}\mathrm{d}x = \int_{-1}^0 \frac{1}{x^2}\mathrm{d}x + \int_0^1 \frac{1}{x^2}\mathrm{d}x$，因为

$$\int_{-1}^0 \frac{1}{x^2}\mathrm{d}x = \left[-\frac{1}{x}\right]_{-1}^0 = \lim_{x \to 0^-}\left(-\frac{1}{x}\right) - 1 = +\infty ,$$

所以 $\displaystyle\int_{-1}^0 \frac{1}{x^2}\mathrm{d}x$ 发散. 故积分 $\displaystyle\int_{-1}^1 \frac{1}{x^2}\mathrm{d}x$ 发散.

注 对于积分 $\displaystyle\int_{-1}^1 \frac{1}{x^2}\mathrm{d}x$，若没有注意到瑕点 $x = 0$，则会出现计算错误.

例 6-25 证明积分 $\displaystyle\int_0^1 \frac{1}{x^q}\mathrm{d}x$，当 $0 < q < 1$ 时收敛；当 $q \geqslant 1$ 时发散.

证 当 $q = 1$ 时，$\displaystyle\int_0^1 \frac{1}{x}\mathrm{d}x = \left[\ln x\right]_0^1 = \ln 1 - \lim_{x \to 0^+}\ln x = +\infty$；

当 $q \neq 1$ 时，$\displaystyle\int_0^1 \frac{1}{x^q}\mathrm{d}x = \frac{1}{1-q}\left[x^{1-q}\right]_0^1 = \frac{1}{1-q}\left[1 - \lim_{x \to 0^+}x^{1-q}\right] = \begin{cases} \dfrac{1}{1-q} & 0 < q < 1 \\ +\infty & q > 1 \end{cases}$.

所以，当 $0 < q < 1$ 时反常积分 $\displaystyle\int_0^1 \frac{1}{x^q}\mathrm{d}x$ 收敛；当 $q > 1$ 时反常积分发散.

注 例 6-25 的结论可以直接使用，如 $\displaystyle\int_0^1 \frac{1}{\sqrt{x}}\mathrm{d}x$ 收敛，$\displaystyle\int_0^1 \frac{1}{x^3}\mathrm{d}x$ 发散.

习 题 6-4

1. 下列反常积分收敛的是_____.

A. $\int_0^2 \dfrac{1}{x^3}dx$ 　　　B. $\int_1^{+\infty} \dfrac{1}{\sqrt[3]{x}}dx$ 　　　C. $\int_0^{+\infty} \dfrac{1}{x^5}dx$ 　　　D. $\int_1^{+\infty} \dfrac{1}{x^4}dx$

2. 下列反常积分收敛的是_____.

A $\int_0^{+\infty} \dfrac{x}{1+x^2}dx$ 　　B $\int_2^{+\infty} \dfrac{1}{x\ln x}dx$ 　　C $\int_0^{+\infty} e^{-4x}dx$ 　　D $\int_1^{+\infty} \cos x dx$

3. 判别下列广义积分的收敛性，若收敛，求出它的值.

（1）$\int_0^1 \dfrac{1}{\sqrt{x\sqrt{x}}}dx$；

（2）$\int_{\frac{\pi}{4}}^{\frac{\pi}{2}} \dfrac{1}{\cos^2 x}dx$；

（3）$\int_{-\infty}^{+\infty} \dfrac{dx}{x^2+4x+5}$；

（4）$\int_1^{+\infty} \dfrac{\ln x}{x^2}dx$；

（5）$\int_0^{+\infty} te^{-t}dt$；

（6）$\int_0^2 \dfrac{1}{(1-x)^2}dx$.

第五节　定积分的几何应用

在应用定积分思想解决问题时，首先要把问题表示成定积分的形式，所采用的方法为元素法.

一、元素法

回顾本章第一节的引例，在求曲边梯形的面积时，曲边 $f(x) \geqslant 0$ 为 $[a,b]$ 上的连续函数，通过"分割、近似、求和、取极限" 4 个步骤，得到面积

$$A = \lim_{\lambda \to 0} \sum_{i=1}^n f(\xi_i)\Delta x_i = \int_a^b f(x)dx.$$

注意到，所求曲边梯形的面积 A 等于分割后的窄曲边梯形面积之和，即所求整体量等于部分量之和，称此性质为所求量对区间 $[a,b]$ 具有可加性. 区间 $[a,b]$ 为表示成定积分的积分区间.

在第二步"近似"时，第 i 个窄曲边梯形的面积 $\Delta A_i \approx f(\xi_i)\Delta x_i$，其中 ξ_i 为 $[x_{i-1},x_i]$ 中任意一点，Δx_i 为区间的长度. 为简便起见，取区间为 $[x,x+dx]$，ξ_i 取左端点 x，$[x,x+dx]$ 上的窄曲边梯形的面积记为 ΔA，以区间长度 dx 为宽、$f(x)$ 为高的矩形面积作为其近似值，则有

$$\Delta A \approx f(x)dx,$$

如图 6-13 所示. 近似值 $f(x)dx$ 为定积分的被积表达式. 称 $f(x)dx$ 为面积元素，记为 $dA = f(x)dx$.

从而曲边梯形的面积 $A = \int_a^b f(x)dx$.

一般地，如果所求量 U 满足以下条件，则可以用定积分表示.

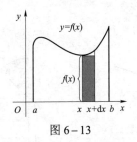

图 6－13

（1）U 取决于一个变量（记作 x）的变化区间 $[a,b]$ 和定义在该区间上的一个连续函数 $f(x)$；

（2）U 关于区间 $[a,b]$ 具有可加性，即把 $[a,b]$ 分成许多小区间，则 U 相应地分成许多部分量 ΔU，而 U 等于所有部分量之和；

（3）在 $[a,b]$ 内的小区间 $[x,x+dx]$ 上，部分量可表示为 $\Delta U \approx f(x)dx$，其中 $f(x)dx$ 称为 U 的元素（或微元），记为 $dU = f(x)dx$（这里 dU 与 ΔU 之差是关于 Δx 的高阶无穷小）．

写出 U 的积分表达式的一般步骤为：

（1）选变量：根据问题选择合适的积分变量（记作 x），并确定积分区间 $[a,b]$；

（2）求元素：任取小区间 $[x,x+dx] \subset [a,b]$，求出 $dU = f(x)dx$；

（3）列积分：所求量 $U = \int_a^b f(x)dx$．

这个方法叫作**元素法**（或**微元法**）．下面介绍元素法在几何中的应用．

二、平面图形的面积

由定积分的几何意义可知，当 $f(x) \geq 0$ 时，定积分 $\int_a^b f(x)dx$ 表示曲边梯形的面积；如果 $f(x) \leq 0$，则定积分 $\int_a^b f(x)dx$ 的负值表示曲边梯形的面积．下面介绍更为一般的情况．

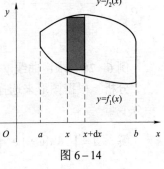

图 6－14

1. 平面图形的面积（一）

下面求由 $y = f_1(x)$，$y = f_2(x)$（$f_1(x) \leq f_2(x)$，$x \in [a,b]$），$x = a$ 及 $x = b$ 所围成的平面图形的面积．

选积分变量 $x \in [a,b]$，则在 $[a,b]$ 内任取一小区间 $[x,x+dx]$，与之对应的窄曲边形的面积可近似地用宽为 dx、高为 $f_2(x) - f_1(x)$ 的窄矩形的面积代替（见图 6－14），则面积元素 $dA = [f_2(x) - f_1(x)]dx$．所以所求面积为

$$A = \int_a^b [f_2(x) - f_1(x)]dx.$$

若 $f_1(x)$，$f_2(x)$ 的大小不能确定，可改写为

$$A = \int_a^b |f_2(x) - f_1(x)|dx.$$

例 6－26 求由曲线 $y = x^2$ 与 $y = \sqrt{x}$ 所围成的图形的面积（见图 6－15）．

解 $A = \int_0^1 (\sqrt{x} - x^2)dx = \left[\dfrac{2}{3}x^{\frac{3}{2}} - \dfrac{x^3}{3}\right]_0^1 = \dfrac{1}{3}$．

例 6－27 求由 $y = \sin x, y = \cos x, x = 0, x = \pi$ 所围成的图形的面积（见图 6－16）．

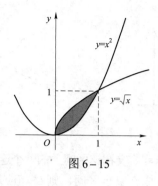

图 6-15

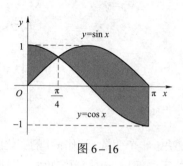

图 6-16

解　$A = \int_0^\pi |\sin x - \cos x| \, dx = \int_0^{\frac{\pi}{4}} (\cos x - \sin x) dx + \int_{\frac{\pi}{4}}^\pi (\sin x - \cos x) dx$

$= \left[\sin x + \cos x \right]_0^{\frac{\pi}{4}} + \left[-\cos x - \sin x \right]_{\frac{\pi}{4}}^\pi = 2\sqrt{2}$.

注　当两函数 $f_1(x)$，$f_2(x)$ 的大小不确定时，需拆分积分区间，再分别计算.

2. 平面图形的面积（二）

下面求由 $x = g_1(y)$，$x = g_2(y)$ $(g_1(y) \leqslant g_2(y), y \in [c,d])$，$y = c$ 及 $y = d$ 所围成的平面图形的面积.

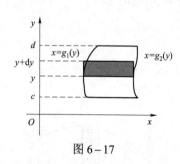

图 6-17

选积分变量 $y \in [c,d]$，则在 $[c,d]$ 内任取一小区间 $[y, y+dy]$，与之对应的窄曲边形的面积可近似地用高为 dy、宽为 $g_2(y) - g_1(y)$ 的窄矩形的面积代替（见图 6-17），则面积元素 $dA = [g_2(y) - g_1(y)] dy$. 所以所求面积为

$$A = \int_c^d [g_2(y) - g_1(y)] dy.$$

若 $g_1(y)$，$g_2(y)$ 的大小不能确定，可改写为

$$A = \int_c^d |g_2(y) - g_1(y)| \, dy.$$

例 6-28　求由曲线 $y = \ln x$，直线 $y = -1$，$y = 1$ 和 y 轴所围成的图形的面积（见图 6-18）.

分析　根据图形来选择积分变量，本题若选 x 为积分变量，则需拆分积分区间，故选 y 为积分变量.

解　$A = \int_{-1}^1 e^y dy = \left[e^y \right]_{-1}^1 = e - \dfrac{1}{e}$.

例 6-29　求由曲线 $y = x^2$，$y = 4x^2$ 和直线 $y = 4$ 所围成的图形的面积（见图 6-19）.

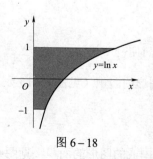

图 6-18

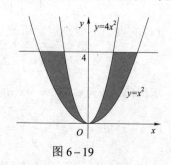

图 6-19

分析　根据图形的对称性，所求面积为第一象限内的图形面积的两倍.

解　$A = 2\int_0^4 \left(\sqrt{y} - \frac{\sqrt{y}}{2} \right) \mathrm{d}y = \int_0^4 \sqrt{y}\mathrm{d}y = \frac{2}{3}\left[y^{\frac{3}{2}} \right]_0^4 = \frac{16}{3}$.

注　平面图形的面积可有多种方法求解，做题时根据画出的图形选择简便的方法.

例 6-30　求椭圆 $\dfrac{x^2}{a^2} + \dfrac{y^2}{b^2} \leqslant 1$ 的面积（见图 6-20）.

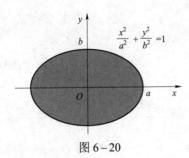

图 6-20

分析　根据图形的对称性，所求面积为第一象限内的图形面积的 4 倍.

解　$A = 4\int_0^a b\sqrt{1 - \frac{x^2}{a^2}}\mathrm{d}x = \frac{4b}{a}\int_0^a \sqrt{a^2 - x^2}\mathrm{d}x$

$= \frac{4b}{a} \cdot \frac{1}{4}\pi a^2 = \pi ab.$

3. 极坐标系下平面图形的面积

有的平面图形用极坐标计算面积方便，先来回顾极坐标. 设 $M(x, y)$ 为平面内一点，点 M 也可用 ρ, θ 来表示，其中 ρ 为点 M 到原点 O 的距离，称为极径；θ 为 Ox 轴到 OM 的角（逆时针方向旋转，θ 取正，顺时针方向旋转，θ 取负），称为极角. 有序数对 (ρ, θ) 叫作点 M 的极坐标（见图 6-21）. 原点 O 称为极点，Ox 轴称为极轴. 在极坐标系中，为了确保点与坐标一一对应，可限定 ρ, θ 的范围为 $\rho > 0$，$0 \leqslant \theta < 2\pi$（或 $-\pi \leqslant \theta < \pi$）.

由极坐标的定义可知，点 M 的直角坐标与极坐标的转换关系为（见图 6-22）：

$$\begin{cases} x = \rho\cos\theta \\ y = \rho\sin\theta \end{cases}, \quad \begin{cases} \rho = \sqrt{x^2 + y^2} \\ \tan\theta = \dfrac{y}{x} \end{cases}.$$

有的曲线方程用极坐标表示比用直角坐标表示简单，如圆 $x^2 + y^2 = 9$ 的极坐标方程为 $\rho = 3$.

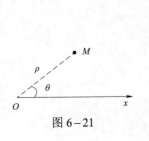

图 6-21

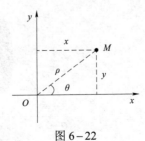

图 6-22

下面求由连续曲线 $\rho = \rho(\theta) \geqslant 0$ 及射线 $\theta = \alpha$、$\theta = \beta$ $(\alpha < \beta)$ 所围成的曲边扇形的面积. 选积分变量 $\theta \in [\alpha, \beta]$，则在 $[\alpha, \beta]$ 内任取一小区间 $[\theta, \theta + \mathrm{d}\theta]$，与之对应的小曲边扇形的面积可近似地用半径为 $\rho = \rho(\theta)$、中心角为 $\mathrm{d}\theta$ 的圆扇形面积代替（见图 6–23）. 面积元素 $\mathrm{d}A = \dfrac{1}{2}\rho^2(\theta)\mathrm{d}\theta$，所以所求面积为

$$A = \frac{1}{2}\int_{\alpha}^{\beta} \rho^2(\theta)\mathrm{d}\theta.$$

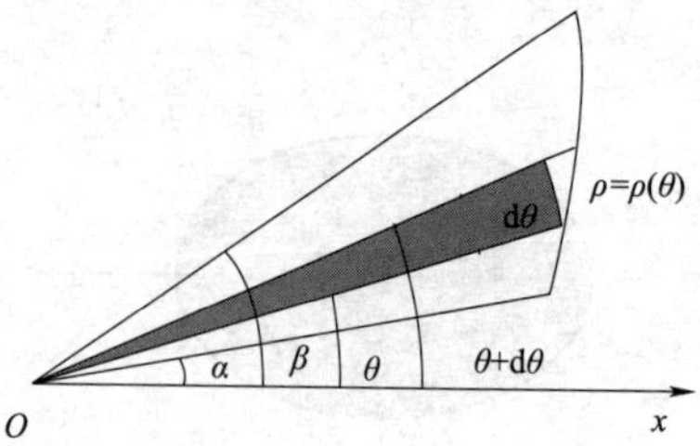

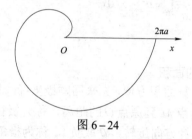

图 6–23

例 6–31　计算阿基米德螺线 $\rho = a\theta$ $(a > 0)$ 上相应于 θ 从 0 变到 2π 的一段弧与极轴所围成的图形的面积（见图 6–24）.

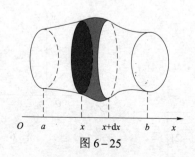

图 6–24

解　$A = \dfrac{1}{2}\int_0^{2\pi} (a\theta)^2\mathrm{d}\theta = \dfrac{a^2}{2}\left[\dfrac{\theta^3}{3}\right]_0^{2\pi} = \dfrac{4}{3}a^2\pi^3.$

三、体积

1. 平行截面面积已知的立体的体积

设立体（见图 6–25）介于过 $x = a$，$x = b$ $(a < b)$ 且垂直于 x 轴的两平面之间，任意一个垂直于 x 轴的平面所截得的立体的截面面积为 $A(x)$，$A(x)$ 是已知的连续函数，求立体的体积.

图 6–25

选积分变量 $x \in [a, b]$，则在 $[a, b]$ 内任取一小区间 $[x, x+\mathrm{d}x]$，得到相对应的立体体积可近似地用底面积为 $A(x)$、高为 $\mathrm{d}x$ 的小柱体体积代替，体积元素 $\mathrm{d}V = A(x)\mathrm{d}x$. 所以所求体积为

$$V = \int_a^b A(x)\,\mathrm{d}x.$$

即**平行截面面积的积分等于体积**.

例 6-32　一平面经过半径为 R 的圆柱体的底圆中心，并与底面交成 α 角，求该平面截圆柱体所得立体（见图 6-26）的体积.

解　建立坐标系如图 6-26 所示，则底圆的方程为 $x^2 + y^2 = R^2$. 在该立体中过 x 轴上一点 x 且垂直于 x 轴的截面是一个直角三角形，截面面积为

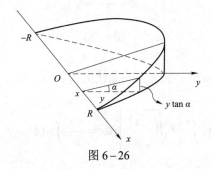

图 6-26

$$A(x) = \frac{1}{2} y \cdot y \tan\alpha = \frac{1}{2}(R^2 - x^2)\tan\alpha,$$

所以，所求体积为

$$V = \int_{-R}^{R} A(x)\,\mathrm{d}x = \frac{1}{2}\int_{-R}^{R}(R^2 - x^2)\tan\alpha\,\mathrm{d}x = \frac{2}{3}R^3\tan\alpha.$$

2. 旋转体的体积

旋转体是由一个平面图形绕此平面内一条直线旋转一周而成的立体. 这条直线叫作旋转轴. 如球、圆柱体、圆锥体和圆台体等.

一般地，设旋转体是由 xOy 平面内的连续曲线 $y = f(x)$，直线 $x = a$，$x = b$（$a < b$）及 x 轴所围成的曲边梯形绕 x 轴旋转一周而形成的立体（见图 6-27），求立体的体积.

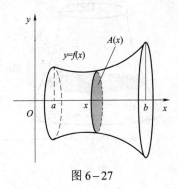

图 6-27

选积分变量 $x \in [a, b]$，则在 $[a, b]$ 内任意一点 x 处，对应截面为圆，面积 $A(x) = \pi f^2(x)$，所以旋转体的体积为

$$V = \pi \int_a^b f^2(x)\mathrm{d}x.$$

例6-33 求由椭圆 $\dfrac{x^2}{a^2} + \dfrac{y^2}{b^2} = 1$ 所围成的图形绕 x 轴旋转一周而形成的旋转体体积（见图6-28）.

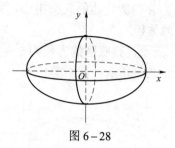

图6-28

解 由 $\dfrac{x^2}{a^2} + \dfrac{y^2}{b^2} = 1$ 得椭圆在 x 轴上方的曲线方程为 $f(x) = b\sqrt{1 - \dfrac{x^2}{a^2}}$，所以

$$V = \pi \int_{-a}^{a} \left[b\sqrt{1 - \frac{x^2}{a^2}} \right]^2 \mathrm{d}x = \frac{\pi b^2}{a^2} \int_{-a}^{a} (a^2 - x^2)\mathrm{d}x$$

$$= \frac{\pi b^2}{a^2} \cdot \left[a^2 x - \frac{x^3}{3} \right]_{-a}^{a} = \frac{4}{3}\pi ab^2.$$

例6-34 求由曲线 $y = x^2$ 与直线 $y = x$ 所围成的图形绕 x 轴旋转一周而形成的旋转体体积.

解 $V = \int_0^1 \pi x^2 \mathrm{d}x - \int_0^1 \pi x^4 \mathrm{d}x = \dfrac{2\pi}{15}.$

注 当所求旋转体体积为空心时，可以用包含空心部分的整个体积减去空心部分的体积. 类似地，设旋转体是由连续曲线 $x = g(y)$，直线 $y = c$，$y = d$（$c < d$）及 y 轴所围成的曲边梯形绕 y 轴旋转一周所得的立体（见图6-29），求其体积.

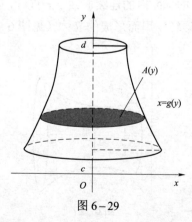

图6-29

选积分变量 $y \in [c, d]$，则在 $[c, d]$ 内任意一点 y 处，对应立体的截面为圆，面积 $A(y) = \pi g^2(y)$，所以旋转体的体积

$$V = \pi \int_c^d g^2(y) \, \mathrm{d}y.$$

例 6－35　求由曲线 $y = x^2$ 与直线 $y = 4$ 所围成的图形绕 y 轴旋转一周而形成的旋转体体积.

解　$V = \int_0^4 \pi(\sqrt{y})^2 \mathrm{d}y = \pi \cdot \left[\dfrac{y^2}{2} \right]_0^4 = 8\pi.$

习 题 6－5

1. 求下列曲线所围成的平面图形的面积：

（1）$y = x^2 + 2$、$x = 0$、$x = 1$ 与 x 轴；

（2）$y = x^3$、$y = -1$ 与 y 轴；

（3）$y = \mathrm{e}^x$、$y = \mathrm{e}$ 与 y 轴；

（4）$y^2 = x$、$y = 2$、$y = -1$ 与 y 轴；

（5）$y^2 = 2x$ 与 $y = x - 4$；

（6）$xy = 1$、$y = x$ 与 $y = 3$；

（7）$y = \sqrt{2 - x^2}$ 与 $y = x^2$；

（8）心形线 $\rho = a(1 + \cos\theta)$ $(a > 0)$.

2. 求由下列曲线所围成的图形，按指定的轴旋转一周而形成的旋转体体积.

（1）$y = \sqrt{x}$、$x = 2$、$x = 4$ 与 $y = 0$，绕 x 轴；

（2）$y = \mathrm{e}^x (x \le 0)$、$x = 0$ 与 $y = 0$，绕 x 轴；

（3）$y = \sin x (0 \le x \le \pi)$ 与 $y = 0$，绕 x 轴；

（4）$y = x^3$、$y = 1$ 与 $x = 0$，绕 x 轴及绕 y 轴；

（5）$y = x^2$ 与 $x = y^2$，绕 y 轴.

3. 求由曲线 $(x-2)^2 + y^2 = 1$ 所围成的图形绕 y 轴旋转一周而形成的旋转体体积.

4. 一个立体的底面是一个单位圆，垂直于底面的一条固定直径的所有截面都是等边三角形，求此立体的体积（见图 6－30）.

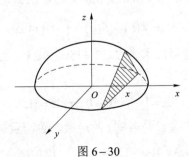

图 6－30

5. 证明：由平面图形 $0 \leqslant a \leqslant x \leqslant b$，$0 \leqslant y \leqslant f(x)$ 绕 y 轴旋转一周所成的旋转体的体积为

$$V = 2\pi \int_a^b xf(x)\,\mathrm{d}x.$$

第六节　定积分的经济应用

一、由边际函数求原函数

一般地，函数 $f(x)$ 的边际函数为 $f'(x)$，由 $\int_0^x f'(x)\,\mathrm{d}x = \left[f(x)\right]_0^x = f(x) - f(0)$ 可得，

$$f(x) = f(0) + \int_0^x f'(x)\,\mathrm{d}x.$$

从而，总成本函数 $C(x) = C(0) + \int_0^x C'(x)\,\mathrm{d}x$，总收益函数 $R(x) = R(0) + \int_0^x R'(x)\,\mathrm{d}x$.

例 6-36　已知生产某商品 x 单位时，边际收益 $R'(x) = 100 - \dfrac{x}{5}$（元/单位），求生产 200 单位时的总收益.

解： 因为 $R(0) = 0$，所以总收益函数为

$$R(x) = R(0) + \int_0^x R'(x)\,\mathrm{d}x = \int_0^x \left(100 - \frac{x}{5}\right)\mathrm{d}x = 100x - \frac{x^2}{10}.$$

生产 200 单位时的总收益 $R(200) = 100 \times 200 - \dfrac{1}{10} \times 200^2 = 16\,000$（元）.

例 6-37　生产某产品的边际成本 $C'(x) = 3x^2 - 12x + 100$，固定成本 $C(0) = 5\,000$，求生产 x 单位产品的总成本函数和平均成本函数.

解： 总成本函数 $C(x) = C(0) + \displaystyle\int_0^x C'(x)\,\mathrm{d}x = 5\,000 + \int_0^x (3x^2 - 12x + 100)\mathrm{d}x$

$$= 5\,000 + [x^3 - 6x^2 + 100x]_0^x = x^3 - 6x^2 + 100x + 5\,000.$$

平均成本函数 $\overline{C}(x) = \dfrac{C(x)}{x} = \dfrac{x^3 - 6x^2 + 100x + 5\,000}{x} = x^2 - 6x + 100 + \dfrac{5\,000}{x}$.

二、由变化率求总量

假设已知边际函数 $f'(x)$，则当 x 从 a 变化到 b 时，函数 $f(x)$ 的改变量

$$\Delta f = f(b) - f(a) = \int_a^b f'(x)\,\mathrm{d}x.$$

例 6-38　生产某产品的边际成本为 $C'(x) = 150 - 0.2x$，当产量由 200 单位增加到 300 单位时，需追加成本为多少？

解　追加成本 $\Delta C = \displaystyle\int_{200}^{300} C'(x)\,\mathrm{d}x = \int_{200}^{300}(150 - 0.2x)\mathrm{d}x = [150x - 0.1x^2]_{200}^{300} = 10\,000$.

例 6-39　设某产品的总产量 Q 是时间 t 的函数，总产量的变化率

$$Q'(t) = 100 + 12t - 0.6t^2 \quad （单位/小时）.$$

求从 $t=2$ 到 $t=4$ 这两小时的总产量.

解　总产量 $\Delta Q = \int_2^4 Q'(t)\,\mathrm{d}t = \int_2^4 (100+12t-0.6t^2)\,\mathrm{d}t$

$$= \left[100t+6t^2-0.2t^3\right]_2^4$$

$$= 260.8.$$

三、资本现值和投资问题

由极限部分的知识知，现有 P 元货币，若按年利率 r 作连续复利计算，则 t 年后的价值为 $P\mathrm{e}^{rt}$ 元；反之，若 t 年后要有货币 P 元，则按连续复利计算，现在应有 $P\mathrm{e}^{-rt}$ 元，称此为**资本现值**.

设在时间 $[0,T]$ 内 t 时刻的单位时间的收益为 $P(t)$，称其为收益率. 假设连续复利率为 r，根据元素法，在 $[0,T]$ 内任取小区间 $[t,t+\mathrm{d}t]$，该时间段内的收益可近似地用 $P(t)\mathrm{d}t$ 代替，此金额在 $t=0$ 时的现值近似为 $P(t)\mathrm{e}^{-rt}\mathrm{d}t$. 所以在 $[0,T]$ 内得到的收益的总现值为

$$\int_0^T P(t)\mathrm{e}^{-rt}\,\mathrm{d}t.$$

若收益率 $P(t)=a$（a 为常数），则称其为均匀收益率.

例 6-40　设年连续复利率 $r=0.1$，收益率 $P(t)=100$ 元/年，求在 20 年期间总收入的现值.

解　总现值为 $\int_0^{20} 100\mathrm{e}^{-0.1t}\,\mathrm{d}t = -1\,000\left[\mathrm{e}^{-0.1t}\right]_0^{20} = 1\,000(1-\mathrm{e}^{-2}) \approx 864.66$（元）.

例 6-41　现给予某企业 800 万元投资，经测算，该企业在 20 年中可以按每年 200 万元的收益率获得收入，若按年利率为 5%，则收回该笔投资的时间是多久？

解　收回投资，即为总收入的现值等于投资. 设收回该笔投资的时间是 $t=T$，从开始到在 T 年期间收益的总现值

$$\int_0^T 200\mathrm{e}^{-0.05t}\,\mathrm{d}t = 4\,000\left[\mathrm{e}^{-0.05t}\right]_0^T = 4\,000(1-\mathrm{e}^{-0.05T})\ \text{（万元）}.$$

令 $4\,000(1-\mathrm{e}^{-0.05T})=800$，解得

$$T = -\frac{1}{0.05}\ln\left(1-\frac{1}{5}\right) = 20\ln\frac{5}{4} \approx 4.46\ \text{（年）}.$$

所以收回该笔投资的时间约为 4.46 年.

习　题　6-6

1. 若一企业生产某产品的边际成本是产量 x 的函数 $C'(x)=2\mathrm{e}^{0.2x}$，固定成本 $C(0)=90$，求总成本函数.

2. 已知生产某产品的边际成本和边际收入分别为

$$C'(x)=3+\frac{1}{3}x\ \text{（万元/百台）},\quad R'(x)=7-x\ \text{（万元/百台）},$$

其中 $C(x)$ 和 $R(x)$ 分别是总成本函数和总收入函数.

（1）若固定成本 $C(0)=1$ 万元，求总成本函数、总收入函数和总利润函数；

（2）当产量为多少时，总利润最大？最大利润为多少？

3. 已知生产某产品的边际成本 $C'(x)=3x^2-18x+30$，问当产量 x 由 6 单位减少到 2 单位时，总成本减少多少？

4. 某地区居民购买冰箱的消费支出 $W(x)$ 的变化率是居民总收入 x 的函数 $W'(x)=\dfrac{1}{200\sqrt{x}}$，当居民收入由 4 亿元增加至 9 亿元时，购买冰箱的消费支出增加多少？

5. 已知生产某产品 x 单位时的边际收益 $R'(x)=100-2x$（元/单位），求生产 40 单位时的总收益，并求再多生产 10 个单位时所增加的总收益.

6. 设有一项计划现在（$t=0$）需要投入 1 000 万元，在 10 年中每年收益为 200 万元. 若连续利率为 5%，求收益的资本价值.（设购置的设备 10 年后完全失去价值）

本章习题

一、选择题

1. 函数 $f(x)$ 在 $[a,b]$ 上连续是 $f(x)$ 在 $[a,b]$ 上可积的_____条件.

    A. 充分不必要   B. 必要不充分

    C. 充分且必要   D. 既不充分也不必要

2. $\displaystyle\int_0^2 \sqrt{2x-x^2}\,\mathrm{d}x=$_____.

    A. 1   B. π C. $\dfrac{\pi}{2}$ D. $\dfrac{\pi}{4}$

3. $\displaystyle\int_0^{2\pi} \sin x\,\mathrm{d}x=$_____.

    A. 0   B. 1   C. 2   D. 4

4. 在下列定积分中，其值为 0 的是_____.

    A. $\displaystyle\int_{-\frac{\pi}{2}}^{\frac{\pi}{2}} \sin^4 x\,\mathrm{d}x$ B. $\displaystyle\int_{-1}^{1} \dfrac{x\cos x}{2x^4+x^2+1}\,\mathrm{d}x$

    C. $\displaystyle\int_0^1 (x^3+3x+1)\,\mathrm{d}x$ D. $\displaystyle\int_{-1}^{1} (e^x+e^{-x})\,\mathrm{d}x$

5. 设函数 $f(x)=\displaystyle\int_0^{x^2} \ln(2+t)\,\mathrm{d}t$，则 $f'(x)$ 的零点个数为_____.

    A. 0   B. 1   C. 2   D. 3

6. 下列广义积分发散的是_____.

    A. $\displaystyle\int_0^1 \dfrac{1}{x}\,\mathrm{d}x$ B. $\displaystyle\int_{-1}^1 \dfrac{1}{\sqrt{1-x^2}}\,\mathrm{d}x$ C. $\displaystyle\int_0^{+\infty} e^{-x}\,\mathrm{d}x$ D. $\displaystyle\int_2^{+\infty} \dfrac{1}{x\ln^2 x}\,\mathrm{d}x$

7. 设 $\alpha(x)=\displaystyle\int_0^{5x} \dfrac{\sin t}{t}\,\mathrm{d}t$，$\beta(x)=\displaystyle\int_0^x (1+t)^{\frac{1}{t}}\,\mathrm{d}t$，则当 $x\to 0$ 时，$\alpha(x)$ 是 $\beta(x)$ 的_____.

    A. 高阶无穷小   B. 低阶无穷小

C. 同阶但非等价无穷小   D. 等价无穷小

8. 位于曲线 $y = \dfrac{1}{1+x^2}$ 下方、x 轴上方的图形面积为_____.

A. $\dfrac{\pi}{2}$ B. $+\infty$ C. $\sqrt{2}$ D. π

二、填空题

1. $\displaystyle\int_0^{\frac{\pi}{12}} \sec^2 3x \,dx =$ _____.

2. $\displaystyle\int_{-1}^{1} \frac{|x|\sin^3 x}{1+\cos x}\,dx =$ _____.

3. 设函数 $f(x)$ 连续，且 $\displaystyle\int_0^{x^3-1} f(t)\,dt = x$，则 $f(7) =$ _____.

4. 设 $f(x)$ 是连续函数，且 $f(x) = x + 2\displaystyle\int_0^1 f(t)\,dt$，则 $f(x) =$ _____.

5. 由曲线 $y = x^2$ 与 $y = 2 - x^2$ 所围成的平面图形的面积为_____.

6. $\displaystyle\int_0^{\frac{\pi}{2}} \sin^7 x \,dx =$ _____.

三、计算题

1. 计算下列各题.

(1) $\displaystyle\int_1^e \frac{dx}{x\sqrt{1-(\ln x)^2}}$ ；

(2) $\displaystyle\int_0^{\pi} \sqrt{\sin^3 x - \sin^5 x}\,dx$ ；

(3) $\displaystyle\int_{-1}^{1} (|x| + x)e^{-|x|}\,dx$ ；

(4) $\displaystyle\int_{\frac{1}{\sqrt{2}}}^{1} \frac{\sqrt{1-x^2}}{x^2}\,dx$ ；

(5) $\displaystyle\int_1^{+\infty} \frac{1}{x^2(x^2+1)}\,dx$ ；

(6) $\displaystyle\int_2^{+\infty} \frac{1}{(x+7)\sqrt{x-2}}\,dx$.

2. 设 $f(x) = \begin{cases} \dfrac{1}{1+x}, & x \geq 0 \\[2mm] \dfrac{1}{1+e^x}, & x < 0 \end{cases}$ ，求 $\displaystyle\int_0^2 f(x-1)\,dx$.

3. 设 $f(x) = \displaystyle\int_1^{x^2} \frac{\sin t}{t}\,dt$，求 $\displaystyle\int_0^1 xf(x)\,dx$.

4. 求极限 （1）$\displaystyle\lim_{x\to 0} \frac{\displaystyle\int_{\cos x}^1 t\ln t\,dt}{x^4}$ ；（2）$\displaystyle\lim_{x\to 1} \frac{\displaystyle\int_1^x \sin \pi t\,dt}{1+\cos \pi x}$.

5. 已知 $f(2) = \dfrac{1}{2}$，$f'(2) = 0$，$\displaystyle\int_0^2 f(x)\,dx = 1$，求 $\displaystyle\int_0^2 x^2 f''(x)\,dx$.

6. 求函数 $f(x) = \displaystyle\int_0^x t(1-t)e^{-2t}\,dt$ 极值点.

7. 求极限 $\displaystyle\lim_{n\to\infty} \sum_{k=1}^n \frac{k}{n^2}\ln\left(1+\frac{k}{n}\right)$.

8. 求由曲线 $y = \dfrac{1}{x}$，直线 $y = x$，直线 $x = 2$ 与 x 轴所围成的平面图形的面积.

9. 平面图形由曲线 $y = e^x$，$y = e^{-x}$ 与直线 $x = 1$ 围成，求图形的面积及图形绕 x 轴旋转一周而形成的旋转体体积.

10. 一抛物线 $y = ax^2 + bx + c$ 通过点 $(0,0)$ 与点 $(1,2)$，且 $a < 0$，试确定 a，b，c 的值，使抛物线与 x 轴所围图形的面积最小.

11. 已知某商场销售电视机的边际利润为 $L'(x) = 250 - \dfrac{x}{10}(x \geq 20)$，试求：

（1）当售出 40 台电视机时的总利润；

（2）当售出 60 台电视机时，前 30 台与后 30 台的平均利润各为多少？